"十三五"普通高等教育本科部委级规划教材

纺织品性能与检测

主　编：赵云国
副主编：张　林　孙亚宁　周晓东

U0241916

中国纺织出版社

内 容 提 要

本书包含理论篇和实验篇。理论篇主要介绍纺织品检测的基本知识、纺织品的质量与标准、纺织材料的性能与检测、染整半制品的质量检测、染整产品的质量检测、纺织品的色牢度检测及纺织品的安全性能检测。实验篇主要介绍常见的纺织产品性能检测。此外，还介绍了最新的有关纺织产品的测试技术、测试设备及测试标准。

本书可供高等院校轻化工程、纺织工程专业的师生参考阅读，也可供印染专业技术人员、科研人员使用。

图书在版编目（CIP）数据

纺织品性能与检测/赵云国主编．--北京：中国纺织出版社，2019.1（2022.1重印）
"十三五"普通高等教育本科部委级规划教材
ISBN 978-7-5180-5470-1

Ⅰ.①纺… Ⅱ.①赵… Ⅲ.①纺织品—性能检测—高等学校—教材 Ⅳ.①TS107

中国版本图书馆 CIP 数据核字（2018）第 231667 号

责任编辑：范雨昕 责任校对：武风余 责任印制：何 建

中国纺织出版社出版发行
地址：北京市朝阳区百子湾东里 A407 号楼 邮政编码：100124
销售电话：010—67004422 传真：010—87155801
http://www.c-textilep.com
中国纺织出版社天猫旗舰店
官方微博 http://weibo.com/2119887771
北京虎彩文化传播有限公司印刷 各地新华书店经销
2019 年 1 月第 1 版 2022 年 1 月第 3 次印刷
开本：787×1092 1/16 印张：13.75
字数：293 千字 定价：58.00 元

前　言

　　本书为青岛大学教学研究项目重点资助的教材建设项目。"纺织品性能与检测"课程自 2002 年开设以来，经过十几年的教学实践，积累了大量的教学素材和教学经验。本课程除了对轻化工专业本科生进行课堂教学之外，还为企业培养了大量的专业技术人员，其中为鲁泰纺织培训各类员工近 1000 名；为愉悦家纺培训员工近 300 名；为孚日家纺培训员工近 100 名；为高密华燕针织培训员工近 60 名；为昌邑富润科技培训员工近 30 名。

　　纺织品性能与检测对纺织行业生产及进出口业务发展有着极为重要的作用，因此我们在教学、实践积累的基础上针对高等院校轻化工程专业（染整方向）本科生培养编写了本教材，内容包括理论和实验两部分，全面培养学生的理论联系实际的能力。本教材的编写同时也兼顾对纺织企业专业技术人员的培训需要。

　　本书编写分工如下：第一章、第二章、第四章第四节、第五章、第六章由青岛大学赵云国编写；第三章、第七章及实验篇由青岛大学功能纺织品与先进材料研究院张林编写；第四章第一～第三节由青岛大学孙亚宁编写，第八章由青岛大学周晓东编写，全书由赵云国负责统稿。

　　在本书的编写过程中，青岛大学教务处、青岛大学纺织服装学院及相关兄弟院校的许多专家提供了许多支持和帮助。值得一提的是，2014 级轻化工程专业的刘媛媛、陈思蕊、周杰、牟迪迪等同学为本书的编写工作给予了大力支持，同时也得到了许多生产企业及检测机构的大力支持和帮助，在此深表感谢！

　　作者在长期的教学工作之余，以精益求精的态度编写完成本书，但由于作者水平有限，书中难免存在疏漏和不足，恳请各位专家、读者给予批评指正。

编　者
2018 年 6 月

课程名称 纺织品性能与检测

适用专业 轻化工程、纺织工程

建议学时 60 学时（理论教学：48 学时，实验教学：12 学时）

课程性质 本课程为轻化工程专业核心专业选修课。

课程目的及内容

（1）学习并掌握纺织材料的性能及检测方法。

（2）学习并掌握染整半制品的性能及检验方法。

（3）学习并掌握染整成品的各种性能及检测方法，包括纺织品一般力学性能、化学性能检测，功能纺织品的性能检测等。

（4）学习并掌握常见纺织品色牢度检测方法。

（5）学习并掌握纺织品安全性能及检验方法。

（6）学习并了解纺织品的相关标准，包括国际标准、国家标准等。

（7）通过实验，掌握各类常见的测试仪器的性能，并能独立使用。

课程教学基本要求

本课程含理论教学与实验两部分，通过本课程的教学，学生应重点掌握纺织品质量标准、纺织材料的性能检测、染整半制品质量检测、染整产品力学性能及化学性能检测、染整成品色牢度检测及纺织品安全性能检测等内容，并通过本课程的实验操作培养学生较强的动手操作能力。

教学环节学时分配表

讲授内容		学时分配
	绪论	1 学时
理论篇	纺织品检测的基本知识	3 学时
	纺织品的质量与标准	3 学时
	纺织材料的性能与检测	5 学时
	染整半制品的质量检测	6 学时
	染整产品的质量检测	14 学时
	纺织品的色牢度检测	10 学时
	纺织品的安全性能检测	6 学时
实验篇		12 学时

目　　录

第一篇　理论篇

第一章　绪　论 ·· 003
一、纺织品性能与检测在行业中的地位及作用 ··························· 003
二、本课程的目的和意义 ··· 003
三、本课程研究的主要问题和内容 ······································· 004
思考题 ··· 004

第二章　纺织品检测的基本知识 ··· 005
第一节　纺织品基础知识 ··· 005
一、纺织品的概念 ··· 005
二、纺织品的分类 ··· 005
第二节　纺织品检验方法的分类 ····································· 007
一、按纺织品的检验内容分类 ······································· 007
二、按纺织品的生产工艺流程分类 ··································· 009
三、按纺织品检验的数量分类 ······································· 010
第三节　纺织品检测用标准大气条件 ································· 011
思考题 ··· 012

第三章　纺织品的质量与标准 ··· 013
第一节　纺织品的质量和质量管理 ··································· 013
一、纺织品质量的含义 ··· 013
二、纺织品的质量特性 ··· 013
三、纺织品的质量管理 ··· 014
四、纺织品的质量管理方法 ··· 014
第二节　纺织标准的概念和分类 ····································· 015
一、纺织标准的概念 ··· 015
二、纺织标准的分类 ··· 015
第三节　纺织标准的内容 ··· 019
一、纺织标准的概述部分 ··· 019
二、纺织标准的一般部分 ··· 019

三、纺织标准的技术部分 ……………………………………………………… 020

四、纺织标准的补充部分 ……………………………………………………… 021

五、标准编号的说明 …………………………………………………………… 021

第四节 国际标准 ………………………………………………………………… 022

一、国际标准的作用 …………………………………………………………… 022

二、国际标准化机构 …………………………………………………………… 022

三、国际标准的采用 …………………………………………………………… 023

四、ISO 和 IEC 标准的特点和制定程序 …………………………………… 024

思考题 ……………………………………………………………………………… 024

第四章 纺织材料的性能与检测 ………………………………………………… 025

第一节 纺织纤维的分类 ………………………………………………………… 025

一、按纤维来源和化学组成分类 …………………………………………… 025

二、按照纤维形态分类 ………………………………………………………… 026

三、按纤维性能特征分类 …………………………………………………… 027

第二节 纺织纤维的主要性能 ………………………………………………… 027

一、纺织纤维的长度 …………………………………………………………… 028

二、纺织纤维的细度 …………………………………………………………… 030

三、纺织纤维的卷曲与转曲 ………………………………………………… 032

四、纺织纤维的吸湿性 ………………………………………………………… 034

五、纺织纤维的拉伸性能 …………………………………………………… 040

六、纺织纤维的热学性能 …………………………………………………… 046

七、纺织材料的电学性能 …………………………………………………… 053

八、纺织材料的光学性质 …………………………………………………… 058

第三节 纺织纤维的分析检测 ………………………………………………… 060

一、纺织纤维的定性检测 …………………………………………………… 060

二、纺织纤维的定量分析 …………………………………………………… 066

第四节 纺织原料的品质检验 ………………………………………………… 070

一、原棉检验 …………………………………………………………………… 070

二、羊毛的品质检验 …………………………………………………………… 071

三、化学短纤维品质检验 …………………………………………………… 076

思考题 ……………………………………………………………………………… 080

第五章 染整半制品的质量检测 ………………………………………………… 081

第一节 烧毛、退浆、煮练效果的检测 ………………………………………… 081

一、烧毛效果的检测 …………………………………………………………… 081

二、退浆效果的检测 …………………………………………………………… 081

　　　三、煮练效果的检测 ·········· 084
　　第二节　丝光效果及白度的检测 ·········· 085
　　　一、丝光效果检测 ·········· 085
　　　二、白度测定 ·········· 089
　　思考题 ·········· 090

第六章　染整产品的质量检测 ·········· 091
　　第一节　染整产品的物理机械性能检测 ·········· 091
　　　一、纺织材料回潮率和含水率测定——烘箱法（GB/T 9995—1997） ·········· 091
　　　二、织物长度、幅宽和密度的检验 ·········· 093
　　　三、织物单位长度质量和单位面积质量的测定 ·········· 095
　　　四、织物尺寸变化的测定 ·········· 096
　　　五、织物拉伸断裂强力、顶破强力、撕破强力和耐磨性检测 ·········· 101
　　第二节　功能性纺织品性能检测 ·········· 106
　　　一、功能整理纺织品性能检测的一般规定 ·········· 106
　　　二、拒水性能测试 ·········· 107
　　　三、阻燃性能测试 ·········· 108
　　　四、抗静电性能测试 ·········· 110
　　　五、织物透气性能测试 ·········· 111
　　　六、抗紫外线性能检测 ·········· 111
　　　七、织物悬垂性能检测 ·········· 112
　　　八、防皱整理 ·········· 113
　　　九、纺织品抗菌性能检测 ·········· 114
　　思考题 ·········· 114

第七章　纺织品的色牢度检测 ·········· 116
　　第一节　概述 ·········· 116
　　　一、影响纺织品色牢度的因素 ·········· 116
　　　二、评价纺织品色牢度的指标 ·········· 116
　　　三、评价纺织品色牢度的观察和照明条件 ·········· 117
　　　四、纺织品色牢度的检测取样 ·········· 117
　　　五、纺织品色牢度的检测取值 ·········· 117
　　第二节　纺织品的色牢度评价 ·········· 118
　　　一、目测与仪器评级的比较 ·········· 118
　　　二、CIE 1976 LAB 公式评级范围 ·········· 118
　　　三、变色用灰色样卡 ·········· 119
　　　四、沾色用灰色样卡 ·········· 120

第三节 纺织品的耐洗色牢度检测 …………………………………………………………… 121

一、产生原因 …………………………………………………………………………… 121

二、影响因素 …………………………………………………………………………… 121

三、纺织品耐皂洗色牢度的检测 ……………………………………………………… 121

四、纺织品耐家庭和商业洗涤色牢度试验方法 ……………………………………… 123

第四节 纺织品的耐摩擦色牢度检测 …………………………………………………… 125

一、产生原因 …………………………………………………………………………… 125

二、影响因素 …………………………………………………………………………… 125

三、纺织品耐摩擦色牢度检测 ………………………………………………………… 125

第五节 纺织品的耐光照色牢度检测 …………………………………………………… 127

一、产生原因 …………………………………………………………………………… 127

二、影响因素 …………………………………………………………………………… 127

三、纺织品耐日晒色牢度检测 ………………………………………………………… 128

第六节 纺织品的耐汗渍色牢度检测 …………………………………………………… 130

一、产生原因 …………………………………………………………………………… 130

二、耐汗渍色牢度检测 ………………………………………………………………… 130

思考题 …………………………………………………………………………………… 132

第八章 纺织品的安全性能检测 …………………………………………………………… 133

第一节 概述 ……………………………………………………………………………… 133

第二节 各个国家的安全性能法规 ……………………………………………………… 133

第三节 纺织品中常见有害物质的检测 ………………………………………………… 137

一、纺织品 pH 检测 …………………………………………………………………… 137

二、纺织品甲醛含量检测 ……………………………………………………………… 139

三、纺织品禁用偶氮染料的检测 ……………………………………………………… 140

四、纺织品致敏分散染料的检测 ……………………………………………………… 143

五、纺织品致癌染料的检测 …………………………………………………………… 145

六、邻苯二甲酸盐的检测 ……………………………………………………………… 146

七、烷基酚（AP）及烷基酚聚氧乙烯醚（APEO）的检测 ………………………… 150

八、重金属离子含量的测定 …………………………………………………………… 151

九、金属镍释放的检测 ………………………………………………………………… 155

十、纺织品有机锡化合物的检测 ……………………………………………………… 157

十一、纺织品全氟辛酸类化合物（PFOA）和全氟辛基磺酸化合物（PFOS）
　　　检测 ……………………………………………………………………………… 159

十二、纺织品短链氯化石蜡（SCCP）的测定 ……………………………………… 161

十三、纺织品上残留杀虫剂的测定 …………………………………………………… 162

思考题 …………………………………………………………………………………… 166

第二篇　实验篇

实验一　纤维的定性检测 …………………………………………………………… 169

实验二　纤维的定量分析 …………………………………………………………… 175

实验三　单纱的强力检测 …………………………………………………………… 177

实验四　纺织品的毛细效应检测 …………………………………………………… 179

实验五　纺织品的断裂强力检测 …………………………………………………… 181

实验六　纺织品的撕破强力检测 …………………………………………………… 184

实验七　纺织品的耐摩擦色牢度检测 ……………………………………………… 186

实验八　纺织品的耐皂洗色牢度检测 ……………………………………………… 188

实验九　纺织品的耐汗渍色牢度检测 ……………………………………………… 191

实验十　纺织品的耐光色牢度检测 ………………………………………………… 193

实验十一　纺织品的白度检测 ……………………………………………………… 196

实验十二　纺织品的 pH 检测 ……………………………………………………… 198

实验十三　纺织品的甲醛含量检测 ………………………………………………… 200

实验十四　纺织品的水洗后尺寸变化检测 ………………………………………… 202

实验十五　纺织品的干洗后尺寸变化检测 ………………………………………… 204

参考文献 ……………………………………………………………………………… 206

第一篇

理论篇

第一章　绪　论

一、纺织品性能与检测在行业中的地位及作用

随着人类的进步和社会的发展，人们对纺织品的要求不仅是简单的功能性，而是更加注重其安全卫生、绿色环保、天然生态。在人们崇尚自然、绿色消费的今天，纺织品的安全性问题越来越引起人们的关注和重视，纺织品对人体是否存在危害的问题已成为人们除药品和食品外又一重点关注的领域，生态纺织品就是人们在环保意识不断加强、更加关注自身健康、保护地球资源的背景下应运而生的。

所谓纺织品即指以天然纤维或化学纤维为原料，经纺、织、染等加工工艺或再缝制、复合等工艺而制成的产品。它包括衣着用纺织品、装饰用纺织品及产业用纺织品。

纺织品检测技术是一门通过各种仪器设备、手段，在一定的环境条件下实施，并最终依赖于检验人员专业判断力鉴定纺织产品质量水平的技术。它是纺织产业的衍生品，伴随着纺织行业发展而发展，反过来又对促进纺织品质量水平提高发挥积极作用。纺织品检测技术内容的不断丰富是与科技发展、知识更新、行业进步和市场消费者需求等各方面变化有直接的关联。进入 21 世纪以来，随着科技水平的进步，纺织新材料的不断涌现，人们生活水平的提高，环境保护、自我安全健康保护意识不断的增强，纺织品质量的内涵正在进一步扩大，一些涉及产品诚信度、可靠性、安全性、环保型的检测项目，已经成为和正在成为国内外消费市场的主流质量要求。所以，面对当前和未来发展趋势，有必要关注国际上的新变化，顺应生态纺织品服装发展新潮流，对国内外相关的纺织品检测技术和检测要求进行梳理分析，并探究其发展趋势，以便能够比较全面地掌握要领，不断提高检测能力与水平，更好地适应纺织行业科技发展与进步需要。

二、本课程的目的和意义

纺织产品的质量是在纺织产品生产的全过程中形成的，各生产要素对纺织产品的质量影响是不可忽视的。纺织产品的性能检测是产品质量管理的重要手段，而不仅是消极地剔除残次品，把关固然重要，但根本问题是：如何使整个产品生产系统来保证产品的质量，不出次品，这就涉及产品的设计、试产、批量生产、检查、试验以及产品的运输、销售、售后服务等诸多因素对产品质量特性的影响问题，产品质量是企业内部各项工作的综合反映。

纺织产品性能检测的目的，在于寻求科学的检验技术和检验方法，实施对产品质量的全面检查和科学评价，防止伪劣残次品流入市场，维护生产企业、贸易企业和消费者三方面的利益。纺织产品质量检验的结果不仅能为生产企业和贸易企业提供可靠的质量信息，而且也是实行优质优价、按质论价的重要依据之一。

对纺织产品实施质量检验是一项经常性的业务工作，贸易部门进行质量检验是商品质量管理的重要组成部分，做好此项工作可以防止劣质产品进入商业网内，保护消费者的利益，

减少产品的积压和损耗，加速商品流通。

三、本课程研究的主要问题和内容

纺织品的质量优劣与产品生产的各个环节都有着十分密切的关系，产品的质量又与产品的使用价值密切相关。本课程作为研究纺织品质量的科学方法和检测技术的专业性学科，它所研究的内容可归纳为以下几个方面：

（1）以纺织产品的最终用途和使用条件为基础，分析和研究纺织产品的成分、结构、外形、化学性能、物理性能、机械性能等质量指标以及这些性能对纺织产品质量的影响，为拟定纺织产品质量指标打下基础。

（2）确定纺织产品的质量指标和检验方法，科学地运用各种检测手段，确定纺织产品质量是否符合规定标准或交易合同的要求，对纺织产品的质量做出全面、客观、公正和科学的评价。

（3）研究纺织产品检验的科学方法和条件，不断采用新技术，努力提高纺织产品检验的先进性、准确性、可靠性和科学性，提高纺织产品检验的工作效率。

（4）提供适宜的纺织产品包装、保管、运输条件，减少意外损耗，保护纺织产品的使用价值。

（5）探讨提高纺织产品质量的途径和方法，及时为生产部门提供关于纺织产品质量的科研成果和市场信息，指导生产部门和贸易部门向质量效益型方向组织生产和经营，提高纺织产品在国内、国际市场的竞争能力，满足日益增长的消费需要。

思考题

1. 分析纺织品检测技术在纺织行业中的地位及作用。
2. 分析纺织品检测的目的和意义。

第二章　纺织品检测的基本知识

第一节　纺织品基础知识

一、纺织品的概念

纺织品泛指经过纺织印染或复制等加工，可供直接使用，或需进一步加工的纺织工业产品的总称。如纱、线、绳、织物、毛巾、被单、毯、袜子、台布等。

纺织品根据其纤维原料品种，纱线和织物的结构、成形方法，印染或复制加工方法，最终产品的用途等不同，从而形成多种纺织品的分类体系。不同类型的纺织品的质量考核项目和试验方法也会存在一定的差异，因此，掌握纺织品的分类方法对于准确掌握纺织标准，科学地对纺织品质量特性进行检测、分析、评定等级都具有十分重要的意义。

二、纺织品的分类

（一）按生产方式分类

纺织品按生产方式及特点可分为线类、绳类、带类、机织物、针织物、非织造布（无纺布）和编结物等门类。

1. 线类纺织品

纺织纤维经成纱工艺制成"纱"，两根或两根以上的纱经合并加捻而制成"线"。线可以作为半制品供织造用，也可作为成品直接进入市场，如缝纫线、绒线、绣花线、麻线等。

2. 绳类纺织品

绳类纺织品是由多股纱线捻合而成，直径较粗；如果把两股以上的绳进一步复捻，则成"索"，直径更粗的则为"缆"。这类纺织品在日常生活、工业部门或其他行业有着十分广泛的用途，如拉灯绳、捆扎绳、降落伞绳、攀登绳、船舶缆绳、救生索等。

3. 带类纺织品

带类纺织品是指宽度为 0.3~30cm 的狭条状织物或管状织物。其产品有日常生活用的松紧带、罗纹带、花边、袜带、饰带、鞋带等，工业上用的商标带、色带、传送带、水龙带、安全带、背包带等，医学上用的人造韧带、绷带等。

4. 机织物

机织物也称梭织物，它是以纱线为原料，用织机将互相垂直排列的经纱和纬纱，按一定的组织规律交织而成。由纺织厂制作的坯布通常要做进一步印染加工，制得漂白布、本色布、色布、印花布等不同类型的织物，根据产品最终使用要求，还可作轧花、涂层、防缩、防水、阻燃、防污、烂花、水洗、减量等加工，形成多种门类的纺织品，供服装装饰和其他工业部门使用。

5. 针织物

针织物的成形方法是用针织机将纱线弯曲成为线圈状，并纵穿横连制成织物，针织物也包括直接成形的衣着用品。根据线圈的连接特征可分为纬编针织物和经编针织物。产品主要用于内衣、外衣、袜子、手套、帽子、床罩、窗帘、蚊帐、地毯、花边等服装和装饰领域；在其他领域也有较为广泛的用途，如人造血管、除尘滤布、输油高压管、渔网等。

6. 非织造织物

非织造织物也称无纺布、不织布等，它通常指用机械的、物理的、化学的方法或这些方法的联合方法，将定向排列或随机排列的纤维网加固制成的纤维片，絮状或片状结构物。非织造物作为一种新型的片状材料，它已部分替代了传统的机织物和针织物，形成了相对独立的市场。其产品根据使用时间长短和耐用性的不同而分为两大类：一类是即弃产品，即产品只使用一次或几次就不再继续使用的非织造物，如擦布、卫生巾和医学用过滤布等；另一类是耐久性产品，这类产品要求维持一段较长的重复使用时间，如土工布、抛光布、服装衬里、地毯等。

7. 编结物

编结物是纱线（短纤维纱线或长丝纱）编结而成的制品。编结物中的纱线互相交叉呈人字形或心字形，这类产品既可以手工编织，也可以机器编织，常见的产品有花边、手提包、渔网等。

（二）按纺织品的最终用途分类

按最终用途不同可分为衣着用纺织品、装饰用纺织品和产业用纺织品三大门类。

1. 衣着用纺织品

衣着用纺织品包括制作服装的各种面料，如外衣料（西服、大衣、运动衫、毛衫、裙类、坎肩等用料），内衣料（衬衫、汗衫、紧身衣等用料）以及纺织辅料（衬料、里料、垫料、填充料、花边、缝纫线、松紧带等），也包括针织成衣、手套、帽子、袜子等产品。衣着用纺织品必须具备实用、经济、美观、舒适、卫生、安全、装饰等基本功能，以满足人们工作、休息、运动等多方面的需要，并能适应环境、气候的变化。

2. 装饰用纺织品

（1）室内用纺织品。包括家具用布和餐厅、浴洗室用品，如窗帘、门帘、贴墙布、地毯、绣品、台布、毛巾、浴巾、垫毯、沙发套、椅套等。

（2）床上用纺织品。包括床罩、被面、床单、被套、枕套、枕巾、毛巾被、毛毯、蚊帐等。

（3）户外用纺织品。包括人造草坪、帐篷、太阳伞、太阳椅等。

装饰用纺织品在强调其装饰性的同时，对产品的功能性、安全性、经济性也有着不同程度的要求，如阻燃隔热、耐光、遮光等性能。随着人们生活水平的不断提高，对装饰用纺织品性能的要求也越来越高，装饰用纺织品的应用领域也越来越广泛。宾馆、疗养院、影剧院、歌厅、饭店、汽车、轮船、飞机等场合均要求配置美观、实用、经济、安全的纺织装饰用品。

3. 产业用纺织品

产业用纺织品所涉及的应用领域十分广泛，以功能型为主，产品供其他部门专用（包括医用、军用），如枪炮衣、篷盖布、帐篷、土工布、船帆、滤布、筛网、渔网、轮胎帘子布、水龙带、麻袋、造纸毛毯、打字色带、人造器官等。

（三）按纤维原料组成分类

机织物根据其纤维原料组成不同可分为纯纺织物、混纺织物和交织织物。纯纺织物由同一种纯纺纱线交织而成（用同一种纤维制成的纱线称为纯纺纱线），如纯棉织物、纯毛织物、纯涤纶织物等；混纺织物由同种混纺纱线交织而成（用两种或两种以上不同纤维制成的纱线称为混纺纱线），如涤棉混纺织物、棉麻混纺织物等；交织织物是由不同的经纱和纬纱交织而成，如棉线和人造丝交织而成的线绨被面。

针织物根据纱线原料的使用特点可分为纯纺针织物、混纺针织物和交织针织物三个门类。

（四）按纱线的成纱工艺特点分类

纯纺或混纺纱线有精梳和普梳之分，以精梳棉型纱线织制的织物称精梳棉型织物，以普梳棉型纱线织制的织物称普梳棉型织物。这两种织物的品质差异十分明显，精梳棉织物的品质明显优于普梳棉织物。

纯纺或混纺毛型纱线有精纺和粗纺之分，这两种纱线的用途是不同的，精仿毛型纱线用以织制精纺毛织物，粗纺毛型纱线用以织制粗纺毛织物，这两种织物的风格、用途和品质差异也十分明显。

第二节　纺织品检验方法的分类

纺织品质量亦称品质，它是用来评价纺织品优劣程度的多种有用属性的综合。是衡量纺织品使用价值的尺度。纺织品检验主要是运用各种检验手段如感官检验、化学检验、仪器分析、物理测试、微生物检验等，对纺织品的品质、规格、等级等进行检验，确定其是否符合标准或贸易合同的规定。纺织品检验所涉及的范围很广，其检验方法的分类情况如下。

一、按纺织品的检验内容分类

按纺织品的检验内容可分为品质检验、规格检验、包装检验和数量检验等。

（一）品质检验

影响纺织品品质的因素概括起来可分为外观质量和内在质量两个方面。用户在选择纺织品时主要也是从这两个方面考虑的。因此，纺织品品质检验大体上也可以划分为外观质量检验和内在质量检验两个方面。

1. 外观质量检验

纺织品的外观质量优劣程度不仅影响到其外观美学特性，而且对纺织品内在质量也有一定程度的影响。纺织品的外观质量特性主要通过各种形式的外观质量检验进行分析，如纱线的均匀度、杂质、疵点、光泽、毛羽、手感、成形等检验，织物的经向疵点、纬向疵点、纬档、纬斜、厚薄段、破洞、色泽等检验。纺织品的外观质量检验大多通过官能检验法，评定时，首先对试样作必要的预处理（如调温、调湿、制样等），然后再在规定的观察条件下（灯光、观察位置等），对试样作官能评价，而且这一类官能检验往往是在对照标样情形下进行的。目前也有一些外观质量检验项目已经用仪器检验替代了人的官能检验，如纱线的均匀度检验、纱疵分级、光泽检验、颜色测量、毛羽检验、白度检验等。

2. 内在质量检验

纺织品的内在质量检验是决定其使用价值的一个重要因素，纺织品的内在质量检验俗称理化检验，它是指借助仪器对物理量的测定和化学性质的分析。纺织品的理化检验方法和手段很多。内在质量检验的方法包括：物理性能检验（如质量、密度等物理量的测定；拉伸、压缩、弯曲、剪切等力学性能的检验；隔热、保暖、阻燃等热学性能测定；还有光学性能及声学性能的检验），常规分析检验（包括定量分析检验和定性分析检验等），仪器分析检验（如比色分析、质谱分析、气相色谱分析、原子吸收光谱分析等）和生物检验（如微生物检验、生理检验等）。随着科学技术的迅速发展，用户对纺织品的质量要求越来越高，纺织品检验的方法和手段不断增多，涉及的范围也更加广泛，尤其是在织物的色牢度、舒适性、卫生性、安全性方面的检验方法和标准问题日益受到人们的普遍重视。

（二）规格检验

纺织品的规格一般是指按各类纺织品的外形尺寸（如织物的匹长、幅宽）、花色（如织物的组织、图案、配色）、式样（如服装造型、形态）和标准量（如织物平方米质量）等属性划分的类别。

纺织品的规格及其检验方法在有关的纺织产品标准中都有明确的规定，生产企业应当按照规定的规格要求组织生产，检验部门则根据规定的检验方法和要求对纺织品规格作全面检查，以确定纺织品的规格是否符合有关标准的规定，以此作为对纺织品质量考核的一个重要方面。

（三）包装检验

纺织品包装检验是根据贸易合同标准或其他有关规定，对纺织品的外包装、内包装以及包装标志进行检验。纺织品包装不仅是保证纺织品质量完好无损的必要条件，而且也应该使用户和消费者便于识别，这有利于生产企业提高纺织品的市场竞争能力，促进销售。鉴于包装的重要性，它已被看作是商品的一个组成部分，有些商品如服装，其商品包装不仅起到保护作用，而且具有美化、宣传作用。良好的包装可以吸引消费、促进销售，并在一定程度上可增加出口创汇。不良的包装则会影响运输，造成浪费，引起索赔等恶果。纺织品包装检验的主要内容是：核对纺织品的商品标志，运输包装（俗称大包装或外包装）和销售包装（俗称小包装或内包装）是否符合贸易合同、标准以及其他有关规定。正确的包装还应该具有防伪功能。

（四）数量检验

各种不同类型的纺织品的计算方法和计量方法是不同的，机织物通常按长度计量，纺织纤维原料和纱线按重量计量，服装按数量计量。由于各国采用的度量衡制度上有差异，从而导致统一计量单位所表示的数量有差异，这在具体的检验工作中应注意区别。例如，棉花国际上习惯用包作为计量单位，但每包的含量各国解释不一，美国棉花规定每包净重为 480 磅，巴西棉花每包净重为 396.8 磅，埃及棉花每包净重 730 磅。（注：1 磅＝0.4536kg）

如果按长度计量，必须考虑到大气温湿度对纺织品长度的影响，检验时应加以纠正。如果按重量计量，则必须考虑到包装材料重量和水分等其他非纤维物质对重量的影响，常用的计算重量的方法有以下几种情况：

（1）毛重。指纺织品本身重量加上包装重量。

（2）净重。指纺织品本身重量，即除去包装物重量之后的纺织品实际重量。

（3）公量。由于纺织品具有一定的吸湿能力，其所含水分的重量又受到环境条件的影响，故其重量很不稳定。为了准确计算重量，国际上常采用按公量计算的方法，即用科学的方法除去纺织品所含的水分，再加上贸易合同或标准规定的水分所求得的重量，计算公式为：

$$公量 = 净重 \times \frac{1 + 公定回潮率}{1 + 实际回潮率}$$

主要纺织材料的公定回潮率参见表1-2-1，纺织材料的实际回潮率按有关标准规定进行测试。

表 1-2-1　主要纺织材料的公定回潮率

纺织材料	公定回潮率（%）	纺织材料	公定回潮率（%）
棉花（原棉）	10.0（含水率）	苎麻、亚麻、大麻、罗布麻、剑麻	12.0
棉纱线、棉缝纫线	8.5	黄麻	14.0
棉织物	8.0	桑蚕丝、柞蚕丝	11.0
洗净毛（异质毛）	15.0	黏胶纤维、铜氨纤维、富强纤维	13.0
洗净毛（同质毛）	16.0	Tencel（天丝）、Modal（莫代尔）	7.0
兔毛、驼毛、牦牛毛	15.0	醋酯纤维	4.5
分梳山羊毛	17.0	锦纶（6、66、11）	4.5
精仿毛纱	16.0	涤纶	0.4
粗纺毛纱	15.0	腈纶	2.0
绒线、针织绒线、羊绒线	15.0	维纶	5.0
毛织物	14.0	丙纶、氯纶、偏氯纶	0
长毛绒织物	16.0	氨纶	12.0

二、按纺织品的生产工艺流程分类

根据纺织品的生产工艺流程，纺织品检验可分为预先检验、工序检验、最后检验、出厂检验、库存检验、监督检验和第三者检验等，其具体情况如下：

1. 预先检验

预先检验是指加工投产前对投入原料、坯料、半成品等进行的检验。例如，棉纺织厂的原棉检验、丝织厂的试化验和三级试样等。

2. 工序检验

工序检验又称中间检验，它是在一道工序加工完毕，并准备做制品交接时进行的检验。例如，棉纺织厂纺部实验室对棉条粗纱等制品进行的质量检验就属于工序检验。

3. 最后检验

最后检验又称成品检验，它是对完工后的产品质量作全面检查，以判定其合格与否或质量等级。成品检验是质量信息反馈的一个重要来源，检验时要对成品质量缺陷作全面记录，并加以分类整理，及时向有关部门汇报，对可以修复但又不影响产品使用价值的不合格产品，应及时交有关部门修复，同时也要防止具有严重缺陷的产品流入市场，做好产品质量把关工作。

4. 出厂检验

对于成品检验后立即出厂的产品，成品检验也即出厂检验。而对成品检验后尚需入库储存较长时间的产品，出厂前应对产品的质量再做一次全面的检查，尤其是虫蛀霉变、强力方面的质量检验。

5. 库存检验

纺织品储存期间，由于热湿、光照、鼠咬等外界因素的作用会使纺织品的质量发生变异，因此对纺织品的质量作定期或不定期的检验，可以防止质量变异情况的出现。

6. 监督检验

监督检验又称质量审查，一般由行业专家、企业管理人员、技术人员等组成的诊断人员负者诊断企业的产品质量、质量检验职能和质量保证体系的效能。

7. 第三者检验

第三者检验一般是由上级行政主管部门或消费团体为维护用户和消费者利益而对产品进行的检验，如商检机构、质量技术监督机构所进行的检验均属于这种性质的检验。生产企业为了表明其生产的产品质量符合规定的要求，也可以申请第三者检验，以示公正。

三、按纺织品检验的数量分类

从被检验产品的数量来看，纺织品检验又分全数检验和抽样检验两种情况。在纺织品的检验中，对织物外观疵点一般采用全数检验方式，而对纺织品内在质量的检验大多采用抽样检验的方式。

（一）全数检验

全数检验又称全检或百分之百检，它是指对批中的所有个体或材料进行的全部检查。全数检验能较为可靠地保证受检产品的质量，在心理上给人以安全感，通过全检可获得较多的质量信息。全数检验适用于批量小、质量特性单一、精密、贵重、重型的关键产品，而不适应批量很大、价廉、质量特别复杂、需要进行破坏性试验的产品质量检验。由于纺织品的质量特性十分复杂，检验项目以破坏性试验为主，所以除外观质量检验可采用全数检验之外，绝大多检验项目都采用抽样检验方法。采用全数检验可能存在以下问题：

（1）尽管全数检验是对全部产品进行逐个检验，但并非是对每个产品的全部质量特性作全项目检验。如果要对受检产品的全部项目作全检，工作量极大，不仅费工费时且检验费用过大，很不经济，有时也难以实现。而在减少检验项目的前提下进行的全数检验，在一定程度上仍然会降低产品的质量保证程度。

（2）采用全数检验不仅使检验的数量增多、时间加长、费用增加、人员增多，而且其自身的检验误差同样也是客观存在的，难免有错检和漏检的情况发生，要完全提出不合格品，有时要经过若干次重复的全检，这样做并不十分经济。

（3）即使检验不带有破坏性，但由于产品的价值低、批量很大，故采用全检会增加生产成本。对那些试验费用昂贵，检验需做复杂的试验分析或是带有破坏性的，一般都采用抽样检验方法。

（4）由于现代化工业生产具有规模大、批量多、要求高、速度快等特点，采用全检有许多不太经济的地方，如要增加检验站、添置检验仪器和设备、增加检验人员等。

（二）抽样检验

抽样检验是纺织品检验的主要形式。抽样检验是按照规定的抽样方案，随机地从一批或一个过程中抽取少量个体或材料进行的检验。其主要特点是：检验量少、比较经济，有利于检验人员集中精力抓好关键质量，可减轻检验人员的工作强度，能刺激供货方保证质量，检验带有破坏性的只能采用抽样检验。

抽样检验必须设计合理的抽样方案，这不仅影响检验的质量，而且也增加了检验的计划工作量。事实上，通过抽样检验确定的合格批中可能混有不合格品，有误判的风险，它所提供的质量信息不如全数检验多。正因为如此，抽样检验的方法及其原理历来受到人们的高度重视。抽样检验的理论基础是概率论和数理统计学。

实施抽样检验，抽样是十分关键的。抽样也被称作取样，俗称扦样、捡样。抽样是根据技术标准或操作规程所规定的方法和抽样工具，从整批产品中随机抽取一小部分在成分和性质上都能代表整批产品的样品。必要时，需对有些样品按规定的方法加工成小样。从抽样检验的特点来看，抽样必须科学、合理、准确，抽取的样品应具有充分代表性。由于抽样检验是通过对抽取样品的测试、分析、化验，据以对整批产品的质量特性作出评价，并决定是接受还是拒收，所以在抽样检验中，如果抽取的样品不具有代表性，则有可能出现以下两种情况：

（1）若样品质量低于批的质量，则合格产品被拒收的概率增加，将给生产企业带来损失。

（2）若样品质量高于批的质量，则不合格产品被接受的概率增加，将给消费者带来损失。

图 1-2-1 所示为两种极端情况。抽样检验误判的概率是客观存在的，要做到完全无误是不现实的，其关键是要把误判的概率控制在生产者和消费者都可以接受的范围以内。目前国际上比较一致的标准是，生产者承担 5% 的风险，消费者承担 10% 的风险，这是比较适宜的。这就需要运用概率论和数理统计学的原理加以分析和研究，选出最佳的抽样方案。

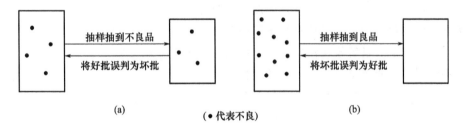

图 1-2-1　抽样检验可能出现的两种极端情况

第三节　纺织品检测用标准大气条件

不同地区的大气条件对纺织品检测的结果通常情况下是有较大的影响的，为了使检测结果在不同时间和不同地点具有统一性和可比性，通常对纺织品检测的大气条件作出统一规定。我国国家标准 GB/T 6529—2008（参照采用国际标准 ISO139）对纺织品检测用的标准大气条件做出明确规定，见表 1-2-2。我国规定的大气压力为 1 标准大气压，即 101.3kPa（760mmHg），国际标准规定为 86~106kPa。

表 1-2-2　纺织品检测用标准大气条件

项目\大气条件	标准级别	标准温度（℃）	温度允差（℃）	标准相对湿度（%）	相对湿度允差（%）
温带标准大气	一级	20	±2	65	±2
温带标准大气	二级	20	±2	65	±3
温带标准大气	三级	20	±2	65	±5
热带标准大气	一级	27	±2	65	±2
热带标准大气	二级	27	±2	65	±3
热带标准大气	三级	27	±2	65	±5

纺织品检测一般采用一级标准大气条件。除特殊情况如湿态试验外，纺织品的力学性能和化学性能都应该在温带标准大气条件下进行试验。在热带或亚热带地区，可以采用热带标准大气条件进行试验。对于仲裁性检测，必须采用温带标准大气的一级标准大气条件。二级标准主要用于常规检测，三级标准则用于要求较低的检测。

思考题

1. 什么是纺织品？
2. 纺织品按生产方式如何分类？各类有何特点？
3. 纺织品按最终用途如何分类？各类有何特点？
4. 简述纺织品的检验方法按检验内容可分为几类。
5. 简述纺织品的检验方法按生产工艺流程可分为几类。
6. 简述纺织品的检验方法按检验数量可分为几类。
7. 什么是纺织品的包装检验？纺织品包装检验的内容有哪些？
8. 举例说明什么是全数检验，什么是抽样检验。
9. 简述纺织品检测与标准大气条件的关系。

第三章　纺织品的质量与标准

第一节　纺织品的质量和质量管理

一、纺织品质量的含义

产品质量有狭义和广义之分。狭义的产品质量通常称为品质（quality），是指产品本身所具有的特性，通常表现为产品的美观性、适用性、可靠性、安全性和使用寿命等。广义的产品质量是指产品能够完成其使用价值的性能，即产品能够满足用户和社会要求的各种特性的总和。由此可见，广义的产品质量既包括产品本身的质量特性，也包括产品设计、原材料、计量仪器、对用户的服务等质量要求，这些质量统称为"综合质量"，由此构成了全面质量管理的基础。

纺织品质量也称为纺织品品质，是用来评价纺织品优劣程度的多种有用属性的综合，是衡量纺织品使用价值的尺度。纺织品的特性有很多，但只有与满足需求有关的那些特性才构成其质量。人们的需要会随着纺织科学技术和生产的发展以及生活水平的提高而不断改变。因此，所谓的"多种有用属性的综合"，其内涵不仅因纺织品种类的不同而异，而且对同一种纺织品，尤其是多用途纺织品来说，也会因用途不同而不一样。例如，外衣着重强调外观风格、耐日晒色牢度、抗静电、抗起球、抗皱等特性，而对吸湿性以及柔软性不用多作考虑，但这两个特性恰恰是内衣着重要求的，相反，并不重视外观风格和耐日晒色牢度等特性。

二、纺织品的质量特性

产品的质量特性是指满足人们某种需要所具备的属性和特征。构成纺织品质量的特性有很多，它们对质量都有一定的贡献，但其重要程度却不相同，而且会因用途不同而发生变化。

在纺织品质量的评价和管理过程中，没必要考虑其质量所包含的一切特性，并且将各种特性同等看待，而应该根据其实际用途权衡轻重，尽量简化，选择3~5项对产品质量起决定作用的特性，按其重要程度分别赋予不同权重，加权综合成消费者真正希望的质量，以提高质量评价的效率和经济效益。

1. 真正质量特性

真正质量特性是指消费者对纺织品的直接质量要求，如舒适、耐用、耐洗、耐晒、防水、阻燃等特性。因此，针对纺织品在使用时最重要的性能和功能，真正质量特性应当以充分满足消费者的使用要求为最终目标。由于纺织品的用途和使用条件不同，消费者对纺织品的质量要求存在较大差异。所以在实际工作中，真正质量特性一般难以定量和检验，通常用一些能够反映产品真正质量特性的代用质量特性简单地"表达"产品的真正质量特性。

2. 代用质量特性

代用质量特性是指反映产品使用目的的各种技术规格参数。由于纺织品的规格和技术条件是由纺织标准或贸易合同中品质条款所规定的，带有一定的强制性，是可以量化、检测和标准化的，所以容易被纺织品生产企业、贸易企业和消费者接受。因此，纺织品标准中的质量指标所反映的质量特性大多都是代用质量特性。

三、纺织品的质量管理

质量管理（quality management）是现代化管理的一个重要组成部分，是指确定质量方针、目标和职责，并在质量体系中通过诸如质量策划、质量控制、质量保证和质量改进使其实施的全部管理职能的所有活动。质量管理主要体现在建设一个有效运作的质量体系上，既不同于全面质量管理，也不同于质量控制。

全面质量管理（total quality management）是指一个组织以质量为中心，以全员参与为基础，目的在于通过让顾客满意和让本组织所有成员及社会收益而达到长期成功的管理途径。

质量控制（quality control）主要是控制产品的各项特定性质，以求其符合设定的规格和技术条件。因此，将质量控制看作是质量管理是不确切的。

四、纺织品的质量管理方法

从质量检验到质量体系的形成经历了很长一段时间。在不同的历史阶段，人们对质量管理的认识和采取的管理方法是不同的，其工作重点和工作目的也不完全相同。

1. 质量检验阶段

质量检验是质量管理的初级形式，主要依靠质量检验人员对全部产品进行检验，确定其是否符合规定的质量标准，并从中剔除疵品，以保证出厂产品的质量。这种质量管理方法是一种消极、被动的事后检查，不具有事先预防性质。

2. 统计质量控制阶段

统计质量控制阶段是指 1940~1960 年，美国休哈特·戴明等提出了抽样检验的概念。统计质量控制是在质量管理中运用数理统计方法研究产品制造过程中控制产品质量的各种问题，工作重点在于产品制造过程的质量管理，即对产品形成次品的原因进行管理。这种质量管理方法采用统计控制图进行预防性控制，以积极的事先预防代替消极的事后检验。但是，统计质量控制方法过分强调了数理统计学的作用，忽视了生产者的主观能动性和组织管理的作用。

3. 全面质量管理阶段

全面质量管理阶段是指 1960~1980 年，人们对产品质量赋予了更加深刻的内涵。根据质量体系的原理和原则：质量体系贯穿于产品质量形成的全部过程，包括市场调查、设计、采购、工艺准备、生产制造、检验和试验、包装和储存、销售和发运、安装和运输、技术服务和维护及用后处理。

在现代化企业中实施全面质量管理，主要是企业依靠全体职工和有关部门的同心协力，综合运用管理技术、专业技术和科学方法，经济地开发、研制、生产和销售用户满意的产品的管理活动。

全面质量管理包含三层含义：第一，质量管理的动力，即依靠企业全体职工和有关部门的同心协力；第二，质量管理的手段，即综合运用管理技术、专业技术和科学方法；第三，质量管理的目的，即经济地开发、研制、生产和销售用户满意的产品。

4.质量管理标准化阶段

质量管理标准化阶段是指自 20 世纪 80 年代开始，各个工业发达国家制定自己的质量保证标准，对提高产品质量起到了积极的推动作用。但是，由于各国的具体情况不同，使各国标准在术语概念、管理方法和质量保证的要求上都存在较大的差别，因此给迅速发展的国际经济交流带来了影响，也给国际质量相互认证制度的开展带来了困难。所以，从客观上迫切要求制定一个权威的质量管理国际标准。

从 20 世纪 80 年代开始，国际标准化组织（ISO）陆续推出的生产企业质量体系标准在国际上受到普遍重视并被采用，产品质量认证随着国际标准的推广成为国际通行的，对产品质量进行评价、监督和管理的有效手段。

第二节　纺织标准的概念和分类

一、纺织标准的概念

从专业角度看，纺织标准是以纺织科学技术和纺织生产实践为基础制定的、由公认机构发布的关于纺织生产技术的各项统一规定。纺织标准是企业组织生产、质量管理、贸易（交货）和技术交流的重要依据，同时也是实施产品质量仲裁、质量监督检查的依据。对于纺织品技术规格、性能要求的具体内容和达到的质量水平以及这些技术规格和性能的检验、测试方法，都是根据有关标准确定的，或者是由贸易双方按协议规定的。

纺织标准作为纺织品检验的依据，应具有合理性和科学性，是工贸双方都可以接受的。首先，纺织产品标准是对纺织品的品种、规格、品质、等级、运输和包装以及安全性、卫生性等技术要求的统一规定。其次，纺织方法标准是对各项技术要求的检验方法、验收规则的统一规定。准确运用纺织标准，可以对纺织品的质量属性作出全面、客观、公正、科学的判定。

二、纺织标准的分类

纺织标准可以根据标准的级别、性质、表现形式和执行方式进行分类。

（一）按纺织标准的级别分类

根据标准制定和发布机构的级别以及标准适用的范围，纺织标准可分为国际标准、区域标准、国家标准、行业标准、地方标准和企业标准等不同级别。

1.国际标准

国际标准是由众多具有共同利益的独立主权国组成的世界性标准化组织，通过有组织的合作和协商而制定、发布的标准。例如：国际标准化组织（ISO）制定发布的标准，国际电工委员会（IEC）制定发布的标准，以及国际标准化组织为促进关税及贸易总协定（GATT）《关于贸易中技术壁垒的协定草案》即标准守则的贯彻实施而出版的《国际标准题内关键词索引》中收录的 27 个国际组织制定、发布的标准。

通常说的国际标准是指 ISO 发布的标准，包括除电气、电子专业以外的其他专业和领域中的国际标准，称为 ISO 标准。IEC 标准是由国际电工委员会发布的电气、电子方面的国际标准。

对于各国来说，国际标准可以自愿采用。但因为国际标准集中了一些先进工业国家的技术经验，加之各国考虑外贸上的利益，往往积极采用国际标准。

简单来说，国际标准是由国际标准化组织通过的标准，也包括参与标准化活动的国际团体通过的标准，其目的是便于成员国之间进行贸易和情报交流。

2. 区域标准

区域标准泛指世界某一区域标准化团体所通过的标准，是由区域性国家集团或标准化团体为其共同利益而制定、发布的标准。

历史上，一些国家由于其独特的地理位置或是民族、政治、经济因素而联系在一起，形成国家集团，组成了区域性的标准化组织，以协调国家集团内的标准化工作。例如：欧洲标准化委员会（CEN）、欧洲电工标准化委员会（CENEL）、太平洋区域标准大会（PASC）、泛美标准化委员会（COPANT）、经济互助委员会标准化常设委员会（CMEA）、亚洲标准化咨询委员会（ASAC）、非洲标准化组织（ARSO）等。

其中，有一部分区域标准也被收录为国际标准。我国的地方标准也可以认为是一种区域标准，在某个省、自治区、直辖市范围内统一执行。

3. 国家标准

国家标准是由合法的国家标准化组织（官方的或被授权的非官方或半官方的），经过法定程序制定、发布的标准，在该国范围内适用。例如：中国国家标准（GB）、美国国家标准（ANSI）、英国国家标准（BS）、德国国家标准（DIN）、法国国家标准（NF）、日本工业标准（JIS）、澳大利亚国家标准（AS）等。

就世界范围来看，英国、法国、德国、日本、美国等国家的工业化发展较早，标准化历史较长，这些国家的标准化组织制定并发布的国家标准比较先进。

4. 行业标准

行业标准是指全国性的各行业范围内统一的标准，它由行业标准化组织制定发布。

全国纺织品标准化技术委员会技术归口单位，是纺织工业标准化研究所，设立基础、丝绸、毛纺、针织、家用纺织品、纺织机械与附件、服装、纤维制品、染料等分技术委员会或专业技术委员会，负责制定或修订全国纺织工业各专业范围内统一执行的标准。

对那些需要制定国家标准，但条件尚不具备的，可以先制定行业标准进行过渡，条件成熟之后再升格为国家标准。

5. 地方标准

地方标准是由地方标准化组织制定、发布的标准，它在该地方范围内适用。

我国地方标准是指在某个省、自治区、直辖市范围内需要统一的标准。

我国制定地方标准的对象应具备三个条件：第一，没有相应的国家或行业标准；第二，需要在省、自治区、直辖市范围内统一的事或物；第三，工业产品的安全卫生要求。

6. 企业标准

企业标准是指企业制定的产品标准和为企业内需要协调统一的技术要求和管理、工作要求所制定的标准。由企业自行制定、审批和发布的标准在企业内部适用，它是企业组织生产经营活动的依据。

企业标准又可分为生产型标准和贸易型标准两类。生产型标准又称为内控标准，是企业为达到或超过上级标准，而对产品质量指标制定高于现行上级标准的内部控制标准，一般不对外，目的在于促进提高产品质量。贸易型标准是经备案可以向客户公开，作为供、需双方交货时验收依据的技术性文件。

企业标准的主要特点：第一，企业标准由企业自行制定、审批和发布，产品标准必须报当地政府标准化主管部门和有关行政主管部门备案；第二，对于已有国家标准或行业标准的产品，企业标准要严于有关的国家标准或行业标准；第三，对于没有国家标准或行业标准的产品，企业应当制定标准，作为组织生产的依据；第四，企业标准能在本企业内部适用，由于企业标准具有一定的专有性和保密性，故不宜公开；第五，企业标准不能直接作为合法的交货依据，只有在供需双方经过磋商并订入买卖合同时，企业标准才可以作为交货依据。

（二）按纺织标准的性质分类

根据标准的性质，纺织标准可分为三大类：技术标准、管理标准和工作标准。

1. 技术标准

技术标准是对标准化领域中需要协调统一的技术事项所制定的标准。纺织标准大多为技术标准，根据内容可以分为三类：基础性技术标准、产品标准、检测和试验方法标准。

（1）基础性技术标准。基础性技术标准是对一定范围内的标准化对象的共性因素，例如概念、数系、通则，所作的统一规定。它在一定范围内作为制订其他技术标准的依据和基础，并普遍使用，具有广泛的指导意义。纺织基础标准的范围包括各类纺织品及纺织制品的有关名词术语、图形、符号、代号及通用性法则等内容。例如：GB/T 8685—2008《纺织品　维护标签规范　符号法》，GB 9994—2008《纺织材料公定回潮率》等。我国纺织标准中，基础性技术标准的数量还较少，多数为产品标准和检测、试验方法标准。

（2）产品标准。产品标准是对产品的结构、规格、性能、质量和检验方所作的技术规定。产品标准是产品生产、检验、验收、使用、维修和洽谈贸易的技术依据。为了保证产品的适用性，必须对产品要达到的某些或全部要求作出技术性的规定。我国纺织产品标准主要涉及纺织产品的品种、规格、技术性能、试验方法、检验规则、包装、储藏、运输等各项技术规定。例如：GB/T 15551—2016《桑蚕丝织物》国家标准规定了桑蚕丝织物的技术要求、产品包装和标志，适用于评定各类服装用的练白、染色（色织）、印花纯桑蚕丝织物、桑蚕丝与其他长丝、纱线交织丝织物的品质等。

（3）检测和试验方法标准。检测和试验方法标准是对产品性能、质量的检测和试验方法所作的规定，其内容包括：检测和试验的类别、原理、抽样、取样、操作、精度要求等方面的规定；对使用的仪器、设备、条件、方法、步骤、数据分析、结果的计算、评定、合格标准、复验规则等所作的规定。例如：GB/T 4666—2009《纺织品　织物长度和幅宽的测定》，GB/T 4802.2—2008《纺织品　织物起毛起球性能的测定　第2部分：改型马丁代尔法》等。检测和试验方法标准可专门单列为一项标准，也可包含在产品标准中作为技术内容的一部分。

2. 管理标准

管理标准是对标准化领域中需要协调统一的管理事项所制定的标准，包括管理基础标准、技术管理标准、经济管理标准、行政管理标准、生产经营管理标准等。管理标准一般是规定一些原则性的定性要求，具有指导性。目的是利用管理标准来规范企业的质量管理行为、环境管理行为以及职业健康安全管理行为，从而持续改进企业的管理，促进企业的发展。

3. 工作标准

工作标准是对工作的责任、权利、范围、质量要求、程序、效果、检查方法、考核办法等所制定的标准。工作标准一般包括部门工作标准和岗位（个人）工作标准。企业组织经营管理的主要战略是不断提高质量，要实现这一战略目标必须以工作标准的实施来保障。

（三）按纺织标准的表现形式分类

根据标准的表现形式，纺织标准主要分为两种：文字标准和实物标准。

1. 文字标准

文字标准是用文字或图表对标准化对象作出的统一规定，即"标准文件"。文字标准是标准的基本形态。

2. 实物标准

实物标准是标准化对象的某些特性难以用文字准确描述出来时，可制成实物标准，并附有文字说明的标准，即"标准样品"。标准样品是由指定机构，按一定技术要求制作的实物样品或样照，简称"标样"。例如：棉花分级标样、羊毛标样、蓝色羊毛标准、织物起毛起球评级样照、色牢度评定用变色和沾色分级卡等都是评定纺织品质量的客观标准，是重要的检验依据。

标准样品同样是重要的纺织品质量检测依据，可供检测外观、规格等对照、判别之用，其结果与检验员的经验、综合技术素质关系密切，随着检测技术的进步，某些用目光检验、对照"标样"评定其优劣的方法，已逐渐向先进的计算机视觉检验的方向发展。

（四）按纺织标准的执行方式分类

标准的实施就是要将标准所规定的各项要求，通过一系列措施，贯彻到生产实践中去，这也是标准化活动的一项中心任务。由于标准的对象和内容不同，标准的实施对于生产、管理贸易等产生的影响和作用会造成较大差别，因此，标准的实施是一项十分复杂的工作，有时很难采用统一的方法。《中华人民共和国标准化法》规定："国家标准、行业标准分为强制性标准和推荐性标准。"因此，标准按执行方式分为强制性标准和推荐性标准。

1. 强制性标准

强制性标准是国家在保障人体健康、人身财产安全、环境保护等方面对全国或一定区域内统一技术要求而制定的标准，以法律、行政法规规定强制执行的标准。在国家标准中，以GB开头的属于强制性标准。

国家制定强制性标准是为了起到控制和保障的作用，因此强制性标准必须执行，不得擅自更改或降低强制性标准所规定的各项要求。对于违反强制性标准规定的，要由法律、行政法规规定的行政主管部门或工商行政管理部门依法处理。

2. 推荐性标准

推荐性标准是指除强制性标准外的其他标准。在国家标准中，以GB/T开头的属于推荐性标准。计划体制下单一的强制性标准体系并不能适应当代市场机制的发展和需求，因为市场需求是广大消费者需求的综合，这种需求是多样化、多层次的，并在不断发展变化之中。设立推荐性标准可使生产企业在标准的选择、采用上拥有较大的自主权，为企业适应市场需求、开发产品拓展广阔空间。

推荐性标准的实施，从形式上看是由有关各方自愿采用的标准，国家一般也不作强制执行要求。但是，作为全国、全行业范围内共同遵守的准则，国家标准和行业标准一般都等同或等效采用了国际标准，从标准的先进性和科学性看，它们都积极地采用了已标准化的各项成果，积极采用推荐性标准，有利于提高产品质量，有利于提高产品的国内外市场竞争能力。

我国、苏联和东欧国家等的标准几乎都是强制性的，美国、英国、日本以及加拿大、瑞士等国家的标准大多是自愿性的。但国家市场和牵涉安全保护、环境卫生等的国家标准则要强制执行，而且强制执行的范围有逐步扩大的趋势。

第三节 纺织标准的内容

任何一项标准所包括的内容都是根据标准化对象和制定标准的目的来确定的。纺织标准主要由四部分组成：概述部分、一般部分、技术部分和补充部分，其中一般部分和技术部分合称主体部分。

一、纺织标准的概述部分

国家标准和行业标准的封面和首页应包括：编号、名称、批准和发布部门、批准和发布及实施日期内容，其编写格式应符合 GB/T 1.2 的具体规定，其余标准号照此执行。

当标准的内容较长、结构较复杂、条文较多时，应编写目次，写出条文主要划分单元和附录的编号、标题和所在页码。

前言是每项技术标准都应编写的内容，包括：

（1）基本部分。主要提供有关该项技术标准的一般信息。

（2）专用部分。说明采用国际标准的程度，废除和代替的其他文件，重要技术内容的有关情况，与其他文件的关系，实施过渡期的要求以及附录的性质等。

引言主要用于提供有关技术标准内容和制定原因的特殊信息或说明，它不包括任何具体要求。

二、纺织标准的一般部分

这一部分主要对技术标准的内容作一般性介绍，它包括标准的名称、范围、引用标准等内容。

技术标准的名称应简短而明确地反映出标准化对象的主题，但又能与其他标准相区别。因此，技术标准的名称一般由标准化对象的名称和所规定的技术特征两部分组成。如果这两部分比较简短，连起来也通顺时，可以写成一行，如"纺织品白度的仪器评定方法"；如果连起来不通顺时，可在两者之间空一个字，如"纺织品耐光色牢度试验方法 日光"，在封面和首页可将它们写成两行。

技术标准的范围用于说明一项技术标准的对象与主题、内容范围和适用的领域。其中不包括任何要求，也不与名称重复，但它与名称和技术标准的内容是一致的。

引用标准这部分内容主要列出一项技术标准正文中所引用的其他标准文件的编号和名称。

凡列入这一部分的文件，其中被引用的章条，由于引用而构成了该项技术标准的一个组成部分，在实施中具有同等约束力，必须同时执行，并且要以注明年号的版本为准。

三、纺织标准的技术部分

这部分内容是技术标准的主体，是技术标准所规定的实质性内容，由八个部分组成。

1. 定义

技术标准中采用的名词、术语尚无统一规定时，则应在该标准中作出定义和说明。名词、术语也可以单独制定标准。例如 FZ/T 80003—2006《纺织品与服装　缝纫形式分类和术语》。

2. 符号和缩略语

技术标准中使用的某些符号和缩略语，可以列出它们的一览表，并对所列符号、缩略语的功能、意义、具体使用场合给出必要的说明，以便于读者理解。

3. 要求

产品的技术要求主要是为了满足使用要求而必须具备的技术性能、指标、表面处理等质量要求。纺织标准所规定的技术要求是可以测定和鉴定的，其主要内容包括：质量等级、物理性能、机械性能、化学性能、使用特性、稳定性、表面质量和内在质量，关于防护、卫生和安全的要求，工艺要求，质量保证以及其他必须规定的要求。

4. 抽样

这部分内容可以放在试验方法部分的开头，而不单列。抽样这部分用于规定进行抽样的条件、抽样的方法、样品的保存方法等必须列示的内容。

5. 试验方法

试验方法这部分主要是给出测定特性值，或检查是否符合规定要求以及保证所测定结果再现性的各种程序细则。必要时，还应明确所作试验是型式试验、常规试验或是抽样检验。其内容主要包括：试验原理、试样的采取或制备、试剂或试样、试验用仪器和设备、试验条件、试验步骤、试验结果的计算、分析和评定、试验记录和试验报告等。试验方法也可以单独列为一项标准，即方法标准。

6. 分类与命名

分类与命名这部分可以与要求部分合在一起。分类与命名部分是为符合所规定特性要求的产品、加工或服务而制定的一个分类、命名或编号的规则。对产品而言，就是要对有关产品总体安排的种类、型式、尺寸或参数系列等作出统一规定，并给出产品分类后具体产品的表示方法。

7. 标志、包装、运输、储存

在纺织产品标准中，可以对产品的标志、包装、运输和储存作出统一规定，以使产品从出厂到交付使用过程中的产品质量能得到充分保证，符合规定的贸易条件，这部分内容可以单独制定标准。

8. 标准的附录

标准中的附录可分为标准的附录和提示的附录两种不同性质。标准的附录是标准不可分割的一部分，它与标准正文一样，具有同等效力，为使用方便而放在技术部分的最后。采用这一形式是为了保证正文主题突出，避免个别条文的臃肿，但尽可能少用，而是将有关内容编入正文之中。

四、纺织标准的补充部分

1. 提示的附录

标准中附录的另一种形式，它不是标准正文的组成部分，不包含任何要求，也不具有标准正文的效力。提示的附录只提供理解标准内容的信息，帮助读者正确掌握和使用标准。

2. 脚注

脚注的使用应控制在最低限度，它用于提供使用技术标准时参考的附加信息，而不是正式规定。

3. 正文中的注释

正文中的注释用来提供理解条文所必要的附加信息和资料，它不包含任何要求。

4. 表注和图注

表注和图注属于标准正文的内容，它与脚注和正文中的注释不同，是可以包含要求的。

五、标准编号的说明

完整的标准编号由三部分组成：标准代号、顺序号和年代号。

1. 中国国家标准编号

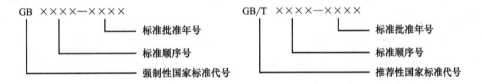

2. 纺织行业标准编号

3. 企业标准编号

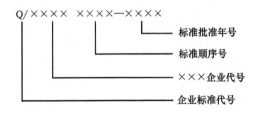

第四节 国际标准

一、国际标准的作用

国际标准的主要作用体现在三个方面：第一，有利于消除国际贸易中的技术壁垒，促进贸易自由化；第二，有利于促进科学技术进步，提高产品质量和效益；第三，有利于促进国际技术交流与合作。因此，国际标准对国际贸易和信息交流具有重要影响。

二、国际标准化机构

国际标准化组织（ISO）和国际电工委员会（IEC）是两个最大的国际标准化机构。国际标准化组织（ISO）发布的主要是除了电工、电子以外的其他专业如机械、冶金、化工、石油、土木、农业、轻工、食品、纺织、交通运输、卫生、环保、科学管理等领域的国际标准。国际电工委员会（IEC）发布的主要是电工、电子领域的国际标准。ISO 和 IEC 共同担负着推进国际标准化活动、制定国际标准的任务。

（一）国际标准化组织（ISO）

国际标准化组织（ISO）正式成立于 1947 年 2 月，是世界上最大和最具权威的标准化机构，它是一个非政府性的国际组织，总部设在日内瓦。我国是创始成员国之一，但由于历史原因，我国于 1978 年成为正式成员。

ISO 的主要任务是：制定国际标准，协调世界范围内的标准化工作，组织各成员国和技术委员会进行信息交流。ISO 的工作领域很广泛，除电工、电子以外，涉及其他所有学科，其技术工作由各技术组织承担。按专业性质不同，ISO 设立了 167 个技术委员会（TC），各技术委员会又可以根据需要设立若干分技术委员会（SC）。TC 和 SC 的成员分为两种：参加成员（P 成员）和观察成员（O 成员）。

在 ISO 下设的 167 个技术委员会中，明确活动范围属于纺织行业的有 3 个。

1. 第 38 技术委员会

第 38 技术委员会即纺织品技术委员会，简称 ISO/TC 38，创建于 1947 年，截至 1993 年底拥有 32 个参加成员（P 成员）和 37 个观察成员（O 成员）。长期以来，ISO/TC 38 的秘书处工作一直由英国标准协会（BSI）负责。2007 年 9 月，经 ISO 批准，由阳光集团代表中国承担了 ISO/TC 38 国际秘书处工作，国家纺织工业局下属的中国纺织科学研究院标准化研究所是 ISO/TC 38 国际秘书处的技术支撑单位。

ISO/TC 38 的工作范围：制定纤维、纱线、绳索、织物及其他纺织材料、纺织产品的试验方法标准及有关术语和定义；制定纺织产品标准；不包括现有的或即将成立的 ISO 其他技术委员会工作范围以及纺织加工及测试所使用的原料、辅助材料、化学药品的标准化。

ISO/TC 38 现有 10 个分技术委员会（SC），下属 52 个工作组（WG）。部分分技术委员会和直属工作组的名称分别是：SC1 染色纺织品和染料的试验，SC2 洗涤、整理和抗水试验，SC5 纱线试验，SC6 纤维试验，SC11 纺织品和服装的保管标记，SC12 纺织地板覆盖物；SC19 纺织品和纺织制品的燃烧性能，SC20 织物描述，SC21 土工布，SC22 产品规格，WG9 非织造布，WG12 帐篷用织物，WG13 试验用标准大气和调湿，WG14 化学纤维的一般术语，WG15 起毛起球，WG16 耐磨性和接缝滑移，WG17 纺织品的生理性能，WG18 服装用机织物的低应力、机械和物理性能。

2. 第 72 技术委员会

第 72 技术委员会即纺织机械及附件技术委员会（ISO/TC 72），秘书国是瑞士。我国是 ISO/TC 72 及 7 个分技术委员会的参加成员，有权利和义务对其管理的所有国际标准阶段文件进行投票表决，并由中国纺织机械（集团）有限公司负责 ISO/TC 72 的技术归口工作。

ISO/TC 72 的工作范围：制定纺织机械及有关设备器材配件等纺织附件的有关标准。ISO/TC 72 下设四个分委员会：SC1 前纺、精纺及拼捻线机械，SC2 卷绕及织造准备机械，SC3 织造机械，SC4 染整机械及有关机械和附件。

目前，ISO/TC 72 国际标准主要由发达国家提出并负责起草制定，没有整机标准，以器材、零部件标准为主，包括术语、定义标准，为提高零部件互换性的产品尺寸标准（器材占多数）；为方便不同机器间物料传送的产品结构标准（如条筒、筒管、经轴等）；保护人与机器之间交流和安全的安全要求、图形符号；统一鉴别产品优劣的方法标准（如噪声测试规范、经轴盘片分等、加工油剂对机器零部件的防腐性能测定）等。

3. 第 133 技术委员会

第 133 技术委员会即服装的尺寸系列和代号技术委员会，简称 ISO/TC133，秘书处工作由南非国家标准局（SABS）负责。我国服装标准化技术委员会秘书处设在上海市服装研究所，承担 ISO/TC 133 的国内技术归口工作。

ISO/TC 133 的工作范围：在人体测量的基础上，通过规定一种或多种服装尺寸系列，实现服装尺寸的标准化。服装号型系列是按人体体型规律设置分档号型系列的标准，为服装设计提供了科学依据，有利于成衣的生产和销售，依据这一标准设计、生产的服装，称为"号型服装"。标志方法是"号/型""号"表示人体总高度，"型"表示净体胸围或腰围，都以厘米数表示，我国现行的服装号型标准与国际标准基本接近。

（二）国际电工委员会（IEC）

1906 年 6 月，在英国伦敦正式成立了国际电工委员会（IEC），是世界上成立最早的国际标准化组织，总部设在日内瓦。我国于 1957 年 8 月正式加入 IEC。

IEC 的宗旨是促进电气、电子工程领域中标准化及有关方面问题的国际合作，增进国际了解。工作领域主要包括电力、电子、电信和原子能方面电工技术等，主要成果是制定 IEC 国际标准和出版多种出版物。

目前，IEC 已经成立了 83 个技术委员会、1 个无线电干扰特别委员会（CISPR）、1 个 IEC/ISO 联合技术委员会（JTCI）、118 个分技术委员会和 700 个工作组。

三、国际标准的采用

目前，国际标准化正向高新技术方向拓宽领域，同时，也在保护人类生存、健康，保持生态平衡和保护环境方面作出了极大的贡献。为适应现代科技发展和信息社会的需要，国际标准的制定速度也在加快，国际标准的数量不断增加，其应用领域更加广泛，采用国际标准已经成为世界各国经济发展战略的一个重要方面。

ISO/IEC 导则 3 指出：ISO 和 IEC 作为国际标准化机构，所制定的国际标准必须尽可能最大限度地、不作变更地提供作为国家标准。

ISO/IEC 导则 21 指出：采用国际标准是指国家标准等效于、相当于、基于有关的国际标准，或者认可国际标准享有与国家标准同等的地位。

1. 采用程度和表示方法

根据我国《采用国际标准和国外先进标准管理办法》第三章第十一条规定：我国标准采用国际标准或国外先进标准的程度，分为等同采用、等效采用和非等效采用。

等同采用指技术内容相同，没有或仅有编辑性修改，编写方法完全相对应。符号"≡"，缩写字母 idt 或 IDT。等效采用指主要技术内容相同，技术上只有很小差异，编写方法不完全相对应。符号"="，缩写字母 eqv 或 EQV。

非等效采用指技术内容有重大差异。符号"≠"，缩写字母 neq 或 NEQ。

2. 我国实施采用国际标准标志产品

为了加快我国的产品标准化步伐，与国际标准化发展趋势相适应，提高我国产品在国际市场上的竞争能力，国家技术监督局分三批公布了《实施采用国际标准标志产品及相应标准目录》，纺织部分已有棉、毛、丝、麻、针织、化纤、巾被、线带、服装 9 大类 72 项被列入其中。

四、ISO 和 IEC 标准的特点和制定程序

自从关贸总协定《标准守则》于 1980 年实施以来，国际标准化机构致力于标准、技术规程、试验方法和认证制度的国际协调与统一，这对于消除国际贸易中的技术壁垒发挥了积极作用。

1. ISO 和 IEC 标准的特点

概括来说，ISO 和 IEC 标准具有以下五个特点：第一，重视基础标准的制定；第二，测试方法标准的数量最多；第三，突出安全标准和卫生标准；第四，适当增加产品标准的数量；第五，反映发达国家的一般水平。

2. ISO 和 IEC 标准的制定程序

ISO 和 IEC 标准的制定程序十分严格和复杂，从 1990 年起，根据 ISO 和 IEC 统一的导则，包括"技术工作程序""标准制定方法"和"标准的起草与表述规则"，按统一的程序和方法制定国际标准。

制定国际标准的正常程序分为五个阶段：建议阶段、准备阶段、委员会阶段、批准阶段和标准出版阶段。为了加快国际标准的制定速度，还规定了变通的程序。

思考题

1. 纺织品质量的含义是什么？什么是纺织品的质量特性？
2. 纺织标准的概念是什么？按级别如何分类？试简要说明。
3. 纺织标准主要由哪几部分组成？试简要说明。
4. 简述 ISO 中与纺织行业相关的三个技术委员会。
5. 说明我国采用国际标准和国外先进标准的情况。

第四章　纺织材料的性能与检测

第一节　纺织纤维的分类

纺织纤维是构成纺织品的基本单元，纤维的来源、形态与结构直接影响纤维本身的实用价值和商业价值以及纱线和织物等纤维集合体的性能。

以细而长为特征，直径为几微米或几十微米，长度比直径大得多（约 10^3 倍以上）的物质，称为纤维。用于纺织加工且具有一定的物理、化学、生物特性而能满足纺织加工和人类使用需要的纤维为纺织纤维。

纺织纤维的分类方法很多，可按来源和化学组成、纤维形态、纤维性能特征等进行。分类方法不同，纤维名称类别不同。

一、按纤维来源和化学组成分类

按纤维来源和化学组成，纺织纤维可分为天然纤维与化学纤维两大类，见图 1-4-1。英美习惯分为天然纤维、人造纤维和合成纤维三大类。

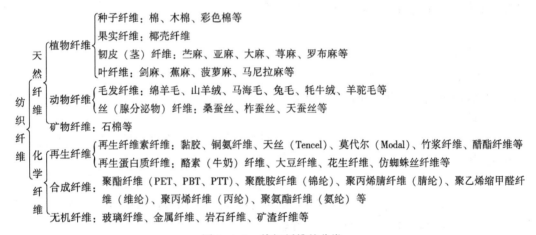

图 1-4-1　纺织纤维的分类

（一）天然纤维

凡是从人工种植的植物、人工饲养的动物或自然界中原有的纤维状物质中直接获取的纤维，称为天然纤维。按其生物属性，将天然纤维分为植物纤维、动物纤维和矿物纤维。

1. 植物纤维

植物纤维是从植物中取得的纤维的总称，其主要化学组成为纤维素，又称为天然纤维素纤维。根据纤维在植物上的生长部位不同，分为种子纤维、茎纤维、叶纤维和果实纤维四种。

2. 动物纤维

动物纤维是从动物身上的毛发或分泌物中取得的纤维，其主要组成物质为蛋白质，又称其为天然蛋白质纤维。

3. 矿物纤维

矿物纤维是从纤维状结构的矿物岩石中取得的纤维，主要组成物质是硅酸盐，是无机物，属天然无机纤维，如石棉。

（二）化学纤维

凡是以天然的、合成的高聚物以及无机物为原料，经人工的机械、物理和化学方法制成的纤维称为化学纤维。按原料、加工方法和组成成分不同，可分为再生（人造）纤维、合成纤维和无机纤维。

1. 再生纤维

再生纤维是以天然高聚物为原料、以化学和机械方法制成的、化学组成与原高聚物基本相同的化学纤维。根据其原料成分，分为再生纤维素纤维和再生蛋白质纤维。

再生纤维素纤维是以木材、棉短绒、甘蔗渣等纤维素为原料制成的再生纤维。

再生蛋白质纤维是以酪素、大豆、花生、牛奶等天然蛋白质为原料制成的再生纤维，它们的物理化学性能与天然蛋白质纤维类似，主要有大豆纤维和牛奶纤维。

2. 合成纤维

合成纤维是以石油、煤、天然气及一些农副产品等低分子化合物为原料，经人工合成高聚物再纺丝而制成的化学纤维。

3. 无机纤维

无机纤维是以无机物为原料制成的化学纤维。

二、按照纤维形态分类

（一）按纤维纵向长短分类

按纤维长短可分为短纤维和长丝纤维。

1. 短纤维

短纤维是指长度为几十毫米到几百毫米的纤维，如天然纤维中的棉、麻、毛和化学纤维中的切断纤维。

2. 长丝纤维

长丝纤维是指长度很长（几百米到几千米）的纤维，不需要纺纱即可形成纱线，如天然纤维中的蚕丝、化学纤维中未切断的长丝纤维。

（二）按纤维横向形态分类

1. 薄膜纤维

薄膜纤维是由高聚物薄膜经纵向拉伸、撕裂、原纤化或切割后拉伸而制成的化学纤维。

2. 异形纤维

异形纤维是通过非圆形的喷丝孔加工的具有非圆形截面形状的化学纤维。

3. 中空纤维

中空纤维是通过特殊喷丝孔加工的在纤维轴向中心具有连续管状空腔的化学纤维。

4.复合纤维

复合纤维是由两种及两种以上聚合物或具有不同性质的同一类聚合物经复合纺丝法制成的化学纤维。

5.超细纤维

超细纤维是指比常规纤维细度细得多（0.4dtex以下）的化学纤维。

三、按纤维性能特征分类

（一）普通纤维

普通纤维是应用历史悠久的天然纤维和常用的化学纤维的统称，在性能表现、用途范围上为大众所熟知，且价格便宜。

（二）差别化纤维

差别化纤维属于化学纤维，在性能和形态上区别于普通纤维，是通过物理或化学的改性处理，使其性能得以增强或改善的纤维，主要表现在对织物手感、服用性能、外观保持性、舒适性及化纤仿真等方面的改善。如阳离子可染涤纶，超细、异形、异收缩纤维，高吸湿、抗静电纤维，抗起球纤维等。

（三）功能性纤维

功能性纤维指在某一或某些性能上表现突出的纤维，主要指具有热、光、电的阻隔与传导功能以及过滤、渗透、离子交换、吸附、安全、卫生、舒适等特殊功能及特殊应用的纤维。需要说明的是，随着生产技术和商品需求的不断发展，差别化纤维和功能性纤维出现了复合与交叠的现象，界限渐渐模糊。

（四）高性能纤维（特种功能纤维）

高性能纤维是用特殊工艺加工的具有特殊或特别优异性能的纤维。如超高强度、超高模量以及耐高温、耐腐蚀、高阻燃。对位或间位的芳纶、碳纤维、聚四氟乙烯纤维、陶瓷纤维、碳化硅纤维、聚苯并咪唑纤维、高强聚乙烯纤维、金属（金、银、铜、镍、不锈钢等）纤维等均属此类。

（五）环保纤维（生态纤维）

环保纤维是一种新概念的纤维类属。笼统地讲，就是天然纤维、再生纤维和可降解纤维的统称。传统的天然纤维属于此类，但是更强调纺织加工中对化学处理要求的降低，如天然彩色棉花、彩色羊毛、彩色蚕丝制品无须染色；对再生纤维，则主要指以纺丝加工时对环境污染的降低以及对天然资源的有效利用为特征的纤维，如天丝纤维、莫代尔纤维、大豆纤维、甲壳素纤维等。

第二节　纺织纤维的主要性能

纺织纤维的形态是指纤维的长度、细度、纤维的卷曲和转曲等，它们是纤维性状定量描述的内容，也是确定纺织加工工艺参数的先决条件。纤维的性能主要包括纤维的吸湿性、纤维的拉伸性能、纤维材料的热学性能、纤维材料的电学性能及光学性能等。

一、纺织纤维的长度

纤维的长度是其外部形态的主要特征之一。各种纤维在自然伸展状态下都有不同程度的弯曲或卷缩，它的投影长度为自然长度。纤维在充分伸直状态下两端之间的距离，称为伸直长度，即纤维伸直但不伸长时的长度，也即一般所指的纤维长度。

天然纤维的长度随动植物的种类、品系与生长条件等而不同。化学纤维的长度是根据需要而定的，可以切断成等长纤维或不等长纤维。化纤切断长度的依据是纺纱加工设备型式和与之混纺的纤维长度，主要有：

（1）棉型化纤，其长度为 30~40mm，用棉纺设备纺纱，可纯纺或与棉混纺。

（2）毛型化纤，其长度为 70~150mm，用毛纺设备纺纱，可纯纺或与毛混纺。

（3）中长型纤维，其长度为 51~65mm，用棉纺或化纤专纺设备纺纱，生产仿毛织物，产量高，成本低，受到消费者欢迎。

（一）纤维长度的分布与指标

天然纤维的长度呈随机分布，要真实反映纤维的长度特征，须逐根测量全部纤维的长度，由于纤维数量的巨大，无法一一测试，因此采用多项指标来表征纤维的长度特征。

以棉纤维为例，棉纤维由自然生长而成，长度很不均匀，如果将一束棉纤维试样从长到短逐根排列，使各根纤维的一端位于一直线上，就可得到纤维按长度排列图，如图 1-4-2 所示。

如将不同长度的纤维按纤维长度范围进行分组，并称出每组重量，可得到棉纤维长度—重量分布图，如图 1-4-3 所示。

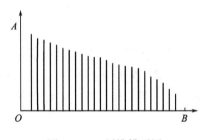

图 1-4-2　纤维排列图

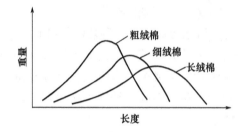

图 1-4-3　棉纤维长度重量分布图

根据纤维长度与数量的对应关系，或纤维长度与质量之间的对应关系，可以求得各长度指标。各长度指标可归纳为纤维长度集中性指标和离散性指标两类。集中性指标表示纤维长度的平均性质，离散性指标表示纤维长度的不匀情况。

1. 纤维加权平均长度

纤维加权平均长度是纺织纤维长度的集中性指标，是指一束纤维试样中长度的平均值。根据测试方法不同，可分为计数加权平均长度、计重加权平均长度等。计数加权平均长度是以纤维计数加权平均所得到的长度值。计重加权平均长度是用分组称重法，按长度质量分布求得的平均长度。

2. 主体长度

主体长度是指一束纤维试样中根数最多或重量最大的一组纤维的长度，称计数或计重主体长度，是常用的纺织纤维长度指标之一。

3. 品质长度

品质长度是用来确定纺纱工艺参数的纺织纤维长度指标，又称右半部（上半部）平均长度，主要指比平均长度长的那一部分纤维的计重（计数）加权平均长度。

4. 短绒率

短绒率是指计数和计重纤维长度分布曲线中短于一定界限长度的纤维量占纤维总量的百分数。界限长度按纤维品种不同而有不同规定。

（二）纺织纤维长度的测量方法

1. 手扯法

手扯法所得指标称为手扯长度，它被认为是纤维中所占数量最多的纤维长度，广泛应用于原棉的工商、农商贸易中。由于手扯法不用仪器，全凭人工操作，因此从未以任何纤维长度分布的统计理论正式下过定义。

2. 罗拉式长度分析仪法

将纤维整理成伸直平行、一端整齐的纤维束后，利用罗拉的握持和输出，将纤维由短到长并按一定组距分组后称量，从而得到纤维长度质量分布。我国原棉测长大多采用这一方法。

3. 梳片式长度分析仪法

利用彼此间隔一定距离的梳片，将羊毛或不等长化纤整理成伸直平行、一端平齐的纤维束后，由长到短并按一定组距分组后称量，从而得到纤维长度质量分布。我国羊毛测长目前采用这一方法。

4. 排图测长法

用人工或借助于梳片式长度分析仪，将纤维经过整理后，由长到短、一端平齐、密度均匀地排列在黑绒板上，从而得到纤维长度排列图。我国羊毛、山羊绒、兔毛、苎麻等测长目前采用这一方法。

5. 切断称重法

将整理成伸直平行、一端平齐的纤维束切断后，求得纤维的根数平均长度。目前多用于粗细均匀、长度整齐的化学纤维。

6. 单根纤维长度测试法

对纤维逐根测量其长度，得到纤维长度根数分布。

7. 光电式长度测试仪法

利用光电式纤维测长仪，对纤维进行光电扫描，快速获得纤维的主体长度。

8. 电容测量法

利用 ALMETER 电容长度仪测量得到纤维长度排列图或纤维长度质量分布图。适用于毛条、棉、麻纤维条子的长度测定。

（三）纺织纤维长度与纱线质量及纺纱工艺的关系

在其他条件相同的情况下，纤维越长，且长度整齐度越好，则成纱强力就越高。这是因为在纱线拉伸至断裂的过程中，纱中纤维与纤维之间的抱合力随纤维长度的增大而提高，则纤维与纤维之间的滑脱率则相对减少，这时使纱线拉断的因素是以纤维拉断为主，滑脱次之，这样可使成纱的强度增大，同时在纺纱时断头率相应减小。

在保证成纱具有一定强度的前提下，纤维长度越长、整齐度越好，则可纺性越高，成纱条干较均匀，成纱表面光洁，毛羽较少；纤维长度短，尤其是长度整齐度很差时，短纤维在牵伸区域不受控制，容易成为浮游纤维，易形成粗细节、大肚纱等疵点，致使纱线条干恶化，成纱品质下降。

纤维长度除了与纺纱质量有关外，同时也是调节或设计各纺纱系统工艺参数的依据之一，在确定各纺纱设备的结构尺寸、各道加工工序的工艺参数（如隔距、捻系数）时，都必须保证其与所用原料的长度相互配合。如在各纺纱工序的机台上，其罗拉隔距随加工纤维的长度的增长而增大；如对成纱强度的要求一样，用长纤维纺纱时，可取较低的捻系数，这样可以提高细纱机产量，同时还可使成纱捻度小、毛羽量少，纱线表面光洁。原料的短绒率是影响成纱条干和制成率的重要因素，原料中的短绒含量越高，则纱线毛羽就越多；短绒率大的纤维纺成纱的条干也较差，故为了提高细纱强度，改善细纱条干，还必须通过精梳工序去除大量短纤维，提高原料的长度整齐度。

二、纺织纤维的细度

纺织纤维的细度是指以纤维的直径或截面面积的大小来表达的纤维粗细程度。在更多情况下，常因纤维截面形状不规则及中腔、缝隙、孔洞的存在而无法用直径、截面面积等指标准确表达，习惯上使用单位长度的质量（线密度）或单位质量的长度（线密度的倒数）来表示纤维细度。

天然纤维的细度与长度一样，是不均匀的，表现在品种、生长条件和生长部位的不均匀，且同一根纤维其各处的细度亦不相同。

化学纤维的细度比较均匀，根据需要采用不同的喷丝孔直径和拉伸倍数进行人为控制。

（一）纺织纤维的细度指标

纤维的细度指标分为直接指标和间接指标两种。

1. 直接指标

当纤维的截面接近圆形时，纤维的细度可以用直径、截面积和周长等直接指标表示。在直接指标中最常用的是直径，单位为微米（μm），常用于截面接近圆形的纤维，如绵羊毛及其他动物毛等。对于近似圆形的纤维，其截面积（A）计算可近似采用下式：

$$A = \frac{\pi d^2}{4}$$

2. 间接指标

（1）线密度。我国法定计量制的线密度单位为特克斯（tex），简称特，表示1000m长的纺织材料在公定回潮率时的重量（g）。一段纤维的长度为$L(m)$，公定回潮率时的重量为$G_k(g)$，则该纤维的线密度Tt为：

$$Tt = 1000 \times \frac{G_k}{L}$$

由于纤维细度较细，用特数表示时数值过小，故常用分特（dtex）表示纤维的细度，1dtex = 0.1tex。

特克斯为定长制单位，同一种纤维的特数越大，则表示纤维越粗。

（2）纤度。纤度单位为丹尼尔（denier），简称旦，又称纤度N_d，表示9000m长的纺织材料在公定回潮率时的重量（g），它曾广泛应用于蚕丝和化纤长丝的细度表示中。一段纤维的长度为 $L(\mathrm{m})$，公定回潮率时的重量为 $G_k(\mathrm{g})$，则该纤维的纤度 N_d 为：

$$N_d = 9000 \times \frac{G_k}{L}$$

由于纤度为定长制单位，同一种纤维的旦数越大，则表示纤维越粗。

（3）支数。单位质量纤维的长度指标称为支数，按计量制不同可分为公制支数和英制支数。公制支数 N_m 是指在公定回潮率时重量为 1g 的纺织材料所具有的长度（m），简称公支。英制支数 N_e 是指单位重量（1 磅）的纺织材料在公定回潮率时的长度为 840 码的倍数，简称英支。一段纤维的公定重量为 $G_k(\mathrm{g})$，长度为 $L(\mathrm{m})$，则该纤维的公制支数为：

$$N_m = \frac{L}{G_k}$$

由于支数为定重制单位，同一种纤维的支数越大，则表示纤维越细。

（二）纺织纤维细度的测量方法

1. 称重法

纤维细度（线密度、纤度、支数）的测量方法基本上采用测长称重法。

短纤维一般将其整理成束，一端排齐，切取中段一定长度（一般棉纤维 10cm，毛纤维 20cm）后称重、数根数，最后计算细度值。

长纤维传统采用周长 1m（或其他标准尺寸）在一定张力下绕取一定圈数（如 50 圈或 100 圈，即 50m 或 100m），达到吸湿平衡后称重计算细度值。

2. 气流仪法

气流仪法是根据不同细度的纤维比表面积不同，测量试样在一定压缩比条件下的气流阻力，间接测量纤维的线密度或实心圆截面纤维的直径。

气流仪法可以测试棉纤维、羊毛纤维的细度。由于压力差与纤维粗细的相关关系是与纤维截面、纤维密度、试样筒中的试样空隙率及温湿度等因素有关的，因此不同种类的纤维的流量计压力与纤维细度指标间的对应关系不同，一种仪器只适合一种纤维的测试。在不同的温湿度条件下获得的测试值还需要进行修正。

利用气流仪原理，还可测试棉纤维的马克隆值。棉纤维的成熟度有变化时，纤维的密度与纤维的空隙率均有变化。因此，马克隆值是棉纤维线密度和成熟度的综合指标。马克隆值越大，表示纤维越成熟，线密度越大。国际标准采用马克隆气流仪来测定棉纤维的马克隆值。

3. 显微投影仪法

将显微投影仪法一般是将纤维切成 0.2~0.4mm 小段，放在显微镜下放大，通过显微镜目镜中的目镜测微尺测量纤维直径；或者经投影仪放大并投影在屏幕上，用楔形尺测量纤维的直径。此法多用于测定羊毛细度，亦适用于截面接近圆形的纤维。

4. 振动测量法

振动测量法是根据纤维在一定模量及一定应力下的共振频率与线密度的关系，获得单根纤维线密度的方法。振动式细度仪采用弦振动原理，纤维受力激振，并限定在上刀口和下刀口之间的长度内振动。根据振动纤维弦振动的固有频率推算出纤维的线密度。

（三）纤维细度对纤维、纱线及织物的影响

纤维细度及其离散程度不仅与纤维强度、伸长度、刚性、弹性和形变的均一性有关，而且极大地影响织物的手感、风格以及纱线的和织物的加工过程。细度不匀比长度不匀和纤维种类的不同更容易导致纱线不匀及纱疵。另外，具有一定程度的异线密度，对纱的某些品质（如丰满、柔软等毛型感）的形成是有利的。

1. 对纤维本身的影响

纤维的粗细将影响纤维的比表面积，进而影响纤维的吸附及染色性能，纤维越细，其比表面积越大，纤维的染色性也有所提高；纤维较细，纱线成形后的结构较均匀，有利于其力学性能的提高。

但是纤维间的细度不匀会导致纤维力学性质的差异，最终导致纤维集合体的不匀，甚至加工过程控制的困难；此外，纤维内的细度差异，会直接导致纤维的力学弱节，不但影响外观和品质，而且最终会将影响产品的使用。

2. 对纱线质量及纺纱工艺的影响

一般纤维细，纺纱加工中容易拉断，在开松、梳理中要求作用缓和，否则易产生大量短绒，在并条高速牵伸时也易形成棉结。另外，细纤维纺纱时，由于纤维间接触面积大，牵伸中纤维间的摩擦力较高，会使纱线中纤维伸直度较高。

其他条件不变时，纤维越细，相同线密度纱线断面内纤维根数越多，摩擦越大，成纱强力越高，因为成纱断面内纤维根数较多时纤维间接触面积大，滑脱概率低，可使成纱强度提高。

纤维的细度对成纱的条干不匀率有显著影响。纤维越细，成纱条干变异系数 CV 越低，条干均匀度越好。

细纤维可纺较细的纱。一定细度的纤维，可纺纱线的细度是有极限的。纤维细，纱截面中纤维根数增加，纺纱断头率低，因此在纱线品质要求一定时，细纤维可纺线密度低的纱线。

3. 对织物的影响

不同细度的纤维会极大地影响织物的手感及性能，如内衣织物要求柔软、舒适，可采用较细纤维；外衣织物要求硬挺，一般可用较粗纤维；当纤维细度适当时，织物耐磨性较好。

三、纺织纤维的卷曲与转曲

卷曲或转曲是纺织纤维的特征之一，大部分用于纺织加工的纤维或多或少都有一定的卷曲或转曲。卷曲可以使短纤维纺纱时纤维之间的摩擦力和抱合力增加，成纱具有一定的强力；卷曲还可以提高纤维和纺织品的弹性，使其手感柔软，突出织物的风格；同时卷曲对织物的抗皱性、保暖性以及表面光泽的改善都有影响。

天然纤维中棉具有天然转曲，羊毛具有天然卷曲。一般化学纤维表面光滑，纤维摩擦力小、抱合力差，纺纱加工困难，所以在加工到最终制品之前，要用机械、化学或物理方法，赋予纤维一定的卷曲。

（一）纤维的卷曲及表征

纤维的卷曲是指在规定的初始负荷作用下，能较好保持的具有一定程度规则性的皱缩形态结构。卷曲与纤维单纯地由于其形态细长而引起的纠缠弯曲是截然不同的，它是一个相对较为复杂的形态。

1. 卷曲纤维的形态结构

纤维的卷曲有自然卷曲和人工机械卷曲两种，自然卷曲如毛纤维，是由其结构形成的，人工形成的卷曲则是利用高分子聚合物的可塑性而施以机械卷曲形成的。

（1）毛纤维的卷曲。天然毛纤维自然状态下的卷曲形态，取决于毛纤维正、偏皮质细胞的分布情况。常见羊毛的卷曲形状见图 1-4-4。

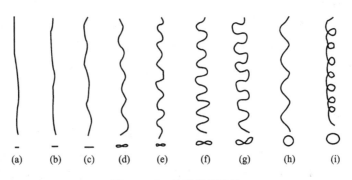

图 1-4-4　羊毛卷曲形状

（2）其他纤维的卷曲。为了满足纺织加工的要求，提高化学纤维的可纺性，改善其他短纤维织物的服用性与风格、身骨，在其他天然纤维和化学纤维后加工时，要用机械、化学或物理方法使纤维具有一定卷曲。

化学纤维的卷曲，有的利用纤维内部结构的不对称而在热空气、热水等处理后产生卷曲；也有利用纤维的热塑性采用机械方法挤压而成卷曲。如维纶、黏胶纤维在加工中不经机械方法卷曲，而只通过热空气和热水处理产生卷曲，称为热风卷曲和热水卷曲。这是因为维纶与黏胶纤维具有皮芯结构，断面是不对称的，在成型时经受拉伸，纤维内部存在不均等的内应力，当内应力松弛时，纤维收缩而产生卷曲，这种卷曲的数量较少，但卷曲呈立体型，卷曲牢度好；复合纤维内部不对称性更为明显，即由两种原液或聚合物形成一根纤维的两侧，它们的收缩性能不同，经成型或热处理后两侧应力不同而形成卷曲，这种卷曲可表现为三维空间的立体卷曲，卷曲数多，而且卷曲牢度好。

合成纤维的卷曲通常是利用其热可塑性进行机械卷曲。目前机械卷曲的主要方法为填塞箱卷曲法，将丝束从两个罗拉间送入一个金属的密闭小填塞箱中折叠填满，强迫纤维弯折，形成锯齿状二维空间的平面卷曲后，再通入蒸汽热定型，这种卷曲数量多，但卷曲牢度差，容易在纺织加工中逐渐消失；另外，卷曲在遇到其定型温度以上的温度时会被消除，其卷曲结构本质上是由于屈曲的纤维外侧和内侧的组织不同或不对称而形成的。

蚕丝、麻纤维、化学纤维长丝经拉伸、热处理、加捻退捻、热刀边刮烫、空气流翻折、网络变形或丝圈丝弧变形等也是卷曲加工。纤维卷曲形态多样，如有的具有周期性正、反螺旋等。卷曲加工可改变纺织品的风格，使之具有特殊的手感和外观，同时还可改善纤维的使用性能。

一般情况下，纤维越细，由于抗弯刚度低，应力不平衡程度高，因而卷曲更细密。

2. 卷曲的表达指标

关于一般纤维卷曲性能系统测量，除卷曲形态及卷曲数之外，还要注意模量、伸长率、弹性恢复率和稳定性等。常用测试方法是使用卷曲弹性仪，且在标准温湿度条件下，将纤维（或纤维束或长丝）上端夹持悬挂，下端加各种负载，测其长度变化。计算纤维的卷曲数、卷曲率、卷曲弹性率及卷曲恢复率。

（二）纤维的转曲及表征

1. 纤维转曲的概念

纤维的转曲是纤维沿轴向发生扭转的现象，棉纤维具有的天然转曲是其具有良好的抱合性能与可纺性能的主要原因之一，由此可见，天然转曲越多的纤维品质越好。棉纤维的转曲的形成，是由于棉纤维生长发育过程中微原纤沿纤维轴向正反螺旋排列，在其干缩后内应力释放而引起的结果。热湿涨或碱处理棉纤维，胞壁膨胀，转曲近乎消失。仅湿涨的棉纤维重新干燥后，转曲又恢复原状。

2. 纤维转曲的表达

扁平带状的纤维的扭转，如棉纤维的天然转曲，可以直接在显微镜或投影仪中测量一定长度的纤维（通常看一个视野）上扭转180°的次数，再换算成每厘米中转曲个数，即以单位长度（1cm）中扭转180°的个数来表征。转曲角的大小也可在显微镜或投影仪测得后进行计算。

棉纤维的转曲较多时，纤维间的抱合力大，在棉纺加工中不易产生破棉网、破卷等现象，有利于纤维的纺纱工艺与成品质量。但转曲的反向却使棉纤维的强度下降。有研究表明，单位长度中反向次数多的棉纤维强度较低，反向次数少的棉纤维则强度较高。在大量的强度测试中也显示，棉纤维断裂处常靠近微原纤的反向处，也有一部分纤维断在反向处或两个反向的中间。在反向处断裂的纤维的强度较靠近反向处的强度高25%，故可以认为，反向处本身不一定是棉纤维弱环所在，但微原纤的反向确实引起了棉纤维的弱环。

四、纺织纤维的吸湿性

纤维材料能吸收水分，不同结构的纺织纤维，其吸收水分的能力是不同的。通常把纤维材料在大气中吸收或放出气态水的能力称为吸湿性。纺织纤维的吸湿性是关系到纤维性能、纺织工艺加工、织物服用舒适性及其他力学性能的一项重要特性。另外，在纤维和纺织品贸易中，须充分考虑到吸湿对重量产生的影响，以决定成本结算，故吸湿对商贸中的重量与计价有重要影响。

（一）纤维的吸湿平衡

纤维材料的含湿量随所处的大气条件而变化，在一定的大气条件下，纤维材料会吸收或放出水分，随着时间的推移逐渐达到一种平衡状态，其含湿量趋于一个稳定的值，这时，单位时间内纤维材料吸收大气中的水分等于放出或蒸发出的水分，这种现象称为吸湿平衡。需要进一步指出的是，所谓的吸湿平衡是一种动态平衡状态。如果大气中的水汽部分压力增大，使进入纤维中的水分子多于放出的水分子，则表现为吸湿，反之则表现为放湿。纤维的吸湿或放湿是比较敏感的，一旦大气条件变化，则其含湿量也立即变化，由于纺织材料的性质与吸湿有关，所以在进行力学性能测试时，试样应趋于吸湿平衡状态，如图1-4-5所示。纤维的吸湿、放湿是呈指数增长的过程，严格来说，达到平衡所经历的时间是很长的，纤维集合体体积越大，压

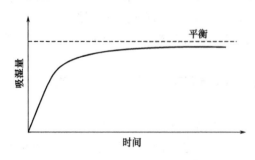

图1-4-5 纤维材料的吸湿平衡

缩越紧密，达到平衡的时间也就越长。一般单纤维或 3mg 以下的小束，6s 就基本平衡；50g 的块体达到平衡约要 1h 或更长时间；100kg 的絮包达到平衡需 4~12 个月。

（二）纤维的吸湿指标

1. 回潮率与含水率

纤维及其制品吸湿后，含水量的大小可用回潮率或含水率来表示。回潮率 W 是指纤维材料中所含水分的重量占纤维干重的百分数；含水率 M 是指纤维材料所含水分的重量占纤维湿重的百分数。纺织材料吸湿性的大小，绝大多数用回潮率表示。设试样的湿重为 $G(\text{g})$，干重为 $G_0(\text{g})$，则有下列计算式：

$$W = \frac{G - G_0}{G_0} \times 100, \quad M = \frac{G - G_0}{G} \times 100$$

回潮率与含水率之间的关系为：

$$W = \frac{M}{100 - M} \times 100 \quad 或 \quad M = \frac{W}{100 + W} \times 100$$

两者与纺织材料重量的关系为：

$$G = G_0 \times \frac{100}{100 - M} \quad 或 \quad G = G_0 \times \frac{100 + W}{100}$$

2. 平衡回潮率

平衡回潮率是指纤维材料在一定大气条件下，吸、放湿作用达到平衡时的回潮率。表 1-4-1 为几种常见纤维在不同相对湿度下的吸湿平衡回潮率。

表 1-4-1　几种常见纤维的吸湿平衡回潮率

纤维	空气温度 20℃，相对湿度为 φ		
	$\varphi = 65\%$	$\varphi = 95\%$	$\varphi = 100\%$
原棉（%）	7~8	12~14	23~27
苎麻（脱胶）（%）	7~8		
亚麻（打成麻）（%）	8~11	16~19	
黄麻（生麻）（%）	12~16	26~28	
黄麻（熟麻）（%）	9~13		
汉（大）麻（%）	10~13	18~22	
槿（洋）麻（%）	12~15	22~26	
绵羊毛（%）	15~17	26~27	33~36
桑蚕丝（%）	8~9	19~22	36~39
普通黏胶纤维（%）	13~15	29~35	35~45
富强纤维（%）	12~14	25~35	
醋酯纤维	4~7	10~14	
铜氨纤维	11~14	21~26	
锦纶 6	3.5~5	8~9	10~13
锦纶 66	4.2~4.5	6~8	8~12

纤维	空气温度20℃，相对湿度为φ		
	φ=65%	φ=95%	φ=100%
涤纶	0.4~0.5	0.6~0.7	1.0~1.1
腈纶	1.2~2	1.5~3	5.0~6.5
维纶	4.5~5	8~12	26~30
丙纶	0	0~0.1	0.1~0.2
氨纶	0.4~1.3		
氯纶	0	0~0.3	
玻璃纤维	0	0~0.3（表面含量）	

3. 标准回潮率

由于各种纤维的实际回潮率随温湿度条件而改变，为了比较各种纺织材料的吸湿能力，在统一的标准大气条件下，吸湿过程达到平衡时的回潮率称为标准回潮率。

标准大气亦称大气的标准状态，它的三个基本参数为温度、相对湿度和大气压力。我国规定在 $1.01×10^5$ Pa（1个标准大气压力）下，温度20℃，相对湿度65%的大气状态为标准大气。

在实际工作中可以根据试验要求，选择不同标准级别（如一级用于仲裁检验；二级用于常规检验；三级用于要求不高的检验）。

4. 公定回潮率

在贸易和成本计算中纺织材料并不处于标准状态，为了计算和核价的需要，各国根据各自的具体条件，对各种纺织材料的回潮率作统一规定，称为公定回潮率。公定回潮率为折算公定（商业）重量时要加到干燥重量上的水分量对干燥重量的百分数。

通常公定回潮率接近于标准状态下的实际回潮率，但不是标准回潮率，一般稍高于标准回潮率或取其上限。各国对于纺织材料公定回潮率的规定并不一致，我国常见的几种纤维及其制品的公定回潮率见表1-4-2。

表1-4-2　几种常见纤维及其制品的公定回潮率

种类	公定回潮率（%）	种类	公定回潮率（%）
原棉	8.5	黄麻（生麻）	14.00
棉织物	8.50	黄麻（熟麻）	14.00
同质洗净毛	16.00	汉（大）麻	12.00
异质洗净毛	15.00	涤纶纱及长丝	0.40
干梳毛条	18.25	锦纶	4.50
山羊绒	15.00	丙纶	0.00
骆驼绒	14.00	二醋酯纤维	9.00
桑蚕丝	11.00	铜氨纤维	13.00
柞蚕丝	11.00	棉纱	8.50
苎麻	12.00	精梳毛纱	16.00

种类	公定回潮率（%）	种类	公定回潮率（%）
粗梳毛纱	16.00	槿（洋）麻产品	14.00
精梳落毛	16.00	黏胶纤维及长丝	13.00
油梳毛条	19.00	涤纶	0.40
毛织物	14.00	腈纶	2.00
兔毛	15.00	维纶	5.00
牦牛绒	16.00	玻璃纤维	2.50（石蜡乳剂含量）
绢纺蚕丝	11.00	三醋酯纤维	7.00
亚麻（精干麻）	12.00	氯纶	0.50

关于几种纤维的混合原料，其公定回潮率的计算，可根据各种原料重量混合比加权平均。设 W_1，W_2，…，W_n 分别为各原料的公定回潮率，P_1，P_2，…，P_n 为各原料的干燥重量百分率，则混纺材料的公定回潮率（W）为：

$$W = \frac{P_1 W_1 + P_2 W_2 + \cdots + P_n W_n}{100} = \frac{1}{100} \sum_{i=1}^{n} W_i P_i$$

5. 公定重量

纺织材料在公定回潮率时的重量称为公定重量 G_k，是交付结算的依据。

纺织材料的标准重量与实际回潮率 W_a 下的称见重量 G_a 之间的关系为：

$$G_k = G_a \times \frac{100 + W_k}{100 + W_a}$$

在生产上对于标准重量的计算，再折成干燥重量 G_0 进行计算，公式如下：

$$G_k = G_0 \times \left(1 + \frac{W_k}{100} \right)$$

当两种纤维混纺时，成品的干重混纺比百分数折算成投料时湿重混纺比百分数的算法如下：设甲纤维的回潮率为 W_1，湿重混纺比百分数为 g_1，干重混纺比百分数为 g_0，乙纤维的回潮率为 W_2，湿重混纺比百分数为（$100-g_1$），干重混纺比百分数为 $100-g_0$，则可得到：

$$\frac{g_1}{100 - g_1} = \frac{g_0(100 + W_1)}{(100 - g_0)(100 + W_2)}$$

（三）纤维的吸湿等温线

在一定的大气压力和温度条件下，分别将纤维材料预先烘干，再放在各种不同相对湿度的空气中，使其达到吸湿平衡，可以分别得到各种纤维在不同相对湿度下与平衡回潮率的相关曲线，即吸湿等温线，如图 1-4-6 所示。

由图 1-4-6 可见，虽然不同纤维材料的吸湿等温线并不相同，但曲线的形状都是反 S 形，这说明它们的吸湿机理本质上是一致的。当相对湿度小于 15% 时，曲线斜率比较大，说明在空气相对湿度稍有增加时，平衡回潮率增加很多，这主要是因为在开始阶段，纤维中极性基团直接吸附水分子；当相对湿度在 15%~17% 时，曲线斜率比较小，由于纤维自由极性基团表面已被水分子所覆盖，再进入纤维的水分子主要靠间接吸附，并存在于小空隙中，形

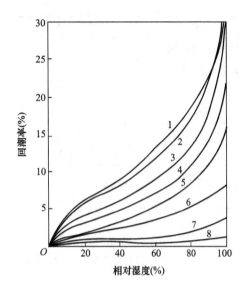

图 1-4-6 各种纤维的吸湿等温线
1—羊毛 2—黏胶纤维 3—蚕丝 4—棉
5—醋酯纤维 6—锦纶 7—腈纶 8—涤纶

成毛细水，所以纤维在此阶段吸收的水分比开始阶段减少；当相对湿度很大时，水分子进入纤维内部较大的空隙，毛细水大量增加，特别是由于纤维本身的膨胀，使空隙增加，表面的吸附能力也大大增强，进一步增加了回潮率上升的速率，故表现在曲线的最后一段，斜率又有明显的增大。

纤维吸湿等温线的形状说明了纤维吸湿的阶段性，同时也说明了纤维吸湿绝不是一种机理在起作用。由图 1-4-6 可知，在相同的相对湿度条件下，不同纤维的吸湿平衡回潮率是不相同的，这表明不仅不同纤维的吸湿性能有差异，而且它们的吸湿机理也不完全相同，可能偏重于某一种吸湿方式。如吸湿性较高的纤维，S 形比较明显；吸湿性差的纤维，S 形不明显，这说明纤维开始形成水合物的差异比较大。另外，需要指出的是：吸湿等温线与温度有密切的依赖性，故其一般均在标准温度下试验而得，如果温度过高或过低，即使是同种纤维，吸湿等温线的形状也会有很大的不同。

（四）吸湿滞后现象

相同的纤维在一定的大气温湿度条件下，从放湿达到平衡和从吸湿达到平衡时，两种平衡回潮率是不相等的，且放湿达到的平衡回潮率大于吸湿达到的平衡回潮率，这种现象称为纤维的吸湿滞后性。如图 1-4-7 所示，纤维吸湿达到平衡所需要的时间和放湿达到平衡所需的时间是不同的。

纤维的吸湿滞后性，更明显地表现在纤维的吸湿等温线和放湿等温线的差异上，纤维的放湿等温线，是指一定的纤维在温度一定，相对湿度为 100% 的空气中达到最大的回潮率后，再放在各种不同相对湿度的空气中，所测得的平衡回潮率与空气相对湿度的关系曲线，如图 1-4-8

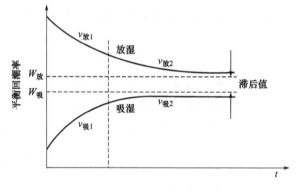

图 1-4-7 纤维吸湿、放湿与时间的关系

所示。同一种纤维的吸湿等温线与放湿等温线并不重合，而形成吸湿滞后圈。滞后值与纤维的吸湿能力有关。一般的规律是，吸湿性好的纤维差值比较大，而涤纶等吸湿性差的合成纤维，吸湿等温线与放湿等温线则基本重合。有资料表明，在标准状态下几种常见的纤维因吸湿滞后性造成的误差范围，羊毛为 2.0%，黏胶纤维为 1.8%~2.0%，棉为 0.9%，锦纶为 0.25%。

纤维吸湿滞后性产生的原因可以归结为以下方面的影响：在吸湿或放湿的过程中，纤维表面到内部存在着水分子蒸汽压力的势能差，当吸湿时，水汽压力的势能外高内低；当放湿

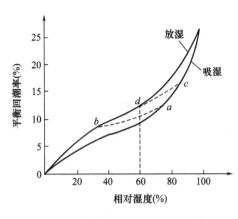

图 1-4-8　纤维的吸湿滞后现象

时，水汽压力的势能内高外低。在纤维中的非结晶区或晶区的界面间，纤维大分子链上的亲水基团（如羟基）相互形成横向结合键——氢键，即带有较多的横向连接键。当大气的相对湿度增加时，大气中水分子进入纤维时需要克服这些纤维分子间的氢键力，才能被纤维吸收，由于水分子的挤入，纤维分子间微结构单元间的距离会被拉开。在此基础上，当蒸汽压力减小时，由于已经有较多的极性基团与水分子结合，水分子离开要赋予更多能量，故同一种纤维尽管在相同的温湿度条件下，但处于吸湿中的纤维与处于放湿中的纤维内部结构并不相同，其无定形区大分子的交键数不同，前者大于后者；同时吸湿后水分的进入使纤维内的孔隙和内表面增大，这种变形通常是塑性变形，在应力去除后，回复也不可能是完全的，因而导致吸湿条件的改善，纤维能保持更多的水，阻碍水分的离去，所以纤维从放湿达到平衡比从吸湿达到平衡具有较高的回潮率。

纤维的吸湿滞后性在加工及性能测试中必须予以注意，因纤维的各种物理性质都与纤维的回潮率有关，故在检验纺织材料的各种物理性能时，为了得到准确的回潮率指标，避免试样由于历史条件不同造成的误差，不仅需要统一在标准大气条件下进行吸湿平衡，还要预先将材料在较低的温度下烘燥（一般在温度为 40～50℃ 的条件下去湿 0.5～1h），使纤维材料的回潮率远低于测试所要求的回潮率，然后再使之在标准状态下达到吸湿平衡，以尽量减少吸湿滞后性所造成的误差，这一过程被称为试样的预调湿。

（五）温度对吸湿的影响

影响纤维吸湿的外因主要是吸湿时间、吸湿滞后和环境温湿度。温度对纤维吸湿的影响比相对湿度要小，其一般规律是温度越高，平衡回潮率越低。这主要是因为在相对湿度相同的条件下，空气温度低时，水分子热运动动能小，一旦水分子与纤维亲水基团结合后就不易再脱离。空气温度高时，水分子热运动动能大，纤维大分子的热振动动能也随之增大，这样会削弱水分子与纤维大分子中亲水基团的结合力，使水分子易于从纤维内部溢出。同时，存在于纤维内部空隙中的液态水蒸发的蒸汽压力也随温度的上升而升高，这样会导致水分子容易溢出。因此，在一般情况下，随着空气和纤维温度的升高，纤维的平衡回潮率会下降。另外，在高温高湿的条件下，纤维会因热膨胀，导致内部孔隙增多，故使其平衡回潮率略有增加。

纤维在一定大气压力下，相对湿度一定时，平衡回潮率随温度而变化的曲线，称为纤维的吸湿等湿线。图 1-4-9 是羊毛和棉的吸湿等湿线，它们表明了平衡回潮率随温度变化的情况。

（六）纤维结构与吸湿的关系

纤维吸湿后会使纤维的质量、形态尺寸、密度等发生变化，其间的主要关系分述如下：

1. 吸湿性对质量的影响

纤维材料吸湿后的重量随吸着水分量的增加而成比例地增加。纺织材料的重量，实际上都是一定回潮率下的重量，因此正确表示纺织材料的重量或与重量有关的一些指标，如纤维或纱线的线密度、织物的面密度等，应取公定回潮率时的重量，即公定重量。

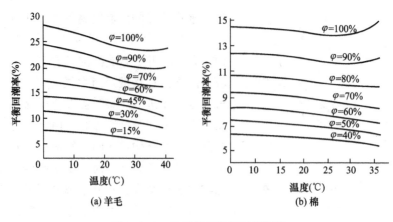

图 1-4-9 羊毛和棉的吸湿等湿线

2. 吸湿膨胀

纤维吸湿后，其长度和横截面均要发生膨胀，体积增大，而且这种膨胀表现出明显的各向异性，即直径方向膨胀大，而长度方向膨胀小。这种各向异性也说明纤维内部分子排列结构在长度方向和横向明显的不同。由于纤维中长链大分子沿轴向排列，水分子进入无定形区，打开长链分子间的联结点（氢键或范德瓦耳斯力），使长链分子间距离增加，使纤维横向容易变粗。至于纤维长度方向，是由于大分子不完全取向，并存在有卷曲构象，水分子进入大分子之间而导致构象改变，使纤维长度有一定程度的增加，但其膨胀率远小于横向膨胀率。

3. 吸湿性对纤维密度的影响

吸湿对纤维密度的影响，开始时是随着回潮率的增大而密度上升，以后又下降。这是由于回潮率小时，吸附的水分子与纤维以氢键结合，而氢键长度短于范德瓦耳斯力的结合长度，故纤维吸附水分子后增加的体积比原来水分子体积小，从而使密度有所增加。实验表明，大多数吸湿性较高的纤维在回潮率为 4%～6% 时密度最大。待水分子大量进入孔隙后，纤维的体积显著膨胀，从而使纤维密度反而降低。纤维密度与回潮率间的关系如图 1-4-10 所示。

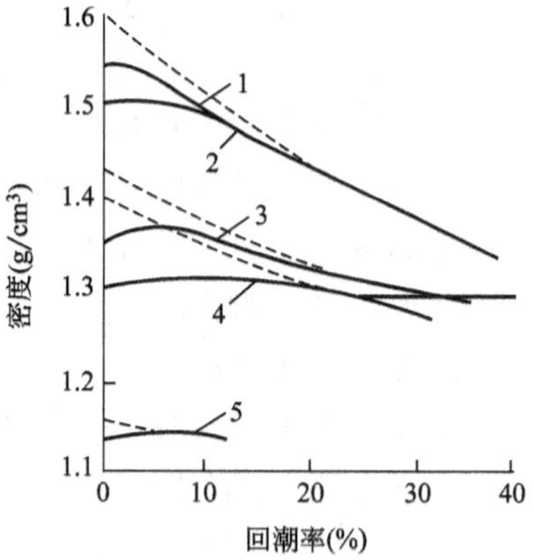

图 1-4-10 纤维密度与回潮率的关系

1—棉 2—黏胶纤维 3—蚕丝
4—羊毛 5—锦纶

五、纺织纤维的拉伸性能

纺织纤维在纺织加工和纺织品的使用过程中，会受到各种外力的作用，这就要求纺织纤维必须具有一定的抵抗外力作用的能力，同时纤维的强度也是纤维制品其他物理性能得以充分发挥的必要基础。

纺织纤维是长径比很大的柔性物体，轴向拉伸是其受力的主要形式，纤维的拉伸性能是衡量其力学性能的重要指标。

（一）拉伸性能的基本指标

表示纺织材料抵抗拉伸能力的指标有很多，基本可以分为与拉伸断裂点有关的指标以及与拉伸曲线有关的指标两种。

1. 拉伸断裂指标

（1）断裂强力。断裂强力是指纺织材料受外界直接拉伸到断裂时所需的力，是表示拉伸力绝对值的一种指标，法定计量单位是 N，常用的有 cN、mN、kN 等。断裂强力是强力的绝对值，与纺织材料的粗细有关，所以其大小对于不同粗细的纺织材料而言，没有可比性。

（2）相对强度。相对强度是指单位细度的纺织材料所能承受的最大拉力，包括断裂应力、断裂强度和断裂长度等。

①断裂应力。指纺织材料单位截面积上能承受的最大拉伸力，这是各种材料通用的表示材料相对强度的指标，一般用 σ 表示，法定计量单位为 N/m^2（Pa），但常用 N/mm^2（MPa）表示。计算公式为：

$$\sigma = \frac{P}{S}$$

式中：σ 为断裂应力（N/mm^2）；P 为断裂强力（N）；S 为截面积（mm^2）。

②断裂强度。指单位细度（1tex 或 1 旦）的纤维或纱线所能承受的最大拉力，单位为 N/tex 或 N/旦。计算公式为：

$$p = \frac{P}{Tt}$$

式中：p 为特克斯制断裂强度（N/tex）；Tt 为材料的线密度（tex）。

③断裂长度。指单根纤维或纱线悬挂重力等于其断裂强力时的长度，单位为 km。在生产实践中测定时不是用悬挂法，而是按强力折算出来的。计算公式为：

$$L_p = \frac{P}{g \times Tt} \times 1000$$

式中：L_p 为断裂长度（km）；g 为重力加速度。

相对强度的三个指标之间的换算式为：

$$\sigma = \gamma p$$

$$L_p = \frac{p}{g} \times 1000$$

式中：γ 为材料的密度（g/cm^3）；p 为特克斯制断裂强度（mN/tex）。

（3）断裂伸长率。断裂伸长率是指纺织材料在拉伸力作用时拉伸到断裂时的伸长率，单位为百分率。断裂伸长率可表示纺织材料承受最大负荷时的伸长变形能力。计算公式为：

$$\varepsilon = \frac{L - L_0}{L_0} \times 100\%$$

$$\varepsilon_p = \frac{L_a - L_0}{L_0} \times 100\%$$

式中：L_0 为加预张力伸直后的长度（mm）；L 为拉伸伸长后的长度（mm）；L_a 为断裂时的长度（mm）；ε 为伸长率；ε_p 为断裂伸长率。

2. 拉伸曲线及有关指标

纺织材料在拉伸过程中，应力和应变同时发展，发展过程的曲线即拉伸曲线。当横坐标为伸长率 ε，纵坐标为拉伸应力 σ 时，拉伸曲线称为应力—应变曲线。典型曲线如图 1-4-11

所示，断裂点 a 对应的拉伸应力 σ_a 即断裂应力，对应的伸长率 ε_a 即断裂伸长率。

不同材料的拉伸变形形状不同，图 1-4-12 为常用纤维应力—应变曲线图。与拉伸变形曲线有关的指标如下。

（1）初始模量。初始模量指拉伸变形曲线上起始段（图 1-4-11，Ob 段）斜率较大部分的应力与应变之比，即曲线起始阶段的斜率。初始模量的大小表示纺织纤维、纱线和织物在受拉伸力很小时抵抗变形的能力，反映了纤维的刚性。初始模量大，表示材料在小负荷作用下不易变形，刚性较好，其制品比较挺括；反之，初始模量小，表示材料在小负荷作用下容易变形，刚性较差，其制品比较软。

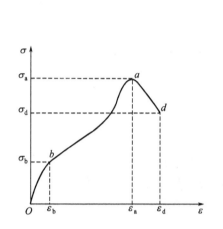

图 1-4-11　拉伸应力曲线—伸长曲线图

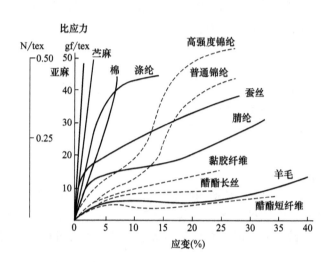

图 1-4-12　不同纤维应力应变曲线图

几种常用纤维的拉伸性能见表 1-4-3。由表中数据可知，涤纶的初始模量最高，湿态时几乎与干态相同，所以涤纶织物挺括，而且免烫性能好。富强纤维的初始模量干态时较高，但湿态时下降较多，所以免烫性能差。锦纶的初始模量低，所以织物较软，没有身骨。羊毛的初始模量比较低，故具有柔软的手感。棉的初始模量较高，而麻纤维更高，所以具有手感硬的特征。

表 1-4-3　几种常见纤维的拉伸性能参考表

纤维品种		断裂强度（N/tex）		钩接强度（N/tex）	断裂伸长率（%）		初始模量（N/tex）	定伸长回弹率（%）（伸长 3%）
		干态	湿态		干态	湿态		
涤纶	高强低伸型	0.53~0.62	0.53~0.62	0.35~0.44	18~28	18~28	6.17~7.94	97
	普通型	0.42~0.52	0.42~0.52	0.35~0.44	30~45	30~45	4.41~6.17	
锦纶 6		0.38~0.62	0.33~0.53	0.31~0.49	25~55	27~58	0.71~2.65	100
腈纶		0.25~0.40	0.22~0.35	0.16~0.22	25~50	25~60	2.65~5.29	89~95
维纶		0.44~0.51	0.35~0.43	0.28~0.35	15~23	17~23	2.21~4.41	70~80
丙纶		0.40~0.62	0.40~0.62	0.35~0.62	30~60	30~60	1.76~4.85	96~100
氯纶		0.22~0.35	0.22~0.35	0.16~0.22	20~40	20~40	1.32~2.21	70~85

续表

纤维品种	断裂强度（N/tex）		钩接强度（N/tex）	断裂伸长率（%）		初始模量（N/tex）	定伸长回弹率（%）（伸长3%）
	干态	湿态		干态	湿态		
黏胶纤维	0.18~0.26	0.11~0.16	0.06~0.13	16~22	21~29	3.53~5.29	55~80
富强纤维	0.31~0.40	0.25~0.29	0.05~0.06	9~10	11~13	7.06~7.94	60~85
醋酯纤维	0.11~0.14	0.07~0.09	0.09~0.12	25~35	35~50	2.21~3.53	70~90
棉	0.18~0.31	0.22~0.40	—	7~12	—	6.00~8.20	74（伸长2%）
绵羊毛	0.09~0.15	0.07~0.14	—	25~35	25~50	2.12~3.00	86~93
家蚕丝	0.26~0.35	0.19~0.25	—	15~25	27~33	4.41	54~55（伸长5%）
苎麻	0.49~0.57	0.51~0.68	0.40~0.41	1.5~2.3	2.0~2.4	17.64~22.05	48（伸长2%）
氨纶	0.04~0.09	0.03~0.09	—	450~800	—	—	95~99（伸长50%）

（2）屈服应力和应变。图1-4-11曲线上的 b 点为屈服点，这一点对应的拉伸应力为屈服应力（σ_b），对应的伸长率就是屈服应变（ε_b）。屈服点是在拉伸变形曲线上，由斜率较大转向斜率较小时的转折点，或者说是纺织材料从弹性变形到黏弹性变形的转折点。

过屈服点后，纺织材料伸长率明显增加，其中不可回复的伸长量和回复缓慢的伸长量占较大的比例，因此，在其他指标相同的情况下，屈服点高的纤维不易产生塑性变形，形成的织物尺寸稳定性好。

（3）断裂功。断裂功是指拉断纺织材料所做的功，也就是纺织材料抵抗外力破坏具有的能量。即拉伸曲线如图1-4-13所示中曲线 Oa 下的面积。断裂功根据定积分公式计算：

$$W = \int_0^{l_a} P \mathrm{d}l$$

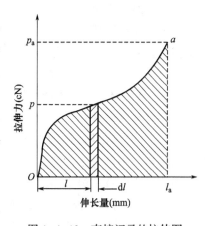

式中：P 为拉伸负荷（cN），在 P 的作用下伸长 $\mathrm{d}l$ 所需的微元功 $\mathrm{d}W = P\mathrm{d}l$；$l_a$ 为断裂点 a 的断裂伸长（mm）；W 为断裂功，一般以 mJ（毫焦耳）为单位，对于强力低的纤维也可以用 μJ（微焦耳）。

目前的电子强力仪已经能够根据上述积分原理计算断裂功。断裂功的大小与试样长度和粗细有关，所以对于不同长度和粗细的试样，没有可比性。

图1-4-13　直接记录的拉伸图

（4）断裂比功。断裂比功是指拉断单位体积（mm³）的纤维或纱线所需做的功，即折合成同样截面积、同样试样长度时的断裂功。其计算公式：

$$W_d = \frac{W}{S \cdot L_0}$$

式中：W_d 为拉伸断裂比功（10^{-5} J/mm³）；S 为试样实际截面积（mm²）；L_0 为试样拉伸时的名义隔距长度（mm）。

（二）纤维的拉伸断裂机理

纺织纤维在整个拉伸变形过程中的具体情况十分复杂。纤维开始受力时，首先是纤维中各结晶区之间的非晶区内长度最短的大分子链伸直，也就是成为接近于与纤维轴线平行而且弯曲最小的大分子（甚至还有基原纤）。接着，这些大分子受力拉伸，使化学键长度增长、键角增大。在这个过程中，一部分最伸展、最紧张的大分子链或基原纤被逐步地从结晶区中抽拔出来。这时，也可能有个别的大分子主链被拉断。这样，各个结晶区逐步产生相对移动，使结晶区之间沿纤维轴向的距离增大，非结晶区中基原纤和大分子链段的平行度（取向度）

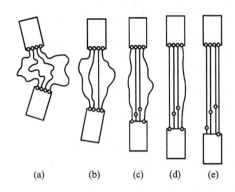

图1-4-14 纤维内部大分子拉伸示意图

提高，结晶区的排列方向也开始顺向纤维轴；而且，部分最紧张的大分子由结晶区中抽拔出来后，非结晶区中的大分子长度差异减小，受力的大分子或基原纤的根数增多。如此，大分子或基原纤在结晶区内被抽拔移动越来越多，被拉断的大分子也逐步增加（图1-4-14）。这样继续进行到一定程度，大分子或基原纤间原来比较稳定的横向联系受到显著破坏，使结晶区中大分子之间或基原纤之间的结合力抵抗不住拉伸力的作用（例如氢键被拉断等），从而明显地相互滑移，大批分子被抽拔（对于螺旋结构的大分子，则使螺旋链伸展成曲折链），伸长变形迅速增大。此后，纤维中大部分基原纤和松散的大分子都因抽伸滑移作用而达到基本上沿纤维轴向被拉直并平行的状态，结晶区也逐步松散。这时，由于取向度大大提高，大分子之间侧向的结合力可能又有所增加，所以大多数纤维的拉伸曲线的斜率又开始有所上升。再继续拉伸，结晶区更加松散，许多基原纤和大分子由于被长距离地抽拔，有的头端已从结晶区中拔出而游离，部分大分子被拉断，头端也呈游离状态。最后，在整根纤维最薄弱的截面处断开（一部分基原纤和大分子被拉断，其余全部从对应的结晶区中抽拔出来）。

（三）影响纤维拉伸性能的因素

1. 纤维的内部结构

（1）大分子结构方面的因素。纤维大分子的柔曲性（或称柔顺性）与纤维的结构和性能有密切关系。影响分子链柔曲性的因素是多方面的。一般而言，当大分子较柔曲时，在拉伸外力作用下，大分子的伸直、伸长较大，所以纤维的伸长较大。

纤维的断裂取决于大分子的相对滑移和分子链的断裂两个方面。当大分子的平均聚合度较小时，大分子间结合力较小，容易产生滑移，所以纤维强度较低而伸度较大；反之，当大分子的平均聚合度较大时，大分子间的结合力较大，不易产生滑移，所以纤维的强度较高而伸度较小。例如，富强纤维大分子的平均聚合度高于普通黏胶纤维，所以富强纤维的强度大于普通黏胶纤维。当聚合度分布集中时，纤维的强度也较高。

图1-4-15所示是在不同拉伸倍数下黏胶纤维的

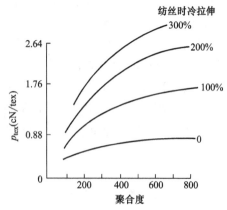

图1-4-15 不同拉伸倍数下黏胶纤维聚合度对纤维强度的影响

聚合度对纤维强度的影响。开始时，纤维的强度随聚合度增大而增加；但当聚合度增加到一定值时，再继续增大，纤维强度也不再增加。

（2）超分子结构方面的因素。纤维的结晶度高，纤维中分子排列规整，缝隙孔洞较少较小，分子间结合力强，纤维的强度、屈服应力和初始模量都较高，而伸度较小。但结晶度太大会使纤维变脆。此外，结晶区以颗粒较小、分布均匀为好。结晶区是纤维中的强区，无定形区是纤维中的弱区，纤维的断裂则发生在弱区，因此无定形区的结构情况对纤维强伸度的影响较大。

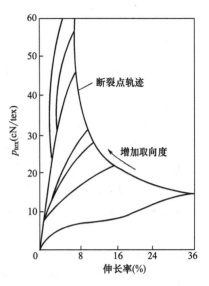

图 1-4-16　不同取向度的黏胶
纤维的应力—应变曲线

取向度好的纤维有较多的大分子沿纤维轴向平行排列，且大分子较挺直，分子间结合力大，有较多的大分子承担作用力，所以纤维强度较大而伸度较小。一般，麻纤维内部的分子绝大部分都和纤维轴平行，所以在纤维素纤维中它的强度较大；而棉纤维的大分子因呈螺旋形排列，其强度较麻低。化学纤维在制造过程中，拉伸倍数越高，大分子的取向度越高，所制得的纤维强度就较高而伸度较小。图 1-4-16 表示由拉伸倍数不同而得到的取向度不同的黏胶纤维的应力—应变曲线。由图可见，随着取向度的增加，黏胶纤维的强度增加，断裂伸长率降低。

（3）纤维形态结构方面的因素。纤维中存在许多裂缝、孔洞、气泡等缺陷和形态结构不均一（纤维截面粗细不匀、皮芯结构不匀，以及包括大分子结构和超分子结构的不匀）等弱点，这必将引起应力分布不匀，并产生应力集中，致使纤维强度下降。例如，普通黏胶纤维内部的缝隙孔洞较大，而且形成皮芯结构，芯层部分的分子取向度低、晶粒较大，这些都会降低纤维的拉伸强度和耐弯曲疲劳强度。

2. 温湿度

空气的温湿度会影响纤维的温度和回潮率，影响纤维内部结构的状态和纤维的拉伸性能。

（1）温度。在纤维回潮率一定的条件下，温度高，大分子热运动动能高，大分子柔曲性提高，分子间结合力削弱。因此，一般情况下，温度高，拉伸强度下降，断裂伸长率增大，拉伸初始模量下降。

（2）空气相对湿度和纤维回潮率。纤维回潮率越大，大分子之间结合力越弱。所以，一般情况下，纤维的回潮率升高，则纤维的强度降低、伸长率增大、初始模量下降。但是，棉麻等纤维有一些特殊性。因为棉纤维的聚合度非常高，大分子链极长，当回潮率提高后，大分子链之间氢键有所削弱，增强了基原纤之间或大分子之间的滑动能力，反而调整了基原纤和大分子的张力均匀性，从而使受力大分子的根数增多，使纤维强度有所提高。

纺织材料吸湿的多少，对它的力学性质影响很大，绝大多数纤维随着回潮率的增加而强力下降，其中黏胶纤维尤为突出，但棉麻等天然纤维素纤维的强力则随着回潮率的上升而上升。所有纤维的断裂伸长都是随着回潮率的升高而增大。常见几种纤维在润湿状态下的强伸度变化情况见表1-4-4。

表1-4-4　常见几种纤维在润湿状态下强伸度的变化情况

纤维种类	棉	羊毛	黏胶纤维（短）	锦纶（短）	涤纶	维纶	腈纶
湿干强度比（%）	110~130	76~94	40~60	80~90	100	85~90	90~95
湿干断裂伸长率比（%）	110~111	110~140	125~150	105~110	100	115~125	125左右

3. 试样根数

当进行束纤维强力测试时，由于各根纤维的强度并不均匀，特别是断裂伸长率不均匀，试样中各根纤维伸直状态也不同，这就会使各根纤维不同时断裂。在外力作用下，伸长能力小、伸直度较高的纤维首先达到伸长极限即将断裂时，其他纤维并未承受到最大张力，故各根纤维依次分别被拉断。由于束纤维中这种单纤维断裂的不同时性，使得所测束纤维强力必然小于单根纤维强力之和。当束纤维中纤维根数越多时，断裂不同时性越明显，测得的平均强力就越偏小。

4. 试样长度

由于纤维各处的截面积并不完全相同，而且各截面处的纤维结构也不一样，因而同一根纤维各处的强度并不相同，测试时总是在最薄弱的截面处被拉断并表现为断裂强度。当纤维试样长度缩短时，最薄弱环节被测到的概率下降，从而使测试强度的平均值提高。纤维试样截取越短，平均强度越高；纤维各截面强度不匀越厉害，试样长度对测得的强度影响也越大。

5. 拉伸速度

试样被拉伸的速度对纤维强力与变形的影响也较大。拉伸速度大，测得的强力较大。

六、纺织纤维的热学性能

纺织材料在不同温度下表现的性质称为纺织材料的热学性质。它是纺织材料的基本性能之一，在大多数情况下它表现为物理性质的变化，但也有化学性质的变化，如线性大分子的交联与解交联、氧化反应、热裂解等。纤维材料的热学性质包括常温下和不同温度与介质下表现的热学特性两大类。

（一）常温下储存和传递热量的能力

纺织材料在常温下具有捕捉静止空气和储存水分及热量的能力。这种能力大小的衡量可从两个角度描述，一个角度是储存和传递的数量，另一角度是速度，分别用比热与热量传递系数进行表述。

1. 储存热量

（1）常见纤维的储热能力。纺织材料储存热量的能力常用比热表达。比热是使质量为1g的纺织材料，温度变化1℃所吸收或放出的热量，其计算如式：

$$C = \frac{Q}{m\Delta T}$$

式中：C 为比热 [$J/(g\cdot℃)$]；m 为材料质量（g）；ΔT 为材料温度变化值（℃）。

它是单位质量物体改变单位温度时吸收或释放的内能。各种干燥纺织材料的比热见表1-4-5所示。

表 1-4-5 各种干燥纺织材料的比热

材料	比热[J/(g·℃)]	材料	比热[J/(g·℃)]
棉	1.21~1.34	锦纶66	2.05
亚麻	1.34	芳香聚酰胺纤维	1.21
大麻	1.35	涤纶	1.34
黄麻	1.36	腈纶	1.51
羊毛	1.36	丙纶*	1.8
桑蚕丝	1.38~1.39	玻璃纤维	0.67
黏胶纤维	1.26~1.36	石棉	1.05
锦纶6	1.84	静止空气	1.01

注 *在50℃下测量的结果。

在不同温度下测得的纺织材料的比热，在数值上是不同的，但温度的影响一般不大，只有在100℃以上时才可能比较明显。静止干空气的比热为1.01J/(g·℃)，与干燥纺织材料的比热较接近；水的比热为4.18 J/(g·℃)，为一般干纺织材料比热的2~3倍。因此，纺织材料吸湿后，其比热相应地增大。吸湿后的纺织材料，可以看成是干材料与水的混合物。

（2）纤维的比热对纤维加工和使用的影响。比热大小反映了材料温度变化与其所需能量之间的关系，它的变化规律对纺织加工工艺和材料的使用性能有着重要意义。

对于快速热加工的纺织工艺，其热量的供应要考虑材料的比热，否则热量过剩，会导致材料破坏和解体；热量不足，会使温度不够，热定形效果不佳。

比热大的纤维，如锦纶，吸收热量后温度不易变化。因此，用锦纶丝制成的夏季服用面料，与皮肤接触有明显的"冷感"。具有较大比热的纤维还可用于需要抵御温度骤变的场合，可自适应地实现热防护。

2. 传递热量

（1）指标。纺织材料具有多孔性，纤维内部和纤维之间有很多孔隙，而这些空隙内充满了空气。因此，纺织材料的导热过程是比较复杂的。

纺织材料的导热性用导热系数 λ 表示，法定单位是 W/(m·℃)，即指当厚度为1m的材料两表面的温差为1℃时，1h 内通过 1m² 的材料所传导的热量的焦耳数，其计算式如下：

$$\lambda = \frac{Qt}{\Delta TAH}$$

式中：λ 为导热系数[W/(m·℃)]；Q 为传递热量（J）；ΔT 为材料温度变化值（℃）；t 为材料厚度（m）；A 为材料面积（m²）；H 为传热时间（h）。

λ 值越小，表示材料的导热性越低，它的热绝缘性或保暖性越好。

绝热率表示纺织材料的绝热性。绝热率的测试是将试样包覆在热体外面，测量保持热体恒温所需供给的热量。设 Q_0 为热体不包覆试样时单位时间的散热量（J），Q_1 为热体包覆试样后单位时间的散热量（J），则绝热率 T 为：

$$T = \frac{Q_0 - Q_1}{Q_0} \times 100\% = \frac{\Delta t_0 - \Delta t_1}{\Delta t_0} \times 100\%$$

式中：Δt_0 热体不包覆试样时单位时间的温差（℃）；Δt_1 为热体包覆试样时单位时间的温

差（℃）。

很明显，纺织材料的绝热率与试样的厚度有关。试样越厚，单位时间内散失的热量越少，绝热率就越大。

（2）纺织材料的热量传递能力。纺织材料常以不同形态用作绝热层或保温层，而这种保温层实际上包括纤维、空气和水分等，热在其中的传导，不但有纤维自身的热传导，也有热的对流与辐射。一般测得的纺织材料的导热系数是纤维、空气和水分混合物的导热系数。

静止空气的导热系数最小，也是最好的热绝缘体，因此，纺织材料的保暖性主要取决于纤维层中夹持的空气的数量和状态。在空气不流动的前提下，纤维层中夹持的空气越多，纤维层的绝热性越好；而一旦空气发生流动，纤维层的保暖性就大大下降。试验资料表明，纤维层的密度在 $0.03 \sim 0.06 g/cm^3$ 范围时，导热系数是最小的，即纤维层的保暖性最好。从制造化学纤维的角度来看，提高化学纤维保暖性的方法之一就是制造中空纤维，使每根纤维内部夹有较多的静止空气。

水的导热系数是纺织材料的 10 倍左右。因此，随着回潮率的提高，纺织材料的导热系数增大，保暖性下降。此外，纺织材料的温度不同时，导热系数也不同，温度高时导热系数略大。

（二）不同温度与介质时的热力学特性

热力学性质是指在温度的变化过程中，纺织材料的力学性质随之变化的特性。绝大多数纤维材料的内部结构呈两相结构，即晶相（结晶区）和非晶相（无定形区）共存。对于晶相的结晶区，在热的作用下其热力学状态有两种：一种是熔融前的结晶态，其力学特征表现为刚性体，且具有强力高、伸长小、模量大的特性；另一种是熔融后的熔融态，其力学特征表现为黏性流动体。两者可以用熔点来区分。对于非晶相的无定形区，在热的作用下其热力学状态有脆折态、玻璃态、高弹态和黏流态，分别按变形能力的大小采用脆折转变温度、玻璃化转变温度、黏流转变温度来划分。

1. 纤维材料的热力学三态

纺织纤维中的合成纤维在不同的温度条件下常具有玻璃态、高弹态与黏流态，将这类纤维在一定拉伸应力作用下，以一定的速度升高温度，同时测量试样的伸长变形随温度的变化，可以得到如图 1-4-17 所示纤维材料的典型热力学曲线。

玻璃态的特征是形变很困难，硬度大，类似玻璃，故称玻璃态。一般纤维在常温下均处于玻璃态。高弹态的特征是形变很容易，而且当外力解除后，链段的运动使大分子发生卷缩，变形又逐渐回复，具有高弹性。黏流态的

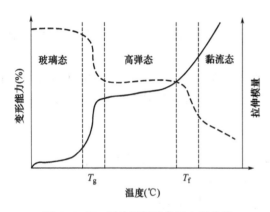

图 1-4-17　纤维材料的典型力学曲线

特征是形变能任意发生，具有流动性。把高聚物加热到熔融时所处的状态就是黏流态。玻璃态、高弹态与黏流态这三种物理状态，随着温度的变化可相互转化。

（1）玻璃化温度 T_g。由玻璃态转变为高弹态的温度称为玻璃化温度。从分子运动论的观点来看，玻璃化温度就是纤维内部大分子开始能够以链段为单位自由转动的温度。纤维大分

子链越僵硬，极性基纤维的玻璃化温度就越高。纤维的结晶度增高或大分子间交联键的形成，都会提高纤维的玻璃化温度。

天然橡胶的玻璃化温度为-73℃，在室温时已处于高弹态。纺织纤维的玻璃化温度一般都高于室温，所以在室温下织物都能保持一定的尺寸稳定性和硬挺性。在玻璃化温度以上时，对织物稍加负荷，即可使其发生很大的变形。

（2）黏流化温度 T_f。由高弹态转变为黏流态的温度称为黏流化温度或黏流转变温度。黏流态时，大分子间能产生整体的滑移运动，即黏性流动。黏流转变温度是纤维材料失去纤维形态逐渐转变为黏性液体的最低温度，也是纤维材料的热破坏温度。流动温度的高低，与分子聚合度有密切关系，聚合度越大，流动温度越高。大多数高聚物在300℃以下变为黏流态，许多高聚物包括一些合成纤维，都是利用其黏流态下的流动行为进行加工成型的。

天然纤维和再生纤维素纤维等不存在上述热力学三态，加热到足够高温时，便发生分解。常见纤维的热转变温度如表1-4-6所示。

表1-4-6　常见纤维的热转变温度

材料	温度（℃）				
	玻璃化温度	软化点	熔点	分解点	熨烫温度
棉	—	—	—	150	200
羊毛	—	—	—	135	180
蚕丝	—	—	—	150	160
锦纶6	47，65	180	215	—	120~135
锦纶66	82	225	253	—	12~140
涤纶	80，67，90	235~240	256	—	160
腈纶	90	190~240	—	280~300	130~140
维纶	85	干：220~230	—	—	150（干）
		水：110			
丙纶	-35	145~150	163~175	—	100~120
氯纶	82	90~100	200	—	30~40

2. 热形变特性

（1）热可塑性。热可塑性是指加热时能发生流动变形、冷却后可以保持一定形状的性质。大多数线型聚合物均表现出热塑性，很容易进行挤出、注射或吹塑等成型加工。

涤纶、锦纶、丙纶等合成纤维具有较好的热可塑性。将这类合成纤维或其织物加热到玻璃化温度以上时，纤维内部大分子之间的作用力减小，分子链段开始自由转动，纤维的变形能力增大。在一定张力作用下强迫其变形，会引起纤维内部分子链间部分原有的价键拆开以及在新的位置重建；冷却和解除外力作用后，合成纤维或织物的形状就会在新的分子排列状态下稳定下来。只要以后遇到的温度不超过玻璃化温度，纤维及其织物的形状就不会有大的变化，利用这种热塑性对合成纤维进行的加工处理称为热定形。纺织材料中，变形丝（除了空气喷射变形法）的加工形成、涤纶细纱的蒸纱定捻、合成纤维织物或针织物的高温熨烫等，都是热定形的具体形式。

影响热定形效果的主要因素是温度和时间。热定形的温度要高于合成纤维的玻璃化温度，并低于软化点及熔点。温度太低，达不到热定形的目的；温度太高，会使合成纤维及其织物的颜色变黄，手感发硬，甚至熔融黏结，使织物的服用性能遭到损坏。在一定范围内，温度较高时，热定形时间可以缩短；温度较低时，热定形时间需要较长。在温度和时间这两个因素中，温度是决定热定形效果的主要因素，足够的时间是为了使热量扩散均匀。此外，适当降低定形温度，可以减少染料升华，使织物手感柔软。

合成纤维织物经热定形处理后，尺寸稳定性、弹性、抗褶皱性都有很大改善。

天然纤维与再生纤维素纤维、再生蛋白质纤维等非热熔性纤维，不具有热塑性。但天然纤维中的羊毛纤维也称其有热塑性，它的本质与合成纤维的热塑性不同。羊毛纤维的热塑性是在热湿条件下，其大分子构型由 α 螺旋链结构向 β 折叠链结构的转变。

（2）热收缩性。一般的固体材料受热作用而温度上升时，都会发生轻微的膨胀，即长度或体积有所增加。合成纤维则相反，受热后发生收缩。原因是合成纤维在纺丝成型过程中，为了获得良好的力学性能，曾受到拉伸作用，使纤维伸长几倍，因此纤维中残留内应力，因玻璃态的约束而未能回缩；当纤维的受热温度超过一定限度时，纤维中的约束减弱，从而产生收缩。这种因受热而产生的收缩，称为热收缩。

在生产过程中，如果将热收缩率差异较大的合成纤维进行混纺或交织，则印染加工过程中可能在织物表面形成疵点。因此，纺织厂应检验各批合成纤维的热收缩率，作为选配原料的参考。此外，合成纤维纯纺或混纺织物或针织物，在纺织染整加工过程中不断地受到拉伸作用，特别是湿热条件下的拉伸作用，会导致织物内部积累一定数量的缓弹性伸长和塑性伸长，而且在湿热条件下产生的缓弹性伸长在一般大气条件下的收缩是很缓慢的，从而使织物在穿用过程中经洗涤或熨烫时发生热收缩。因此，为了生产质优且尺寸稳定的合成纤维织物和针织物，需要进行热定形加工。

织物接触到热体在局部熔融收缩形成孔洞的性能，称为熔孔性。织物抵抗熔孔现象的性能，称为抗熔孔性。它也是织物服用性能的一项重要内容。

对于常用纤维中的涤纶、锦纶等热塑性合成纤维，在其织物接触到温度超过其熔点的火花或其他热体时，接触部位就会吸收热量而开始熔融，熔体随之向四周收缩，在织物上形成孔洞。当火花熄灭或热体脱离时，孔洞周围已熔断的纤维端就相互黏结，使孔洞不再继续扩大。但是天然纤维和再生纤维素纤维在受到热的作用时不软化、不熔融，在温度过高时会分解或燃烧。表 1-4-7 所示为常见织物的抗熔孔性。

表 1-4-7　常见织物的抗熔孔性

纤维	坯布单位面积质量（g/m²）	抗熔孔性（℃）	纤维	坯布单位面积质量（g/m²）	抗熔孔性（℃）
棉	100	>550	涤/棉（65/35）	100	>550
羊毛	220	510	涤/棉（85/15）	110	510
涤纶	190	280	毛/涤（50/50）	190	450
锦纶	110	270	腈纶	220	510

实践证明，织物的抗熔孔性大约在 450℃ 以上即为良好。由表 1-4-7 可以看出，棉、毛

等天然纤维织物的抗熔孔性都很好；腈纶织物与毛织物接近；涤纶和锦纶的抗熔孔性较差，其织物需要进行抗熔整理，但是，当它们与棉、毛等天然纤维或黏胶纤维混纺时，混纺织物的抗熔孔性可以得到明显改善。

此外，织物的质量与组织等对织物的抗熔孔性也有影响，在其他条件相同时，轻薄织物更容易熔成孔洞。

（三）热质变特性

1. 纤维材料的耐热性

纺织纤维在高温下保持其力学性能的能力称为耐热性。纺织纤维的耐热性根据纤维材料受热时机械性能的变化进行评定。纺织纤维的热稳定性是指材料对热裂解的稳定性。纺织纤维的热稳定性根据材料受热前后在正常大气条件下性能的变化来评定。当受热温度超过500℃时，材料的热稳定性称为耐高温性。纺织纤维受热的作用后，一般强度下降，下降的程度随温度、时间及纤维种类而异。几种主要纺织材料的耐热性能见表1-4-8。

表1-4-8　纺织材料的耐热性能

纺织材料	剩余强度（%）				
	在20℃时未加热	在100℃时经过		在130℃时经过	
		20天	80天	20天	80天
棉	100	92	68	38	10
亚麻	100	70	41	24	12
苎麻	100	62	26	12	6
蚕丝	100	73	39	—	—
黏胶纤维	100	90	62	44	32
锦纶	100	82	43	21	13
涤纶	100	100	96	95	75
腈纶	100	100	100	91	55
玻璃纤维	100	100	100	100	10

棉纤维与黏胶纤维的耐热性优于亚麻、苎麻；特别是黏胶纤维，加热到180℃时强度损失很少，可制作轮胎帘子线。羊毛的耐热性较差，加热到100~110℃时即变黄，强度下降，通常要求干热不超过70℃，洗毛不超过45℃。蚕丝的耐热性比羊毛好，短时间内加热到110℃，纤维强度没有显著变化。

合成纤维中，涤纶和腈纶的耐热性较好，不仅熔点或分解点较高，而且长时间受到较高温度的作用时，强度损失不超过30%；在相同温度下处理1000h，仅稍有变色，强度损失不超过50%。锦纶的耐热性较差。维纶的耐热水性能较差，在水中煮沸，维纶织物会发生变形或部分溶解。

2. 纤维材料的阻燃性

纤维材料抵抗燃烧的性能称为阻燃性。纤维的燃烧是一种纤维分子快速热降解的过程，该过程伴随有化学反应和大量热量的产生，燃烧所产生的热量又会加剧和维持纤维的燃烧。

各种纺织材料的燃烧性能不同。纤维素纤维与腈纶易燃烧，燃烧迅速；羊毛、蚕丝、锦纶、涤纶、维纶等是可燃烧的，容易燃烧，但燃烧速度较慢；氯纶、聚乙烯醇—氯乙烯共聚纤维等是难燃的，与火焰接触时燃烧，离开火焰后自行熄灭；石棉、玻璃纤维等是不燃的，与火焰接触也不燃烧。

纤维燃烧所造成的危害是显而易见的，纤维的阻燃性是构成纺织品安全防护的一项重要内容。各种纤维可能造成的危害程度，与纤维的点燃温度、火焰传播的速度和范围以及燃烧时产生的热量有关。几种主要纺织纤维的点燃温度和火焰最高温度见表1-4-9。

表1-4-9 纺织纤维的点燃温度和火焰最高温度

纤维	点燃温度（℃）	火焰最高温度（℃）	纤维	点燃温度（℃）	火焰最高温度（℃）
棉	400	860	锦纶6	530	875
黏胶纤维	420	850	锦纶66	532	—
醋酯纤维	475	960	涤纶	450	697
三醋酯纤维	540	885	腈纶	560	855
羊毛	600	941	丙纶	570	839

纺织材料的可燃性大都采用极限氧指数LOI表示。极限氧指数是指材料点燃后在氧—氮大气里维持燃烧所需要的最低含氧量体积百分数。

$$LOI = \frac{O_2 \text{的体积}}{O_2 \text{的体积} + N_2 \text{的体积}} \times 100\%$$

极限氧指数大，说明材料难燃；极限氧指数小，说明材料易燃。在普通空气中，氧气的体积比例接近20%。从理论上讲，纺织材料的极限氧指数只要超过21%，在空气中就有自灭作用。但实际上，发生火灾时，由于空气中对流等作用的存在，要达到自灭作用，纺织材料的极限氧指数需要在27%以上。一些纯纺织物的极限氧指数如表1-4-10所示。

表1-4-10 纯纺织物的极限氧指数

纤维种类	织物单位面积质量（g/m²）	极限氧指数（%）	纤维种类	织物单位面积质量（g/m²）	极限氧指数（%）
棉	220	20.1	腈纶	220	18.2
黏胶纤维	220	19.7	维纶	220	19.7
三醋酯纤维	220	18.4	丙纶	220	18.6
羊毛	237	25.2	丙烯腈共聚纤维	220	26.7
锦纶	220	20.1	氯纶	220	37.1
涤纶	220	20.6	—	—	—

根据LOI值，可将纺织材料分为易燃、可燃、难燃、不燃四类，如表1-4-11所示。

表 1-4-11　根据 LOI 的纤维分类

分类	LOI（%）	燃烧状态	纤维品种
易燃	≤20	易点燃，燃烧速度快	棉、麻、黏胶等纤维素纤维，丙纶，腈纶
可燃	20~26	可点燃，继续燃，燃烧速度较慢	羊毛、蚕丝、涤纶、锦纶、维纶、醋酯纤维
难燃	26~34	接触火焰燃烧，离开火焰自灭	芳纶、氯纶、改性腈纶、改性涤纶、改性丙纶
不燃	≥34	常态环境中有火源作用时短时间内不燃烧	多数金属纤维、碳纤维、硼纤维、石棉、PBI、PBO、PPS

提高纺织材料的阻燃性有两个途径，即对纺织材料进行阻燃整理和制造阻燃纤维。

阻燃整理是利用各种阻燃整理剂在制品上形成阻燃层，以降低制品可燃性物质的释放，或阻隔热量对纤维的作用，或阻断氧化反应的进行，从而达到阻燃的目的。这种方法实施简单，但它存在阻燃剂引起人体致癌和耐洗牢度不高等问题。

阻燃纤维的生产有两种方法：一种是在纺丝液中加入阻燃剂，纺丝制成阻燃纤维，如阻燃黏胶纤维、阻燃腈纶、阻燃涤纶等改性纤维；另一种是由合成的耐高温高聚物纺制成阻燃纤维，如间位芳纶、对位芳纶、聚苯并咪唑（PBI）、聚对苯撑苯并二噁唑（PBO）、聚酰亚胺、聚苯硫醚（PPS）、聚芳砜酰胺（PSA）、酚醛纤维、聚四氟乙烯纤维等。

七、纺织材料的电学性能

纺织材料在加工和使用过程中，会发生许多电学现象，主要包括材料的导电性质、介电性质和静电现象。

（一）导电性质

在电场作用下，电荷在材料中定向移动而产生电流的特征称为材料的导电性质。材料根据导电能力可分为超导体、导体、半导体和绝缘体。干燥的纺织材料为绝缘体，在工业和国防工业中作为绝缘材料。

材料的导电能力主要与材料对电流的阻碍作用有关，其物理量常用电阻表示。纺织材料导电性质的常用表征指标有体积比电阻、质量比电阻和表面比电阻。

1. 导电性质的表征指标

（1）体积比电阻（ρ_V）。体积比电阻指单位长度上所施加的电压与单位截面上流过的电流之比，即：

$$\rho_V = \frac{U/L}{I/S} = R \times \frac{S}{L}$$

式中：ρ_V 为体积比电阻，即电导率（$\Omega \cdot cm$）；U 为电压（V）；R 为电阻（Ω）；I 为电流（A）；S 为材料面积（cm^2）；L 为材料长度（cm）。

在数值上，体积比电阻等于材料长 1cm 和截面积为 1cm² 时的电阻值。

（2）质量比电阻（ρ_m）。对于纺织材料来说，由于截面积或体积不易测量，所以其导电性能一般不采用体积比电阻，而采用质量比电阻。

质量比电阻是指单位长度上的电压与单位线密度上的电流之比，即：

$$\rho_m = \frac{U/L}{I/(W/L)} = \frac{R \times W}{L^2} = \gamma \times \rho_V$$

式中：ρ_m 为质量比电阻（$\Omega \cdot g/cm^2$）；W 为材料质量（g）；γ 为材料密度（g/cm^3）。

在数值上，质量比电阻等于试样长 1cm 和质量为 1g 时的电阻值。

纺织材料的质量比电阻可以通过测试时材料的电阻值、质量及电极间的距离直接计算得到。由质量比电阻与体积比电阻的关系可求得体积比电阻。

（3）表面比电阻（ρ_s）。因为纤维柔软且细长，体积或截面积难以测量，而纺织材料的导电现象主要发生在材料表面，因此常用表面比电阻来表征材料的电学性质。

表面比电阻是指单位长度上的电压与单位宽度上的电流之比，即：

$$\rho_s = \frac{U/L}{I/B} = \frac{R \times B}{L}$$

式中：ρ_s 为表面比电阻（Ω）；B 为材料宽度（cm）。

在数值上，表面比电阻等于试样长 1cm 和宽度为 1cm 时的电阻值。

各种材料的电阻较大，因此常用质量比电阻的对数来表达纺织材料的导电性，常见纤维的质量比电阻的对数见表 1-4-12。从表中可以看出，天然纤维中棉、麻纤维的比电阻较低，羊毛和蚕丝较高；化学纤维中合成纤维的比电阻较大。

表 1-4-12　常见纤维的质量比电阻

纤维	n	$\lg\rho_m$（$\Omega \cdot g/cm^2$）（$M=10\%$）	$\lg\rho_m$（$\Omega \cdot g/cm^2$）（$\varphi=65\%$）	纤维	n	$\lg\rho_m$（$\Omega \cdot g/cm^2$）（$M=10\%$）	$\lg\rho_m$（$\Omega \cdot g/cm^2$）（$\varphi=65\%$）
棉	11.4	5.3	6.8	棉纱	11.4	4.1	5.6
亚麻	10.6	5.8	6.9	洗过的棉纱	10.7	4.8	6.0
苎麻	12.3	6.3	7.5	亚麻纱	10.6	4.6	5.7
羊毛	15.8	10.4	8.4	苎麻纱	12.3	5.1	6.3
蚕丝	17.6	9.0	9.8	毛纱	15.8	9.3	7.3
黏胶纤维	11.6	8.0	7.0	洗过的毛纱	14.7	10.8	8.8
锦纶	—	—	9~12	蚕丝纱	17.6	7.9	8.7
涤纶	—	—	8.0	黏胶纱	11.6	6.8	5.8
去油涤纶	—	—	14	锦纶纱	—	—	8~11
腈纶	—	—	8.7	涤纶纱	—	—	7.6
去油腈纶	—	—	14	腈纶纱	—	—	6.9

2. 影响导电性能的因素

（1）回潮率对导电性能的影响。对于大多数吸湿性能好的纤维，在空气相对湿度为 30%~90% 时，纤维材料的含水率（M）与质量比电阻（ρ_m）之间存在以下经验公式：

$$\rho_m M^n = K \quad 或 \quad \lg\rho_m = -\lg M + \lg K$$

式中：n、K 为经验常数。

各种纤维及纱线的 n 和 $\lg\rho_m$ 值见表 1-4-12。含水率低时（棉低于 3.5%、黏胶低于 7%、羊毛和蚕丝低于 4%），含水率（M）与质量比电阻的对数（$\lg\rho_m$）接近直线关系。在影响纺织材料回潮率的诸多外部因素中，空气相对湿度的影响比较显著，尤其是吸湿性纤维，由于相对湿度变化而引起材料质量比电阻的变化可达 4~6 个数量级。

常见纤维的含水率对纤维质量比电阻的影响见图 1-4-18。在中等湿度范围内，材料达到吸湿平衡时，空气相对湿度与质量比电阻的对数 $\lg\rho_m$ 也近似呈直线关系。

（2）环境温度对导电性能的影响。与大多数半导体材料一样，纺织材料的电阻值随着温度升高而降低。一般认为，温度升高，纤维与杂质等电离的电荷增加，纤维的体积增大，比电阻降低。棉纤维的质量比电阻随温度的变化关系如图1-4-19所示。

（3）纤维伴生物对导电性能的影响。天然纤维中有利于纤维吸湿能力的伴生物，例如棉纤维中的果胶、毛纤维中的脂汗、丝纤维中的丝胶，都可以降低纤维的比电阻，增加纤维的导电能力。在化学纤维中，特别是吸湿能力较差的合成纤维，在纤维中添加含有抗静电成分的化纤油剂，能大大地降低纤维的比电阻，改善纤维可纺性。

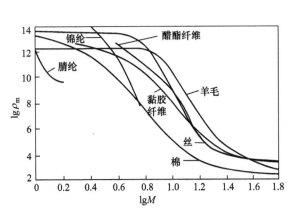

图1-4-18　含水率对纤维
质量比电阻的影响

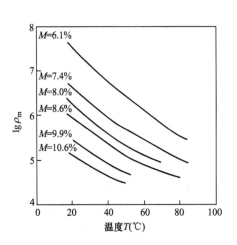

图1-4-19　棉纤维的质量比
电阻随温度的变化关系

（4）测试条件对导电性能的影响。测试比电阻时，电压的高低、测试时间的长短和使用的电极材料，对材料比电阻的测试值有一定影响。当电压较高时，测得的比电阻偏小，故不同电压条件下测试的电阻值无可比性。随着测试时间的增加，所测比电阻值增加，因此在测试时读数要迅速，一般要求在几秒钟内完成。测试所用的电极材料不同，测试结果亦不同，目前电阻测试仪常采用不锈钢做电极材料。

（二）介电性质

1.介电现象

干燥纺织材料的电阻较大，在外电场的作用下，因分子极化而具有电介质的性质，即在静电场中，材料表面出现感应电荷，形成内部电场，减小外电场强度。如果将电介质填充到电容器中，电容器容量将会增加。

2.介电常数

衡量介电现象强弱的物理量为相对介电常数，也称介电常数（ε）。以电容器为例，介电常数是指充满电介质的电容器的电容增大倍数，即：

$$\varepsilon = \frac{C}{C_0}$$

式中：C为充满电介质时的电容量；C_0为充满真空时的电容量。

介电常数为一无量纲的量，它的大小就表示绝缘材料储存电能的能力。表1-4-13列出了几种纤维的介电常数，供参考。在工频（50Hz）条件下，干燥纤维材料的介电常数在2~5范围内，真空的介电常数等于1，空气的介电常数接近于1，液体水的介电常数约为20，而固态水的介电常数为81。

表1-4-13　几种纤维的介电常数

纤维种类	相对湿度0		相对湿度65%	
	1kHz	100kHz	1kHz	100kHz
棉	3.2	3.0	18.0	6.0
羊毛	2.7	2.6	5.5	4.6
黏胶纤维	3.6	3.5	8.4	5.3
醋酯纤维	2.6	2.5	3.5	3.3
锦纶	2.5	2.4	3.7	2.9
涤纶	2.8	2.3	4.2	2.8
腈纶（去油）	—	—	2.8	2.5

3. 影响介电常数的因素

（1）纤维内部结构。对介电常数影响较大的纤维内部结构主要是纤维相对分子质量、分子极性及分子堆积密度。相对分子质量较小、极性基团极性较强、基团数量较多和分子堆积紧密的材料，介电常数较大。

（2）外部因素。纤维集合体由纤维、纤维伴生物、空气和水四部分组成，因此纤维材料的介电常数大小会受到纤维材料的填充密度、纤维在电场中的排列方向、纤维含杂、环境温度、相对湿度、电场频率等众多因素的影响。

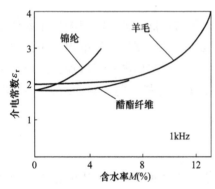

图1-4-20　纤维介电常数与含水率的关系

由于水的介电常数远大于纤维，因此回潮率对纤维的介电常数有较大影响。如图1-4-20所示为纤维介电常数与含水率的关系。利用这一特性，将一定量的纤维材料作为电容器介质，通过测试电容器电容量，可间接地测试纺织材料的回潮率。

温度升高会使材料的介电常数增加，其原因是温度升高有利于极化分子在电场中取向。频率对介电常数的影响表现为随着外电场频率的增加，材料的介电常数减小，这与极性分子的取向运动总是滞后于电场频率的变化有关，当频率较大时，这种滞后现象越明显。

（三）静电现象

1. 静电现象概述

纺织材料之间及纺织材料与加工机件间相互接触、摩擦或挤压时，由于电子转移并产生电荷积聚，从而使一种材料带正电荷，另一种材料带负电荷的现象，称为纺织材料的静电现象。静电现象是一个动态过程。对于金属来说，由于它们是电的良导体，电荷极易漏导而不会积累。对于高聚物的纺织纤维来讲，它们的比电阻很高，特别是吸湿能力差的合成纤维的比电阻更高，极易积聚电荷。

两个绝缘体摩擦分开后，所带电荷极性与材料的介电常数有关，介电常数大的，静电电位高，带正电荷；相反，介电常数小的，静电电位低，带负电荷。

纺织材料所带静电的强度，用单位质量的材料带电量表示。纤维的最大带电量接近相等，而静电衰减速度却不大相同。决定静电衰减速度的主要因素是材料的表面比电阻。

织物的表面比电阻越大，电荷半衰期越长。因此，如果把纺织材料的表面比电阻降低到一定程度，静电现象就可以防止。

2. 静电现象与纺织加工

在纺织加工过程中，静电的作用会使纤维黏结或分散，材料分层不清。纺纱梳棉时爬道夫、绕斩刀，纤维网不稳定；并条、粗纱、细纱时绕皮辊、绕罗拉，条子、纱线发毛，断头增多；络筒时筒子塌边，成形不良；整经时纱线相互排斥或纠缠，影响纱线间的张力及整经的顺利进行；织造时经纱相互纠缠、开口不清，造成松紧经甚至断经，影响产品质量。

在服装的使用过程中，静电现象则会影响服装的穿着性能。不同材质的服装产生的静电会使衣服相互纠缠，穿着不便。衣料与皮肤电荷不同时，会相互吸附，影响穿着的舒适及美观。化纤类衣服因静电现象严重，特别容易吸附空气中带异性电荷的尘埃微粒，易使衣服黏污，而且特别易吸附头皮屑；贴身穿着时，会使皮肤产生刺痒感，穿着舒适性下降。化纤类服装在穿着过程中，由于摩擦起电，产生的静电压很高，在触摸金属物件等可导电物或与人握手时会放电，产生电击感而令人不适。

静电现象除了产生不利因素外，还可加以利用，例如：静电纺丝、静电纺纱、静电植绒等。

3. 静电消除主要措施

纺织加工中消除静电的思路有三条，一是增加材料的导电能力，减少电荷的积聚；二是发生相反的电荷，中和静电荷；三是减少材料与材料间、材料与机件间的摩擦，防止静电荷的产生。具体的方法与措施有：

（1）适当提高空气相对湿度。提高空气相对湿度，能增加纤维的回潮率，降低纤维的比电阻，从而增加纤维的导电能力，及时逸散静电荷，减少电荷积聚，消除静电作用。对于羊毛和醋酯纤维，要产生明显的防静电效果，车间的相对湿度要提高到65%以上。对于吸湿能力较强的纤维，这一方法较为有效。而对于吸湿能力较差的纤维，提高车间相对湿度来消除静电的效果并不明显，相反，还可能恶化劳动条件和成纱质量，锈蚀机器设备。

（2）使用抗静电剂。抗静电剂的抗静电本质是使用表面活性剂，增加纤维的吸湿能力，降低纤维表面比电阻。这一方法是一种暂时的处理方法，达不到永久的抗静电效果。

（3）不同纤维混纺。一是在易产生静电的合成纤维中，混入吸湿能力较大的天然纤维或再生纤维，提高合成纤维的回潮率；二是混纺的两种纤维，在加工中与机件摩擦产生相反电荷而相互中和；三是混入少量的有机或导电纤维，增加纤维的导电能力。例如，在织物中混入质量混纺比为0.2%~0.5%的金属导电纤维，能达到永久、优良的抗静电效果。

（4）使用抗静电纤维。抗静电纤维的类型有：在制造合成纤维时，加入亲水性基因或链节；嵌入导电性碳粉或金属粉末；制造具有亲水性皮层的复合纤维。这些抗静电纤维通过纤维吸湿能力增加或提高导电能力来降低材料的静电现象。

（5）纤维上油。毛纤维纺纱一开始就加入和毛油，减少纤维间以及纤维与机件间的摩擦，以防止静电现象。化纤生产中上的油剂，也具有润滑剂成分，能达到减少摩擦的目的，降低静电。

（6）加工机件接地或尖端放电。高速运转的机件应尽可能接地，以便尽快地泄漏纤维与机件的静电荷；或在纤维及其制品通道中设置尖端放电针，使电荷迅速逸散。

八、纺织材料的光学性质

当光线投射到纺织材料的表面时，在纤维与空气的界面上产生光线的反射与折射。各个方向的反射光的强弱，决定纺织材料的光泽；而进入纤维的光线分成两条折射光，它们以不同速度在纤维内部进行折射，并部分被纤维所吸收。材料吸收光能后，其性质逐渐有所变化。

（一）反射与光泽

光泽是纺织材料的重要外观性质。光泽的强弱，主要由纺织材料对光的反射情况而定。当光线射到纺织材料的表面时，在纤维和空气的界面上同时产生反射和折射，光的一部分被反射，另一部分折射光在纤维内部进行，当达到另一界面时，再产生反射和折射。由于纤维结构的复杂性和在纤维集合体中纤维排列得错综复杂，纤维对光线的反射、折射、吸收及衍射等情况是非常复杂的。许多纺织纤维本身是透明的，但织物的透明度则大大降低。但纤维集合体的光泽主要取决于纤维对光的反射和纤维的排列状态。当纤维表面平滑一致，纤维彼此平行排列时，投射到界面上的光线，将在一定程度上沿一定角度被反射，反射光较强，纤维集合体的光泽就强。如果纤维表面粗糙不平。纤维排列紊乱，反射光就以不同角度向各个方向漫射，纤维集合体的光泽就暗。粗羊毛的鳞片稀，且紧贴在毛干上，表面比较平滑，反射光较强，毛的光泽也强。细羊毛的鳞片稠密，在毛干上贴紧程度较差，羊毛光泽柔和。如果羊毛鳞片受损伤，羊毛的光泽就变得暗。制造半光或无光化学纤维的方法，就是在纺丝液中或纺丝熔体中加入少量的折射率不同的小颗粒状态的消光剂（二氧化钛），造成反射光漫射的条件，达到消光的目的。

在纤维的形态结构因素中，除纤维的表面状态影响光的反射因而也影响纺织材料的光泽外，纤维的层状结构及纤维的横断面形状，也是影响光泽的主要因素。

当具有层状构造的纤维受到光线照射时，在纤维表面发生第一次光的反射与折射。一部分光线从纤维表面反射出来，而折射入纤维内部的折射光在到达纤维的第一、第二层界面时，发生第二次光的反射与折射。折射后的光线继续进入纤维的第二层，当到达纤维的第二、第三层界面时，发生光的第三次光的反射与折射。这个过程逐层进行。最后，所有从纤维内部各层界面上反射出来的强度不同的内部反射光，部分被纤维吸收，部分仍回到纤维表面射向界外，并且在纤维表面形成一散射层，使纤维表面的反射光量增加，纤维的光泽较强，光泽柔和均匀，有层次，不耀眼。

纤维横截面的形状很多，它们的光泽效应差异很大，其中有典型意义的是圆形和三角形。以相同的入射光量比较，三角形截面纤维存在部分全反射现象，光泽较强。而圆形截面纤维，光线在任一界面上的入射角都和光线进入纤维后的折射角相等，在任何条件下都不能形成全反射。因此这类纤维的透光能力较三角形截面纤维强，纤维外观比较明亮。

（二）折射与双折射

当一束光由空气照射到各向异性晶体表面时，一般情况下，在晶体内将产生两束折射光，这种现象称为双折射。同一束入射光在晶体内所产生的两束折射光中，其中一束光遵从折射定律，而另一束光一般情况下并不遵从折射定律，即其折射线一般不在入射面内，并且当两种介质一定时，折射线随入射角的改变而变化，前者称为寻常光，简称为 O 光；后者称为非（寻）常光，简称为 E 光。

晶体中存在一些特殊方向，沿此方向传播的光不发生双折射，这些特殊方向称为晶体的光轴，只有一个光轴的晶体称为单轴晶体。大部分纺织纤维属于单轴晶体，即光线只沿此光轴方向射入时，不发生双折射现象，顺这个方向所引的任何直线，都叫纤维的光轴，纤维的光轴一般是与纤维的几何轴相平行的。

进一步分析可知，在纤维内部分解成的两条折射光都是偏振光，且振动面相互垂直，其中遵守折射定律的寻常光的电场振动面与光轴垂直，其折射率用 $n_\perp$ 表示；另一条不遵守折射定律的非常光的电场振动面与光轴平行，其折射率用 $n_\parallel$ 表示。在非光轴方向，O 光和 E 光的折射率 $n_\perp$ 和 $n_\parallel$ 不同，光在纤维内部的速度 v_0 和 v_E 也不同。大多数纤维是正晶体，在不同方向上 $v_0 > v_E$，因此 O 光叫快光，E 光叫慢光。纤维的双折射能力用双折射率 Δn（$\Delta n = n_\perp - n_\parallel$）表示。

常见纤维折射率、双折射率见表1-4-14。需指出的是，纤维是不均匀材料，试样内纤维之间在性质上是不同的，且通过一个纤维断面的折射率也是变化的，因此表中数据仅供参考。

表 1-4-14 常见纤维折射率、双折射率

纤维	$n_\parallel$	$n_\perp$	$n_\parallel - n_\perp$
棉	1.573~1.581	1.524~1.534	0.041~0.051
苎麻	1.595~1.599	1.527~1.540	0.057~0.068
亚麻	1.594	1.532	0.062
黏胶纤维	1.539~1.550	1.514~1.523	0.018~0.036
二醋酯纤维	1.476~1.478	1.470~1.473	0.005~0.006
三醋酯纤维	1.474	1.479	−0.005
绵羊毛	1.553~1.556	1.542~1.547	0.009~0.012
桑蚕生丝	1.5778	1.5376	0.0402
桑蚕精练丝	1.5848	1.5374	0.0474
锦纶6	1.568	1.515	0.053
锦纶66	1.570~1.580	1.520~1.530	0.040~0.060
涤纶	1.725	1.537	0.188
腈纶	1.500~1.510	1.500~1.510	0.000~−0.005
维纶	1.547	1.522	0.025

续表

纤维	$n_{/\!/}$	$n_\perp$	$n_{/\!/}-n_\perp$
乙纶	1.507	1.552	0.045
丙纶	1.523	1.491	0.032
氯纶	1.500~1.510	1.5000~1.505	0.000~0.005
空气	1.0002	1.0002	0.0000
水	1.333	1.333	0.000

(三）耐光性

纺织材料在储存和穿用过程中，因受各种大气因素的综合作用，材料的性能逐渐恶化，如变色、变硬、变脆、发黏、透明度下降、失去光泽、强度下降、破裂等，以致丧失使用价值，这种现象叫老化，这种试验叫大气老化试验或气候试验。如果在大气因素中突出太阳光的作用，排除风吹、雨淋等的影响，则称材料抵抗太阳光作用的性质为耐光性，这种试验叫耐光性试验。

在天然纤维和人造纤维中，羊毛和亚麻的耐光性是较好的；棉和黏胶纤维的耐光性较差；耐光性最差的是蚕丝。在合成纤维中，腈纶的耐光性是最好的；涤纶的耐光性较好，接近羊毛；锦纶的耐光性最差，和蚕丝接近；丙纶和氯纶的耐光性也差。

第三节　纺织纤维的分析检测

纺织纤维品种众多，性状各异，认识纤维是更好地使用纤维和鉴别纤维的基础。纤维的鉴别就是要根据纤维外观形态（长度、细度及其离散，纤维的纵、横向形态特征等）、色泽、含杂及化学组成的不同，通过手感目测、显微放大观察、在火焰中的燃烧特征及对某些化学试剂的溶解特性等来识别纺织工业中各种常用的纤维。

一、纺织纤维的定性检测

（一）手感目测法

手感目测法主要是通过眼看、手摸（手感目测）、耳听来鉴别纤维的一种方法。原理是根据各种纤维的外观形态、颜色、光泽、长短、粗细、强力、刚柔性、弹性、冷暖感和含杂等情况，依靠人的感觉器官来定性地鉴别纺织纤维。此法适用于鉴别呈离散纤维状态的单一品种的纺织原料，特别适合于鉴别各类天然纤维。这是最简单、快捷且成本最低的纤维鉴别方法之一，不受场地和资源条件的影响，但需要检验者有一定的实际经验。各种纺织纤维的感官特征可参见表1-4-15。

（二）显微镜观察法

显微镜观察法是纤维鉴别中广泛采用的方法之一，由于纤维直径通常为几微米至几十微米，用肉眼无法辨别纤维表面结构，利用显微镜放大原理，观察各种纤维的纵向和横截面形态特征，有效地区分纺织纤维种类。显微镜法适合于鉴别单一成分且有特殊形态结构的纤维，也可用于鉴别多种形态不同的纤维混合而成的混纺产品。

表 1-4-15　各种纺织纤维的感官特征

纤维种类		感官特征
天然纤维	棉	纤维短而细，有天然转曲，无光泽，有棉结和杂质，手感柔软，弹性较差，湿水后的强度高于干燥时的强度，伸长度较小
	麻	纤维较粗硬，常因存在胶质而呈小束状（非单纤维状），纤维比棉长，但比羊毛短，长度差异大于棉，略有天然丝状光泽，纤维较平直，弹性较差，伸长度较小
	羊毛	纤维长度较棉和麻长，有明显的天然卷曲，光泽柔和，手感柔软，温暖、蓬松，极富弹性，强度较低，伸长度较大
	羊绒	纤维极细软，长度较羊毛短，纤维轻柔、温暖，强度、弹性、伸长度优于羊毛，光泽柔和
	兔毛	纤维长、轻、软、净、蓬松、温暖，表面光滑，卷曲少，强度较低
	马海毛	纤维长而硬，光泽明亮，表面光滑，卷曲不明显，强度高
	蚕丝	天然纤维中唯一的长丝，光泽明亮，纤维纤细、光滑、平直，手感柔软，富有弹性，有凉爽感，强度较高，伸长度适中
化学纤维	黏胶纤维	纤维柔软但缺乏弹性，有长丝和短纤维之分，短纤维长度整齐，色泽明亮，稍有刺目感，消光后光泽较柔和，纤维外观有平直光滑的，也有卷曲蓬松的，强度较低，特别是湿水后强度下降明显，伸长度适中
	合成纤维	纤维的长度、细度、光泽及曲直等可人为设定，一般强度高，弹性较好，但不够柔软，伸长度适中，弹力丝的伸长度较大，短纤维的整齐度高，纤维端部切取平齐。锦纶的强度最高；涤纶的弹性较好；腈纶蓬松、温暖，好似羊毛；维纶的外观近似棉，但不如棉柔软；丙纶的强度较高，手感生硬；氨纶的弹性和伸长度最大

显微镜有光学显微镜和电子显微镜两类，光学显微镜下只能清楚地观察大于 $0.2\mu m$ 的结构，小于 $0.2\mu m$ 的结构称为亚纤维结构或超微结构。要想看清这些更为细微的结构，就必须选择分辨率更高的电子显微镜，其分辨率目前可达 $0.2nm$，放大倍数可达 80 万倍。纺织材料鉴别中常用光学显微镜，放大 100~400 倍就能看清纤维的形态特征（纳米纤维除外）。

在显微镜下观察纤维的纵面和截面形态特征，首先要制作纵面和截面形态标本。纵面形态标本的制作比较容易，将纤维徒手整理后平直均匀地铺放在载玻片上，滴上一滴石蜡油或蒸馏水即可。截面形态标本的制作需借助切片器，切取厚度与纤维直径相当的一薄片纤维，难度较大，不易制取。表 1-4-16 所示为各种纤维的纵横向形态特征。

表 1-4-16　各种纤维的纵横向形态特征

纤维名称	纵向形态特征	横截面形态特征
棉	扁平带状，稍有天然转曲	有中腔，呈不规则腰圆形
丝光棉	近似圆柱状，有光泽和缝隙	有中腔，近似圆形或不规则腰圆形
苎麻	纤维较粗，有长形条纹及竹状横节	腰圆形，有中腔，胞壁有裂纹
亚麻	纤维较细，有竹状横节	多边形，有中腔
汉麻（大麻）	纤维形态及直径差异很大，横节不明显	多边形、扁圆形、腰圆形等，有中腔

纤维名称	纵向形态特征	横截面形态特征
罗布麻	有光泽，横节不明显	多边形，腰圆形等
黄麻	有长形条纹，横节不明显	多边形，有中腔
竹纤维	纤维粗细不匀，有长形条纹及竹状横节	腰圆形，有中腔
桑蚕丝	有光泽，纤维直径及形态有差异	不规则三角形或多边形，角是圆的
柞蚕丝	扁平带状，有微细条纹	细长三角形，内部有毛细孔
羊毛	表面粗糙，鳞片大多呈环状或瓦状	圆形或近似圆形（椭圆形）
白羊绒	表面光滑，鳞片较薄且包覆较完整，鳞片大多呈环状，边缘光滑，间距较大，张角较小	圆形或近似圆形
紫羊绒	除具有白羊绒的形态特征外，有色斑	圆形或近似圆形，有色斑
兔毛	鳞片较小，与纤维纵向呈倾斜状，髓腔有单列、双列和多列	圆形、近似圆形或不规则四边形，有毛髓，有一个中腔；粗毛为腰圆形，有多个中腔
羊驼毛	鳞片有光泽，有些有通体或间断髓腔	圆形或近似圆形，有髓腔
马海毛	鳞片较大有光泽，直径较粗，有的有斑痕	圆形或近似圆形，有的有髓腔
驼绒	鳞片与纤维纵向呈倾斜状，有色斑	圆形或近似圆形，有色斑
牦牛绒	表面有光泽，鳞片较薄，有条纹及褐色色斑	椭圆形或近似圆形，有色斑
黏胶纤维	表面平滑，有清晰条纹	锯齿形，有皮芯结构
富强纤维	表面平滑	较少锯齿，圆形、椭圆形
莫代尔纤维	表面平滑，有沟槽	哑铃形
莱赛尔纤维	表面平滑，有光泽	圆形或近似圆形
铜氨纤维	表面平滑，有光泽	圆形或近似圆形
醋酯纤维	表面平滑，有沟槽	三叶形或不规则锯齿形
牛奶蛋白改性聚丙烯腈纤维	表面平滑，有沟槽或微细条纹	圆形
大豆蛋白纤维	扁平带状，有沟槽或疤痕	腰子形（或哑铃形）
聚乳酸纤维	表面平滑，有的有小黑点	圆形或近似圆形
涤纶	表面平滑，有的有小黑点	圆形或近似圆形及各种异形截面
腈纶	表面平滑，有沟槽或条纹	圆形、哑铃形或叶状
变性腈纶	表面有条纹	不规则哑铃形、蚕茧形、土豆形等
锦纶	表面平滑，有的有小黑点	圆形或近似圆形及各种异形截面
维纶	扁平带状，有沟槽或疤痕	腰子形（或哑铃形）
氯纶	表面平滑，或有1~2根沟槽	圆形、蚕茧形
偏氯纶	表面平滑	圆形或近似圆形及各种异形截面
氨纶	表面平滑，有些呈骨形条纹	圆形或近似圆形
芳纶1414	表面平滑，有的带疤痕	圆形或近似圆形

续表

纤维名称	纵向形态特征	横截面形态特征
乙纶	表面平滑，有的带疤痕	圆形或近似圆形
丙纶	表面平滑，有的带疤痕	圆形或近似圆形
聚四氟乙烯纤维	表面平滑	长方形
碳纤维	黑而匀的长杆状	不规则炭末状
金属纤维	边线不直，黑色长杆状	不规则长方形或圆形
石棉	粗细不匀	不均匀的灰黑糊状
玻璃纤维	表面平滑，透明	透明圆球形
酚醛纤维	表面有条纹，类似中腔	马蹄形
聚砜酰胺纤维	表面似树叶状	似土豆形
复合纤维	—	一根纤维由两种高聚物组成，其截面呈皮芯型、双边型或海岛型等
中空纤维	—	根据需要可制成单孔、四孔、七孔或九孔等
异形纤维	—	可根据需要制成各种异形截面，如三角形、扁平形、哑铃形、L形等

（三）燃烧法

燃烧法是根据纺织纤维因化学组成不同而在燃烧时火焰色泽、易燃程度、燃烧灰迹等不同特征来定性区分纤维大类的简便方法。但此法难于区别同一化学组成的不同纤维，因此适用于单一化学成分的纤维或纯纺纱线和织物。对于经防火、阻燃处理的纤维或混纺产品，不能用此法鉴别，微量纤维的燃烧现象也较难观察到。常见纤维的燃烧特征见表1-4-17。

表1-4-17 常见纤维的燃烧特征

纤维种类	燃烧状态			燃烧时的气味	残留物特征
	靠近火焰时	接触火焰时	离开火焰时		
棉	不熔不缩	立即燃烧	迅速燃烧	烧纸味	呈细而软的灰黑絮状
麻	不熔不缩	立即燃烧	迅速燃烧	烧纸味	呈细而软的灰白絮状
蚕丝	熔融卷曲	卷曲，熔曲燃烧	燃烧缓慢，有时自灭	烧纸味	呈细而软的灰黑絮状
动物毛（绒）	熔融卷曲	卷曲，熔融燃烧	燃烧缓慢，有时自灭	烧毛发味	呈细而软的灰黑絮状
竹纤维	不熔不缩	立即燃烧	迅速燃烧	烧纸味	呈细而软的灰黑絮状
黏胶、铜氨纤维	不熔不缩	立即燃烧	迅速燃烧	烧纸味	呈少许灰白色灰烬
莱赛尔纤维、莫代尔纤维	不熔不缩	立即燃烧	迅速燃烧	烧纸味	呈细而软的灰黑絮状
醋酯纤维	熔缩	熔融燃烧	熔融燃烧	醋味	呈硬而脆的不规则黑块
大豆蛋白纤维	熔缩	缓慢燃烧	继续燃烧	特异气味	呈黑色焦炭状硬块
牛奶蛋白改性、聚丙烯腈纤维	熔缩	缓慢燃烧	继续燃烧，有时熄灭	烧毛发味	呈黑色焦炭状，易碎

纤维种类	燃烧状态			燃烧时的气味	残留物特征
	靠近火焰时	接触火焰时	离开火焰时		
聚乳酸纤维	熔缩	熔融，缓慢燃烧	继续燃烧	特异气味	呈硬而黑的圆珠状
涤纶	熔缩	熔融燃烧，冒黑烟	继续燃烧，有时熄灭	芳香味	呈硬而黑的圆珠状
腈纶	熔缩	熔融燃烧	继续燃烧，冒黑烟	辛辣味	呈黑色不规则小珠，易碎
锦纶	熔缩	熔融燃烧	自灭	氨基味	呈硬淡棕色透明圆珠状
维纶	熔缩	收缩燃烧	继续燃烧，冒黑烟	特有气味	呈不规则焦茶色硬块
氯纶	熔缩	熔融燃烧，冒黑烟	自灭	刺鼻气味	呈淡棕色硬块
偏氯纶	熔缩	熔融燃烧，冒烟	自灭	刺鼻药味	呈松而脆的黑色焦炭状
氨纶	熔缩	熔融燃烧	开始燃烧，后冒黑烟	特异气味	呈白色胶状
芳纶1414	不熔不缩	燃烧，冒黑烟	自灭	特异气味	呈黑色絮状
乙纶	熔融	熔融燃烧	熔融燃烧，液态下落	石蜡味	呈灰白色蜡片状
丙纶	熔融	熔融燃烧	熔融燃烧，液态下落	石蜡味	呈灰色蜡片状
聚苯乙烯纤维	熔融	收缩燃烧	继续燃烧，冒黑烟	略有芳香味	呈黑而硬的小球状
碳纤维	不熔不缩	像铁丝一样发红	不燃烧	略有辛辣味	呈原有形状
金属纤维	不熔不缩	在火焰中燃烧，并发光	自灭	无味	呈硬块状
石棉纤维	不熔不缩	在火焰中发光，不燃烧	不燃烧，不变形	无味	不变形，纤维略变深
玻璃纤维	不熔不缩	变软，发红光	变硬，不燃烧	无味	变形，呈硬球状
酚醛纤维	不熔不缩	像铁丝一样发红	不燃烧	稍有刺激性焦味	呈黑色絮状
聚砜酰胺纤维	不熔不缩	卷曲燃烧	自灭	带有浆料味	呈不规则硬而脆的絮状

（四）化学溶解法

化学溶解法是利用各种纤维在不同化学溶剂中的溶解性能不同来鉴别纤维的方法，适用于各种纺织纤维，包括染色纤维或混合成分的纤维、纱线与织物。此外，化学溶解法广泛运用于分析混纺产品中的纤维含量。

由于溶剂的浓度和加热温度不同，对纤维的溶解性能表现不一，因此使用化学溶解法鉴别纤维时，应严格控制溶剂的浓度和加热温度，同时要注意纤维在溶剂中的溶解速度。

化学溶解法鉴别的关键是要找到合适的化学溶剂，即不易挥发、无毒性、溶解时无剧烈放热，最好在常温或低于80℃时溶解纤维。常用纤维的溶解性能见表1-4-18。

化学溶解法可与显微镜观察法、燃烧法综合运用，完成纺织纤维的定性鉴别。对于单一成分纤维，鉴别时可将少量试样放入试管中，滴入某种溶剂，摇动试管，观察纤维在试管中的溶解情况；对于某些纤维，需控制溶剂温度来观察其溶解状况。对于混合成分的纤维或很少数量的纤维，可在显微镜的载物台上放上具有凹面的载玻片，在凹面处放入试样，滴上某种溶剂，盖上盖玻片，在显微镜下直接观察其溶解状况，以判别纤维类别。

表 1-4-18 常用纤维的溶解性能

纤维类别	20%盐酸	37%盐酸	75%硫酸	5%氢氧化钠（煮沸）	1mol/L次氯酸钠	85%甲酸	间甲酚	二甲基甲酰胺
棉	I	I	S	I	I	I	I	I
麻	I	I	S	I	I	I	I	I
莱赛尔纤维	I	S	S	I	I	I	I	I
莫代尔纤维	I	S	S	I	I	I	I	I
黏胶纤维	I	S	S	I	I	I	I	I
羊毛	I	I	I	S_0	S	I	I	I
蚕丝	I	P	S_0	S_0	S	I	I	I
大豆蛋白纤维	P（沸S）	P（沸S）	P（沸S）	I	I（沸S）	I（沸S）	I	I
醋酯纤维	I	S	S_0	I	I	S_0	S	S
涤纶	I	I	I	I	I	I	S（加热）	I
锦纶	S	S_0	S	I	I	S_0	S（加热）	I
腈纶	I	I	I	I	I	I	I	S/P
丙纶	I	I	I	I	I	I	I	I
氨纶	I	I	S	I	I	I	S	I（沸S）
甲壳素纤维	I	P（沸S）	P（沸S）	I	I	I	I	I
牛奶蛋白纤维	I	I	S	I	I	I	I	I
聚乳酸纤维	I	I	P（沸S）	I	I	I	I	I
聚对苯二甲酸丙二醇酯纤维	I	I	P（沸S）	I	I	I	I	I

注 S_0—立即溶解；S—溶解；I—不溶解；P—部分溶解。

（五）着色法

着色法是根据纤维对某种化学药品着色性能的差异来迅速鉴别纤维的，适用于未染色的纤维、纯纺纱线和织物。国家标准规定的着色剂为 HI-1 号纤维着色剂，其他常用的还有碘—碘化钾饱和溶液和锡莱着色剂 A。

采用 HI-1 号纤维着色剂时，将 1g HI-1 号着色剂溶于 10mL 正丁醇和 90mL 蒸馏水中配成溶液，将试样浸入着色剂中沸染 1min，在冷水中清洗至无浮色，晾干观察着色特征。

采用碘—碘化钾（I_2—KI）饱和溶液作着色剂时，将 20g 碘溶解于 10mL 碘化钾饱和溶液中配制成碘—碘化钾（I_2—KI）饱和溶液，将试样浸入溶液中 30~60s，取出后在冷水中清洗至不变色，观察着色特征，判别纤维种类。

中华人民共和国出入境检验检疫行业标准 SN/T 1901—2014 对莱赛尔纤维、竹浆纤维、大豆蛋白纤维、甲壳素纤维、牛奶蛋白复合纤维、聚乳酸纤维、聚对苯二甲酸丙二醇酯七种纤维的着色试验做了规定，用着色法鉴别此类纤维可参照该标准进行。几种纺织纤维的着色反应见表1-4-19。

表1-4-19　常见纤维的着色反应

纤维	HI-1号纤维着色剂着色	碘—碘化钾饱和溶液	纤维	HI-1号纤维着色剂着色	碘—碘化钾饱和溶液
棉	灰	不染色	涤纶	黄	不染色
毛	桃红	淡黄	锦纶	深棕	黑褐
蚕丝	紫	淡黄	腈纶	艳桃红	褐
麻	深紫	不染色	丙纶	嫩黄	不染色
黏胶纤维	绿	黑蓝青	维纶	桃红	蓝灰
醋酯纤维	艳橙	黄褐	氨纶	红棕	—
铜氨纤维	—	黑蓝青	氯纶	—	不染色

（六）熔点法

合成纤维在高温作用下，大分子间键接结构产生变化，由固态转变为液态。通过目测和光电检测从外观形态的变化测出纤维的熔融温度即熔点。不同种类的合成纤维具有不同的熔点，依此可以鉴别纤维的类别。

（七）密度梯度法

各种纤维的密度不同，根据所测定的未知纤维密度并将其与已知纤维密度对比来鉴别未知纤维的类别。将两种密度不同而能互相混溶的液体，经过混合然后按一定流速连续注入梯度管内，由于液体分子的扩散作用，液体最终形成一个密度自上而下递增并呈连续性分布的梯度密度液柱。

用标准密度玻璃小球标定液柱的密度梯度，并作出小球密度—液柱高度的关系曲线（应符合线性分布）。随后将被测纤维小球投入密度梯度管内，待其平衡静止后，根据其所在高度查密度—高度曲线图即可求得纤维的密度，从而可以确定纤维的种类。

（八）红外吸收光谱鉴别方法

当一束红外光照射到被测试样上时，该物质分子将吸收一部分光能并转变为分子的振动能和转动能。借助于仪器将吸收值与相应的波数作图，即可获得该试样的红外吸收光谱，光谱中每个特征吸收谱带都包含了试样分子中基团和键的信息。

不同物质有不同的红外光谱图。纤维鉴别就是利用这种原理，将未知纤维与已知纤维的标准红外光谱进行比较来区别纤维的类别。

（九）双折射率测定方法

由于纤维具有双折射性质，利用偏振光显微镜可分别测得平面偏光振动方向的平行于纤维长轴方向的折射率和垂直于纤维长轴方向的折射率，两者相减即可得双折射率，由于不同纤维的双折射率不同，因此可以用双折射率大小来鉴别纤维。

二、纺织纤维的定量分析

（一）定量分析方法

混纺产品的原料鉴别，在定性鉴别的基础上，还需要进行定量分析，以确定各种混合材料的质量百分比。定量分析的主要方法有化学溶解分析法、形态观察分析法和拆纱分析法三种。

化学溶解法定量分析，主要是选择适当的化学试剂，把混纺产品中的某一个或几个组分的纤维溶解，根据溶解失重或不溶纤维的质量，计算各组分纤维的质量百分率。该法主要用于不同溶解性能混合材料的定量分析。

形态观察分析法，是利用显微镜观察纤维纵面形态或截面形态来区分纤维并计根数和粗细，再结合纤维密度计算混合质量百分比。该法主要用于化学组成相同、化学溶解性能相近的混合材料的鉴别，例如羊毛与羊绒、麻与棉等。

拆纱法是将不同成分的纤维或纱线徒手分开，分别计重并计算混合材料质量百分比，主要用于测定氨纶包芯纱中氨纶的含量。

（二）化学溶解法进行定量分析

化学溶解法是最常用的定量分析方法。用化学溶解法进行定量分析时，抽取有代表性的试样，如试样为纱线则剪成 1cm 的长度；如试样为织物，应包含织物中的各种纱线和纤维成分，并将其剪成碎块或拆成纱线；毡类织物则剪成细条或小块。

试验时，每个试样至少准备两份，每份试样质量不少于 1g；平行试验结果差异应 ≤1%，否则应重试。为了保证测试结果的准确性，试样一般需要进行预处理，其方法有一般预处理和特殊预处理。

一般预处理方法为：取待测试样放在索氏萃取器中，用石油醚萃取，去除油脂、蜡质等非纤维性物质，每小时至少循环六次；待试样中石油醚挥发后，将试样浸入冷水中浸泡 1h，再在 (65±5)℃ 的温水中浸泡 1h，水与试样之比为 100∶1，并不断搅拌溶液，最后抽吸或离心脱水、晾干。

特殊预处理方法为：试样上不溶于水的浆料、树脂等非纤维物质，如用石油醚和水不能萃取，则需用特殊的方法处理，并要求该处理对纤维组成没有影响。

对于一些未漂白的天然纤维（如黄麻等），用石油醚和水进行正常预处理，不能将天然非纤维物质全部除去，此时也不采用附加的预处理，除非试样上有石油醚和水都不能溶解的保护层。对于染色纤维中的染料，可作为纤维的一部分，不必特别处理。

根据纺织品中所含纤维的组分不同，可以分为二组分纤维混纺产品、三组分纤维混纺产品、四组分及以上的纤维混纺产品。

不同组分纤维的混纺产品，其定量分析的具体方法有一定差异，详见表 1-4-20~表 1-4-22。

表 1-4-20　常见的二组分纤维混纺产品定量化学分析方法

混纺组分	试剂	溶解组分	不溶纤维	d 值
各种蛋白纤维/其他纤维	1mol/L 次氯酸钠	蛋白纤维	其他纤维	棉为 1.03，其余纤维为 1.0
黏胶/棉、苎麻、亚麻纤维	甲酸/氯化锌	黏胶	棉、苎麻、亚麻纤维	棉为 1.02，苎麻为 1.00，亚麻为 1.07

续表

混纺组分	试剂	溶解组分	不溶纤维	d 值
锦纶/其他纤维	80%甲酸	锦纶	其他纤维	苎麻为1.02，其他纤维均为1.00
纤维素纤维/聚酯纤维	75%硫酸	纤维素纤维	聚酯纤维	聚酯纤维为1.00
腈纶/其他纤维	二甲基甲酰胺	腈纶	其他纤维	丝为1.00，其他纤维均为1.00
丝/羊毛或其他动物纤维	75%硫酸	丝	羊毛或其他动物纤维	羊毛为0.98
氨纶/锦纶	20%盐酸或40%硫酸	锦纶	氨纶	氨纶为1.00
氨纶/涤纶	80%硫酸	氨纶	涤纶	涤纶为1.00
大豆蛋白纤维/棉、苎麻、亚麻	甲酸/氯化锌（60℃）	大豆蛋白纤维	棉、苎麻、亚麻	棉为1.02，苎麻为0.97，亚麻为0.98
大豆蛋白纤维/涤纶	75%硫酸	大豆蛋白纤维	涤纶	涤纶为1.00
大豆蛋白纤维/丝、羊毛或其他动物纤维	3%氢氧化钠	丝、羊毛或其他动物纤维	大豆蛋白纤维	大豆蛋白纤维为1.09
大豆蛋白纤维/黏胶或莫代尔	20%盐酸	大豆蛋白纤维	黏胶或莫代尔	莫代尔为1.01，黏胶为1.00

注 d 为不溶纤维的修正系数。

表 1-4-21　常见的三组分纤维混纺产品定量化学分析方法

纤维组成			应用方法
第一组分	第一组分	第一组分	
黏胶	棉、麻	涤纶	甲酸/氯化锌法 75%硫酸法
锦纶	腈纶	棉、黏胶、苎麻或高湿模量纤维	80%甲酸法 二甲基甲酰胺法
锦纶	棉、黏胶、苎麻	涤纶	80%甲酸法 75%硫酸法
毛、丝	黏胶	棉、麻	碱性次氯酸钠法 甲酸/氯化锌法
毛、丝	锦纶	棉、黏胶、苎麻	碱性次氯酸钠法 80%甲酸法
丝	毛	涤纶	75%硫酸法 碱性次氯酸钠法
腈纶	羊毛或其他动物纤维	涤纶	二甲基甲酰胺法 碱性次氯酸钠法

表1-4-22 常见的四组分纤维混纺产品定量化学分析方法

纤维组成	试剂和分析步骤
羊毛、锦纶、腈纶、黏胶	①1mol/L次氯酸钠溶解羊毛 ②20%盐酸溶解锦纶 ③二甲基甲酰胺溶解腈纶
羊毛、锦纶、苎麻、涤纶	①1mol/L次氯酸钠溶解羊毛 ②20%盐酸溶解锦纶 ③75%硫酸溶解苎麻
羊毛、腈纶、棉、涤纶	①1mol/L次氯酸钠溶解羊毛 ②二甲基甲酰胺溶解腈纶 ③75%硫酸溶解棉
蚕丝、黏胶、棉、涤纶	①1mol/L次氯酸钠溶解蚕丝 ②甲酸/氯化锌溶解黏胶 ③75%硫酸溶解棉
蚕丝、锦纶、腈纶、涤纶	①1mol/L次氯酸钠溶解蚕丝 ②20%盐酸溶解锦纶 ③二甲基甲酰胺溶解腈纶
羊毛、腈纶、黏胶、棉	①1mol/L次氯酸钠溶解羊毛 ②二甲基甲酰胺溶解腈纶 ③甲酸/氯化锌溶解黏胶

定量分析结果有三种不同的评价方法,即净干质量百分率、结合公定回潮率的纤维含量百分率、包括公定回潮率和预处理中纤维损失和非纤维物质除去量的纤维含量百分率。其计算方法如下。

1. 净干含量百分率

$$p_1 = \frac{m_1 d}{m_0} \times 100$$

$$p_2 = 100 - p_1$$

$$d = \frac{m_3}{m_1}$$

式中:p_1 为不溶解纤维的净干质量百分率;p_2 为溶解纤维的净干含量百分率;m_0 为预处理后试样的干重(g);m_1 为试剂处理后剩余不溶纤维的干重(g);m_3 为已知不溶纤维的干重(g);d 为经试剂处理后,不溶纤维重量变化的修正系数。

2. 结合公定回潮率的纤维含量百分率

$$p_m = \frac{p_1(100 + W_1)}{p_1(100 + W_1) + p_2(100 + W_2)} \times 100$$

$$p_n = 100 - p_m$$

式中:p_m 为不溶纤维结合公定回潮率时的含量百分率;p_n 为溶解纤维结合公定回潮率时的含量百分率;p_1 为不溶解纤维的净干质量百分率;p_2 为溶解纤维的净干质量百分率;W_1 为不

溶纤维的公定回潮率；W_2 为溶解纤维的公定回潮率。

3. 包括公定回潮率和预处理中纤维损失和非纤维物质去除量的纤维含量百分率

$$p_A = \frac{p_1(100 + W_1 + b_1)}{p_1(100 + W_1 + b_1) + p_2(100 + W_2 + b_2)} \times 100$$

$$p_B = 100 - p_A$$

式中：p_A 为不溶纤维结合公定回潮率和预处理损失的含量百分率；p_B 为溶解纤维结合公定回潮率和预处理损失的含量百分率；p_1 为不溶解纤维的净干质量百分率；p_2 为溶解纤维的净干质量百分率；W_1 为不溶纤维的公定回潮率；W_2 为溶解纤维的公定回潮率；b_1 为预处理中不溶解纤维的质量损失和/或不溶纤维中非纤维物质的去除率；b_2 为预处理中溶解纤维的质量损失和/或溶解纤维中非纤维物质的去除率。

第四节　纺织原料的品质检验

一、原棉检验

原棉是纺织工业的重要原料之一，它的品质直接影响纺织产品的品牌、质量及纺纱加工工艺参数的确定。因此原棉检验是纺织工业生产的基础，是进出口棉花的技术依据，并且对合理利用原棉、优化资源配置起到指导作用。

原棉检验主要是对原棉产品的检验，检验指标包括：品级检验、长度检验、马克隆值检验、断裂比强度检验、异性纤维检验、公量检验，公量检验包括：含杂率检验、回潮率检验、籽棉公定衣分率检验、成包皮棉公量检验等。

由于棉花检验无论在纺织工业生产中还是在棉花流通中都起着至关重要的作用，我国于1998 年对 GB 1103—1972《棉花细绒棉》标准进行了修订，并于 1999 年实施了新的标准，2006 年对 GB 1103—1999《棉花细绒棉》又进行了修订，2007 年棉花细绒棉新标准对下列概念给予了明确的定义。棉花品质检验指标及执行标准见表 1-4-23。

表 1-4-23　棉花品质检验指标及执行标准

项目	指标	标准
品级检验	抽样	GB 1103.1—2012、GB 1103.2—2012、GB 1103.3—2005
	评级	GB 1103.1—2012、GB 1103.2—2012、GB 1103.3—2005
	主体品级	GB 1103.1—2012、GB 1103.2—2012、GB 1103.3—2005
长度检验	手扯长度	GB/T 19617—2017
	HVI 检验长度	GB/T 20392—2006
	长度级	GB 1103.1—2012、GB 1103.2—2012、GB 1103.3—2005
马克隆值检验	抽样	GB 1103.1—2012、GB 1103.2—2012、GB 1103.3—2005
	马克隆值	GB/T 6498—2008、GB/T 20392—2006
	主体马克隆值	GB 1103.1—2012、GB 1103.2—2012、GB 1103.3—2005

续表

项目	指标	标准
异性纤维含量检验	取样	GB 1103.1—2012、GB 1103.2—2012、GB 1103.3—2005
	异性纤维含量	GB 1103.1—2012、GB 1103.2—2012、GB 1103.3—2005
断裂比强度检验	断裂比强度	GB/T 20392—2006
长度齐整指数检验	长度齐整度指数	GB/T 20392—2006
反射率、黄色深度和色特征级检验	反射率、黄色深度和色特征级	GB/T 20392—2006
含杂率检验	含杂率	GB/T 6499—2008
回潮率检验	回潮率	GB/T 6102.1—2006、GB/T 6102.2—2012
籽棉公定衣分率检验	籽棉准重衣分率	GB 1103.1—2012、GB 1103.2—2012、GB 1103.3—2005
	籽棉公定衣分率	GB 1103.1—2012、GB 1103.2—2012、GB 1103.3—2005
	籽棉折合皮棉公定重量	GB 1103.1—2012、GB 1103.2—2012、GB 1103.3—2005
成包皮棉公量检验	取样	GB 1103.1—2012、GB 1103.2—2012、GB 1103.3—2005
	每批棉花净重	GB 1103.1—2012、GB 1103.2—2012、GB 1103.3—2005
	每批棉花公定重量	GB 1103.1—2012、GB 1103.2—2012、GB 1103.3—2005
	数值修悦规则	GB/T 8170—2008
重金属离子检验	重金属离子	GB/T 17593.1—2006、GB/T 17593.2—2007、GB/T 17593.3—2006、GB/T 17593.4—2006
棉花包装	棉花包装	GB/T 6975—2013
进出口棉花检验规程	—	SW/T 0775—1999

主体品级：含有相邻品级的一批棉花中，所占比例80%及以上的品级。

毛重：棉花及包装物重量之和。

净重：毛重扣减包装物重量后的重量。

公定重量：准重按棉花标准含杂率折算后的重量。

准重：净重按棉花标准含杂率折算后的重量。

籽棉准重衣分率：从籽棉上轧出的皮棉准重占相应籽棉重量的百分率。

危害性物质：混入棉花中的对棉花加工、使用和棉花质量有严重影响的硬杂物，如金属砖石及化学纤维、丝、麻、毛发、塑料绳、布块等异性纤维或色纤维等。

二、羊毛的品质检验

羊毛一般指绵羊毛，它是一种高档的纺织原料，纺织工业使用数量最多的是绵羊毛。我国的绵羊毛种类最多，按羊毛粗细可分为细毛、半细毛、粗羊毛和长毛四种类型。按羊种品系分，可分为改良毛和土种毛两大系列。在改良毛中，又分为改良细毛和改良半细毛两种系列。鉴定羊毛品质要执行有关标准的规定，并通过一系列试验，全面掌握羊品的品质特征。关于羊毛试验方法，我国已经制定多项国家标准和行业标准。羊毛品质的物理试验主要包括线密度试验、长度试验、回潮率试验、含土杂率试验、粗腔毛率试验等，化学试验包括含油脂率试验、残碱含量试验等。本节主要介绍羊毛品质检验的试验方法及分级、分等方法。

（一）羊毛品质检验的试验方法

1. 羊毛线密度（细度）试验

羊毛细度是衡量羊毛质量优劣的一项重要质量指标，它是决定羊毛品质及其使用价值的重要依据，在国际贸易中，买卖双方在签订购货合同中都必须规定羊毛的细度指标。因此羊毛细度检验是一项重要的检测项目。目前，国际贸易对羊毛细度的检验均采用气流仪法，而我国除重点口岸的商检机构和纤检部门及少数重点大型毛纺企业对进口羊毛的细度检验采用气流仪法外，多数采用纤维镜投影仪法测定。表示羊毛细度的指标习惯采用平均直径和品质支数。品质支数是毛纺行业长期沿用下来的一个指标，它是 19 世纪末一次国际会议上，根据当时纺纱设备和纺纱技术水平以及毛纱品质的要求，把各种细度羊毛实际可能纺得的英制精梳毛纱支数称作"品质支数"。长期以来，在商业贸易和毛纺工业中的分级、制定制条工艺，主要以品质支数作为重要的参考依据。由于现代毛纺工业的设备和技术水平有了很大的进步，人们对毛纺织品的要求也不断提高，故羊毛品质支数已逐步失去它原有的意义，它仅表示平均直径在某一范围内的羊毛细度指标。羊毛品质支数与平均直径的关系见表 1-4-24。

表 1-4-24 羊毛品质支数与平均直径关系

品质支数	平均直径（μm）	品质支数	平均直径（μm）
70	181~200	48	311~340
66	201~215	46	341~370
64	216~230	44	371~400
60	231~250	40	401~430
58	251~270	36	431~550
56	271~290	32	551~670
50	291~310	—	—

羊毛平均细度均方差和离散系数计算方法如下：

$$M = A + \frac{\sum(F \times D) \times L}{\sum F}$$

$$S = \sqrt{\frac{\sum(F \times D^2)}{\sum F} - \left[\frac{\sum(F \times D)}{\sum F}\right]^2} \times L$$

$$C = \frac{S}{M} \times 100\%$$

式中：M 为平均直径（μm）；S 为均方差（μm）；C 为离散系数（%）；A 为假定平均数；F 为每组纤维根数；D 为差异；I 为组距。

2. 粗腔毛率的试验

粗腔毛率试验仍采用显微镜投影仪法，试验方法与羊毛线密度试验相似。粗毛规定为：凡细度等于或超过 52.5μm 的纤维。腔毛规定为：凡连续空腔长度在 50μm 以上和宽度的一处等于或超过 1/3 纤维直径的纤维。

粗腔毛率的计算公式为：

$$粗腔毛率 = \frac{测得粗腔毛总根数}{1000} \times 100\%$$

3. 羊毛长度试验

（1）毛丛长度试验。毛丛长度指毛丛处于平直状态时，从毛丛根部到毛丛尖部（不含虚头）的长度。试验时，从工业分级毛的毛丛试样中抽取完整毛丛 100 个，逐一测量毛丛的自然长度。在测量每个毛丛时，不能拉伸或破坏试样的自然卷曲形态，将毛丛平直地放在工作台上，用米尺测量毛丛根部到毛丛尖部的长度。

（2）毛条加权平均长度试验。毛条加权平均长度以及长度离散系数和短毛率指标可用梳片式长度仪测得，各项长度指标的计算方法如下：

$$M = A + \frac{\sum(F \times D) \times L}{\sum F}$$

$$S = \sqrt{\frac{\sum(F \times D^2)}{\sum F} - \left[\frac{\sum(F \times D)}{\sum F}\right]^2} \times L$$

$$C = \frac{S}{M} \times 100\%$$

$$u = \frac{G_2}{G_1} \times 100\%$$

式中：L 为加权长度（mm）；S 为均方差（mm）；C 为长度离散系数（%）；U 为 30mm 及以下短毛率（%）；A 为假定平均数；D 为差异；F 为每组重量；I 为组距；G_1 为长度试验总重量；G_2 为 30mm 及以下短毛重量。

4. 洗净毛、毛条含油脂率试验

测定羊毛油脂用乙醚作为溶剂，使用索氏萃取器从羊毛中萃取油脂，从而测得羊毛油脂含量。洗净毛和毛条含油脂率分别按下面公式计算：

$$洗净毛含油脂率 = \frac{G_1}{G_1 + G_2} \times 100\%$$

$$毛条含油脂率 = \frac{G_1}{(G_1 + G_2)(1 + W_b)} \times 100\%$$

式中：G_1 为油脂绝对干燥重量；G_2 为脱脂毛绝对干燥重量；W_b 为公定回潮率。

5. 羊毛回潮率试验

羊毛回潮率试验采用烘箱法。检验时，洗净毛、毛条取样四份，每份约 50g，实际回潮率以四份试样同时试验所得的结果计算平均值，计算公式为：

$$实际回潮率 = \frac{(G_1 - G_2)}{G_2} \times 100\%$$

式中：G_1 为试样烘前重量；G_2 为试样烘后重量。

6. 洗净毛含土杂率试验

洗净毛含土杂率试验采用手抖法。试验时，取样两份，每份不少于 20g；将重量烘至恒重，扯松至单纤维状态；除去杂质和草屑，但要防止纤维散失。洗净毛含土杂率以两份试样结果计算平均值，计算公式为：

$$含土杂率 = \frac{试样干重 - 净毛干重}{试样干重} \times 100\%$$

7. 洗净毛含残碱率试验

洗净毛含残碱率试验采用化学分析法，其试验方法如下：

（1）准确量取 50mL 0.1mol/L 硫酸溶液及 50mL 蒸馏水于 250mL 具塞三角烧瓶中，加入已称重（于 105~110℃ 烘箱中烘 3h）的 2g 羊毛试样，盖上瓶塞，在振荡器上振荡 1h，在 500mL 吸滤漏斗中过滤，用 70~80℃ 蒸馏水洗涤三次，每次 50mL。用 0.1mol/L 氢氧化钠溶液滴定吸滤瓶中的酸。

（2）将上述羊毛试样烘干，放入具塞锥形瓶中，正确吸取吡啶液 100mL 于瓶中，盖紧瓶塞，用振荡器振荡 1h，然后将浸出液用干燥的玻璃砂过滤干埚过滤入干燥的盛器内，正确吸取滤液 50mL 于锥形瓶中，加酚酞试剂 3 滴，以 0.1mol/L 氢氧化钠溶液滴定至微红色为止。

（3）测定与 50mL 0.05mol/L 硫酸溶液相当的氢氧化钠溶液的量：用 0.1mol/L 氢氧化钠溶液滴定 50mL 0.05mol/L 硫酸溶液。

（4）计算含残碱率：

$$含残碱率(以 NaOH 计) = \frac{(V - V_1 - V_2) \times N_{NaOH} \times 0.040}{羊毛重量} \times 100\%$$

式中：V 为滴定 50mL 0.1mol/L 硫酸溶液所耗用 0.1mol/L 氢氧化钠溶液的毫升数；V_1 为滴定吸滤瓶中多余酸溶液时所耗用的 0.1mol/L 氢氧化钠溶液的毫升数；V_2 为滴定羊毛中含酸量时所耗用 0.1mol/L 氢氧化钠溶液的毫升数；N_{NaOH} 为氢氧化钠当量浓度。

8. 其他试验

除上述试验之外，洗净毛还要进行毡并率试验，沥青点、油漆点试验，洁白度试验；毛条还要进行重量不均率试验，单位重量试验，毛粒、草屑试验，毛片试验，色毛试验，含麻丝、丙纶丝的试验；工业部门还将对羊毛进行卷曲试验，强力、伸长率试验，长度试验（排图法）等。关于这些试验方法可参见有关国家标准和行业标准。

（二）国产细羊毛及其改良毛洗净毛的品质鉴定

1. 技术条件

国产细羊毛及其改良毛洗净毛的技术条件应符合表 1-4-25 的规定。

表 1-4-25　洗净毛的技术条件

品种	等级	含土杂率 (%) ≤	毡并率 (%) ≤	油漆点 (沥青点)	洁白度	含油脂率 (%) 允许范围 精纺	含油脂率 (%) 允许范围 粗纺	回潮率 (%) 允许范围	含残碱 (%) ≤
支数毛	1	3	2	不允许	比照标样	0.4~0.8	0.5~1.5	10~18	0.6
支数毛	2	4	3	不允许	比照标样	0.4~0.8	0.5~1.5	10~18	0.6
级数毛	1	3	3	不允许	比照标样	0.4~0.8	0.5~1.5	10~18	0.6
级数毛	2	4	5	不允许	比照标样	0.4~0.8	0.5~1.5	10~18	0.6

注　1. 含土杂率、油漆点、沥青点供需双方另有合约规定者，可按合约考核。
　　2. 洁白度由供需双方自定标准考核。

2. 分等规定

国产细羊毛及改良毛洗净毛的分等规定：

（1）洗净毛的定支、定级按 FZ/T 21005—1999 的规定执行。

（2）洗净毛的品等分为一等和二等，低于二等品者为等外品，等外品原则上不准出厂。

（3）以含土杂率、毡并率为分等条件，以其中最低一项为该批洗净毛的品等。

（4）含油脂率、回潮率、含残碱率为生产厂保证条件。

3. 洗净毛的公定回潮率和公定含油脂率

洗净毛的公定回潮率按 GB 9994—2008 的规定执行，同质毛为 16%，异质毛为 15%。洗净毛的公定含油脂率为 1%，每批洗净毛的公量计算公式为：

$$公定重量 = 磅见重量 \times \frac{(1 + 公定回潮率) \times (1 + 公定含油脂率)}{(1 + 实际回潮) \times (1 + 实际含油脂率)}$$

（三）国产细羊毛及其改良毛工业分级

我国 FJ 417-81《国产细羊毛及其改良毛分级》标准为全国毛纺织行业鉴定国产细羊毛及其改良毛工业分级品质及交接验收的统一规定。羊毛的工业分级根据物理指标和外观形态分为支数毛和级数毛。

支数毛属同质毛，按其线密度分为 70 支、66 支、64 支和 60 支。级数毛属基本同质毛和异质毛，按含粗腔毛率分为一级、二级、三级、四级甲、四级乙和五级。支数毛和级数毛的物理指标参数见表 1-4-26 和表 1-4-27，其外观形态要求、评级方法和试验方法可参阅有关资料。

表 1-4-26　支数毛物理指标

| 项目 | 指标 | | | | 毛丛长度分类（cm） |
	平均细度（μm）	细度离散（%）	粗腔毛率（%）	油汗毛丛长度	
70 支	18.1~20.0	≤24	≤0.05	≥2/3	（1）8.0 及以上
66 支	20.1~21.5	≤25	≤0.10		（2）6.0 及以上
64 支	21.6~23.0	≤27	≤0.20	≥1/2	（3）5.0 及以上
60 支	23.1~25.0	≤29	≤0.30		（4）4.0 及以上

注　支数毛粗腔毛率为企业保证条件，70 支和 66 支中不允许有死毛；细度离散和油汗为参考条件；毛丛长度作为分类条件，分类时，低于本类长度下限的不得超过 15%，其中低于下档长度下限的不超过 5% 为合格品，4cm 以下短毛由企业酌情处理；供应支数毛条适用的商品洗净毛，各档细度下限按标准细 0.5μm 掌握。

表 1-4-27　级数毛物理指标

项目		平均细度（μm）	粗腔毛率（%）	说明
一级		≤24.0	≤1.0	
二级		≤25.0	≤2.0	
三级		≤26.0	≤3.5	
四级	甲	≤28.0	≤5.0	级数毛平均细度为参考条件
	乙	≤30.0	≤7.0	
五级		>30.0	>7.0	

三、化学短纤维品质检验

化学短纤维主要品种有涤纶、腈纶、黏胶、维纶、氯纶、锦纶和丙纶等。为了加强化学短纤维的品质管理、稳定和提高产品质量，我国相继颁布了涤纶、黏胶、维纶、腈纶短纤维国家标准，丙纶短纤维行业标准。这些标准对各种化学短纤维的品种规格、试验方法、检验规则、标志、包装、运输、储存等技术条件作出了统一规定，在全国或行业内执行。

（一）化学短纤维的产品分类

根据化学短纤维的长度、线密度、截面形态、光泽、卷曲，以及产品用途可将其分成不同的类型，化学短纤维产品的分类情况可参见表 1-4-28。

表 1-4-28　化学短纤维产品分类

纤维	规格	线密度（dtex）	长度（cm）
涤纶	棉型（普通）	1.5~2.1	30~40
	棉型（高强）	1.5~2.1［强度≥4.80（N/tex）］	30~40
	中长型	2.2~3.2	51~65
	毛型	33~6.0	70~150
腈纶	棉型	1.7~2.2	38、50
	中长型	3.3	50、65、76、100、113
	毛型	6.7	50、65、76、100、113
黏胶	棉型	1.40~2.20	30~40
	中长型	2.20~3.30	51~65
	毛型	3.30~5.60	70~150
	卷曲毛型	3.30~5.60（经卷曲加工）	70~150
维纶	棉型	1.56	35
氯纶	—	1.70~3.20	—
		3.30~4.30	—
		4.40~6.60	—
		6.70~8.90	—
锦纶 6 毛型	民用	3.0~5.6	—
	工业用	5.7~14.0	—
丙纶	纺织用	1.7~3.3	各种长度
		3.4~7.8	
	非纺织用	1.7~7.8	各种长度
		7.9~22.2	

（二）化学短纤维的产品分级和质量指标

涤纶短纤维的产品等级分为优等品、一等品、二等品和三等品四个等级，各等级的质量指标如表 1-4-29 所示。

表 1-4-29 腈纶短纤维物理指标（主要指标）

指标	品种	等级		
		1	2	3
纤维偏差（%）	棉型（1.5~2旦[1]）	±8	±10	±12
	毛型（2.5~9旦）	±10	±12	±14
强度（gf/旦[2]）	1.5旦	>3.0	>2.8	>2.3
	1.8~2旦	>2.9	>2.7	>2.3
	2.5~3旦	>2.8	>2.6	>2.2
	6旦	>2.4	>2.2	>2.0
倍长纤维（%）	棉型	<0.07	<0.3	<0.8
	毛型	<0.5	<1.0	<1.5
疵点（mg/100g）	棉型	20	40	100
	毛型	60	100	200
上色率（%）	—	$M^{[3]}±4$	$M^{[3]}±5$	$M^{[3]}±7$

①1tex=9旦。
②1gf/旦=0.00981N/旦=0.8N/tex。
③参照 GB/T 16602—2008，M 为上色率中心值，由生产单位根据品种自定。

腈纶短纤维产品等级分为一等品、二等品和三等品，各等级腈纶短纤维的质量指标如表 1-4-30 所示。

表 1-4-30 腈纶短纤维物理指标（次要指标）

指标	品种	合格	不合格	备注
纤维长度偏差（%）		≤+12 ≥-12	>12 或 <-12	—
超长纤维（%）	棉型	≤3	>3	—
纤维延伸度（%）	棉型	25~40	>40 或 <25	—
	毛型	32~45	>45 或 <32	—
纤维钩强（gf/旦）	棉型	≥1.6 ≥2.8	<1.6 或 <2.8	—
	毛型	≥1.8 ≥2.4	<1.8 <2.4	采用后处理工艺
卷曲数（个/10cm）	棉型	>40	<40	—
	毛型	>35	<35	—
沸水收缩率（%）	棉型	<4	>4	采用后处理工艺
	毛型	<2	>2	

续表

指标	品种	合格	不合格	备注
纤维含油率（%）	棉型	<±0.15	>±0.15	—
	毛型	<±0.15	>±0.15	
纤维含硫氰酸钠（%）		<0.08	>0.08	—
回潮率（%）		以2%为标准按实测折算		—

黏胶短纤维的产品等级分为优等品、一等品、二等品和三等品四个等级，棉型、中长型、毛型和曲卷毛型黏胶纤维的质量指标如表1-4-31~表1-4-33所示。

表1-4-31　棉型黏胶短纤维质量指标

序号	项目			优等品	一等品	二等品	三等品
1	干断裂强度（cN/dtex）	棉浆	≥	2.10	1.95	1.85	1.75
		木浆		2.05	1.90	1.80	1.70
2	湿断裂强度（cN/dtex）	棉浆	≥	1.20	1.05	1.00	0.90
		木浆		1.10	1.00	0.90	0.85
3	干断裂伸长率（%）		≥	17.0	16.0	15.0	14.0
4	线密度偏差率（%）		±	4.0	7.0	9.0	11.0
5	长度偏差率（%）		±	6.0	7.0	9.0	11.0
6	超长纤维（%）		≤	0.5	1.0	1.3	2.0
7	倍长纤维（mg/100g）		≤	4.0	20.0	40.0	100.0
8	残留量（mg/100g）		≤	14.0	20.0	28.0	38.0
9	疵点（mg/100g）		≤	4.0	12.0	25.0	40.0
10	油污黄纤维（mg/100g）		≤	0.0	5.0	15.0	35.0
11	干强变异系数（%）		≤	18.00		—	
12	白度（%）	棉浆	≥	68.0		—	
		木浆		62.0		—	

注　采用棉浆、木浆混纺时，干断裂强度、湿断裂强度、白度按混纺比例大的一方指标考核。

表1-4-32　中长型黏胶短纤维质量指标

序号	项目			优等品	一等品	二等品	三等品
1	干断裂强度（cN/dtex）	棉浆	≥	2.05	1.90	1.80	1.70
		木浆		2.00	1.85	1.75	1.65
2	湿断裂强度（cN/dtex）	棉浆	≥	1.15	1.05	0.95	0.85
		木浆		1.10	1.00	0.90	0.80
3	干断裂伸长率（%）		≥	17.0	16.0	15.0	14.0
4	线密度偏差率（%）		±	4.0	7.0	9.0	11.0
5	长度偏差率（%）		±	6.0	7.0	9.0	11.0
6	超长纤维（%）		≤	0.5	1.0	1.5	2.0

续表

序号	项目			优等品	一等品	二等品	三等品
7	倍长纤维（mg/100g）		≤	6.0	30.0	50.0	110.0
8	残留量（mg/100g）		≤	14.0	20.0	28.0	38.0
9	疵点（mg/100g）		≤	4.0	12.0	25.0	40.0
10	油污黄纤维（mg/100g）		≤	0.0	5.0	15.0	35.0
11	干强变异系数（%）		≤	17.00			—
12	白度（%）	棉浆	≥	66.0			—
		木浆		60.0			—

注 采用棉浆、木浆混纺时，干断裂强度、湿断裂强度、白度按混纺比例的一方指标考核。

表1-4-33 毛型和卷曲毛型黏胶短纤维质量指标

序号	项目			优等品	一等品	二等品	三等品
1	干断裂强度（cN/dtex）	棉浆	≥	2.00	1.85	1.75	1.70
		木浆		1.95	1.80	1.70	1.65
2	湿断裂强度（cN/dtex）	棉浆	≥	1.10	1.00	0.90	0.85
		木浆		1.05	0.95	0.85	0.80
3	干断裂伸长率（%）		≥	17.0	16.0	15.0	14.0
4	线密度偏差率（%）		±	4.0	7.0	9.0	11.0
5	长度偏差率（%）		±	7.0	9.0	11.0	13.0
6	倍长纤维（mg/100g）		≤	8.0	60.0	130.0	210.0
7	残硫量（mg/100g）		≤	16.0	20.0	30.0	40.0
8	疵点（mg/100g）		≤	4.0	12.0	30.0	60.0
9	油污黄纤维（mg/100g）		≤	0.0	5.0	20.0	40.0
10	干强变异系数（%）		≤	16.00			—
11	白度（%）	棉浆	≥	63.0			—
		木浆		58.0			—
12	卷曲数[①]（个/cm）			3.0		2.8	2.6

①卷曲数只考核卷曲毛型黏胶短纤维。

注 采用棉浆、木浆混纺时，干断裂强度、湿断裂强度、白度按混纺比例大的一方指标考核。

维纶短纤维的产品等级分为优等品、一等品和二等品三个等级，各等级的质量指标如表1-4-34所示。

表1-4-34 维纶短纤维质量指标

序号	项目	优等品	一等品	二等品
1	线密度偏差率（%）	±5		±6
2	长度偏差率（%）	±4		±6
3	干断裂强度（cN/dtex）	≥4.4		≥4.2

续表

序号	项目	优等品	一等品	二等品
4	干断裂伸长率（%）	17±2.0	17±3.0	17±4.0
5	湿断裂强度（cN/dtex）	≥3.4		≥3.3
6	缩甲醛化度（物质的量分数,%）	33±2.0		33±3.5
7	水中软化点（℃）	≥115	≥113	≥112
8	异状纤维（mg/100g）	≤2.0	≤8.0	≤15.0
9	卷曲数①（个/25cm）	≥3.5		—

①卷曲数只考核卷曲毛型黏胶短纤维。

思考题

1. 简述纺织纤维的常用鉴别方法。

2. 吸湿对纺织材料性能的影响有哪些？

3. 影响纤维拉伸性能的因素有哪些？

4. 试简述纤维的拉伸断裂机理。

5. 影响纤维材料导电性能的因素有哪些？

6. 纺织加工中消除静电的措施有哪些？

7. 原棉需主要检测哪些性能指标？什么是主体品级？

8. 什么是籽棉公定衣分率？什么是籽棉准重衣分率？

9. 羊毛主要有哪些品质检测指标？各项指标通常采取什么方法进行检测？

10. 如何区别支数毛和级数毛？

第五章　染整半制品的质量检测

印染厂的任何产品通常都要经过练漂加工，严格控制好前处理各道工序加工后的半成品质量是确保成品质量的关键，因此对半制品的质量检测是把好半制品质量关的重要手段。

第一节　烧毛、退浆、煮练效果的检测

一、烧毛效果的检测

一般棉型织物在练漂前要先经过烧毛，烧去布面上的绒毛，使布面洁净，并防止染色、印花时，因绒毛存在而产生染色、印花疵病。烧毛效果的优劣是根据绒毛的去除程度进行评定的。评定时，将棉布折叠起来，在 20 倍放大镜下检验折缝处绒毛状态，比较标样、评级。分级要求如下：

5 级：表面很洁净，但有少数短毛头。

4 级：布面上有极短的毛头，间或有数根长毛头。

3 级：布面上有长毛头，但较稀。

2 级：布面上完全是毛头，如厚坯布。

布匹烧毛效果的标准样布，应在统一目光进行评定后做两套，一套置于评定操作面上，另一套存放于橱内（平时不受压的情况），以期定期换掉标样之用。

布匹烧毛效果一般 4~5 级为合格，3 级以下为不合格。

二、退浆效果的检测

织物织造前，为了降低经纱断头率，除一些股线、强捻丝及某些变形丝外，经纱通常都要经过上浆处理，以便于织造。棉织物一般用淀粉或变性淀粉浆料或淀粉与聚乙烯醇混合浆料上浆，涤棉混纺织物以聚乙烯醇浆料为主。

织物上浆率的高低，取决于织物品种，通常纱支细、密度大的织物上浆率会高些，一般织物的上浆率在 4%~15%。紧密织物如府绸上浆率可高达 20%。经过并捻的纱线可以不上浆或采用 1%~3% 的上浆率。

退浆工艺是织物前处理的基础，生产过程中必须去除大部分的浆料，才能有利于后续煮练和漂白的加工。因此退浆率是衡量退浆效果的重要指标，退浆率的高低直接影响到煮练及漂白的效果。退浆率因织物上浆料种类及性质不同其检测方法会有所不同，通常包括单一浆料和混合浆料的检测。

（一）坯布上浆料的定性鉴别

为了能合理地选用退浆用剂及退浆工艺，以确保退浆效果，首先必须正确判定坯布上所

含浆料的成分，对坯布上的浆料做出相应的定性鉴别。

1. 原理

目前坯布上常用浆料有淀粉浆、聚乙烯醇浆（PVA）、羧甲基纤维素浆（CMC）等。以浆料所具有的颜色反应或沉淀反应为基础进行定性鉴别。例如，淀粉与碘作用可以生成一种蓝绿色的络合物；CMC 在中性条件下与一些重金属盐作用生成不溶于水的沉淀物，再经酸化可以重新溶解。

2. 主要仪器

锥形瓶、漏斗、抽滤瓶、试管、试管夹、试管架、滴管。

3. 试液准备

（1）$c(\text{HCl}) = 2\text{mol/L}$ 的盐酸溶液。

（2）10%氯化钡溶液。

（3）10%氢氧化钠溶液。

（4）10%硫酸铜溶液。

（5）$c(1/2I_2) = 0.02\text{mol/L}$ 的碘溶液：准确称取 4g 碘化钾，用少量蒸馏水溶解，将 2.6g 碘缓缓加入碘化钾溶液中，摇动直至溶解，加水稀释至 1000mL，移入棕色瓶中备用。

（6）碘—硼酸溶液：取上述 $c(1/2I_2) = 0.02\text{mol/L}$ 碘溶液 100mL，加入结晶硼酸 3g，搅拌至全部溶解，储存于棕色瓶中备用。

4. 试验步骤

称取坯布 10g，置于 250mL 锥形瓶中，加 150mL 蒸馏水，沸煮 30min。取出锥形瓶冷却，并将萃取液过滤待用。

（1）取萃取滤液 2mL 于试管中，加 $c(1/2I_2) = 0.02\text{mol/L}$ 的碘溶液数滴，若溶液呈蓝紫色，表示有淀粉浆存在，若无反应，则表示没有淀粉浆存在。

（2）另取萃取滤液 2mL 于试管中〔若经过上述测验有淀粉浆存在，则需要加 $c(\text{HCl}) = 2\text{mol/L}$ 的盐酸溶液 10 滴，沸煮 15min，冷却〕，加碘—硼酸溶液数滴，若溶液呈蓝绿色，则表示有 PVA 浆存在。

（3）另取萃取滤液 2mL 于试管中，加 10%氯化钡溶液 10 滴，若溶液有白色絮状沉淀，则表示有海藻酸钠浆存在。

（4）另取萃取滤液 2mL 与试管中（若已证实有海藻酸钠，则加 10%NaOH 溶液数滴，使 pH>11，摇匀过滤），用 $c(\text{HCl}) = 2\text{mol/L}$ 盐酸溶液调节 pH 为中性，加 10%硫酸铜溶液数滴，若溶液出现蓝色胶状物，再加 $c(\text{HCl}) = 2\text{mol/L}$ 盐酸溶液酸化后胶状物消失，表示有 CMC 存在。

（二）退浆质量的评定

退浆质量的主要评定指标是退浆率，退浆率表示织物上浆料去除的程度，其计算式为：

$$退浆率 = \frac{退浆前织物含浆率 - 退浆后织物含浆率}{退浆前织物含浆率} \times 100\%$$

生产上一般要求退浆率在 80%以上，或残留浆对织物重在 1%下，留下的残浆可在煮练工艺中进一步去除。

（三）单一浆料退浆效果的检测

1. 淀粉浆料退浆率的检测

含淀粉浆料退浆率的检测方法有重量法、水解法、高氯酸法及淀粉浆料快速测定法等。

（1）重量法。它是比较退浆前后试样的重量以求得退浆率的一种方法。这种方法简单，但由于失重部分除浆料外，还有其他水溶性物质，所以不够准确。

（2）水解法。它是利用硫酸或酶使淀粉初步水解，溶解于水中，再进一步水解成葡萄糖，用碘量法测定退浆前后试样上淀粉水解产物的含量，以其求得退浆率。

这种方法虽然反映织物上淀粉含量的变化，但操作不当时，易发生纤维素的水解而影响测定结果。

（3）高氯酸法。高氯酸溶液能溶解淀粉，织物上的淀粉可用高氯酸水溶液浸渍而溶解，加入醋酸、碘化钾和碘酸钾溶液层，生成蓝色络合物。此蓝色络合物水溶液的吸收光谱曲线中 λ_{max} =620nm，而且当淀粉的浓度在一定范围时，符合比耳定律。因此，可用比色法测定织物淀粉的含量。

如：分别测出坯布和退浆后试样上的含浆量，就可计算出退浆率。

（4）淀粉浆料快速测定法。用化学定量分析法测定退浆率的高低，手续较烦琐，耗时较长，因此印染生产企业常用快速测定法来粗略地检定退浆后织物上残留浆料的多少及退浆的均匀程度。

①原理。快速测定法是根据不同浓度淀粉浆对碘液所呈现出的色泽深浅，对照标准色卡进行评级，从而粗略地检定退浆后织物上浆料的多少。如果在织物不同部位分别滴上碘液，1~2min 后观察呈现的色泽，即可判断退浆的均匀度。

②主要仪器。烧杯、量筒、滴管。

③试液准备（碘液）。吸取 0.25mol/L 碘酸钾溶液 100mL，加入 10% 碘化钾溶液 20mL、2mol/L 醋酸 10mL 及渗透剂 T 1mL，混合后移入棕色瓶中备用。

④标准色卡的制备。制备含浆率为 2%、1%、0.6%、0.4%、0.2% 的布样，分别滴上一滴碘液，1~2min 后观察布面颜色，并按试样色泽在 30min 内用广告画仿制成标准色卡，以含浆率 2% 为一级，0.2% 为五级。

⑤实验步骤。在测试的织物上，滴上一滴碘液，1~2min 后观察所呈现的色泽（以外圈色泽为准），并按标准色卡对照评级。

需要说明：标准色卡的制备，各厂可根据具体情况配置不同含浆率的布样。在已具备标准色卡的情况下，此法非常快速、简便，深受欢迎。

2. 化学浆料退浆率的检测

（1）织物上 PVA 浆料含量的检测。聚乙烯醇（PVA）水溶液在硼酸存在下能立即与碘—碘化钾溶液生成 PVA—H_3BO_3—I_2 蓝色络合物，此络合物水溶液的吸收光谱曲线中 λ_{max} 随硼酸和 I_2—KI 用量比的不同，可在 580~780nm 范围移动。当硼酸用量相对高时，λ_{max} 越大，反之 λ_{max} 越小。当聚乙烯醇（PVA）水溶液在一定浓度范围内时，PVA—H_3BO_3—KI 蓝色络合物的吸光度与聚乙烯醇（PVA）的浓度关系符合比耳定律。因此，如将织物上的聚乙烯醇（PVA）剥落在溶液中，即可用比色法测定织物上聚乙烯醇（PVA）的含量，如分别测坯布和退浆后试样的含浆量，即可求出退浆率。

当聚乙烯醇（PVA）的浓度在 0 ~ 34mg/L 范围时，符合朗伯—比耳定律，此时 $\lambda_{max} = 690nm$。

注意：在绘制标准工作曲线时使用的 PVA 与试样上的 PVA 必须一致。

（2）织物上羧甲基纤维素（CMC）浆料含量的检测。以 6%NaOH 将织物上的羧甲基纤维素（CMC）剥落于溶液中，然后用 50%的 H_2SO_4 加热煮沸，再与 2,7-二羟基萘反应，形成深红色或紫红色化合物，故可用比色法测定羧甲基纤维素（CMC）的含量。

（四）聚乙烯醇（PVA）—淀粉混合浆料退浆率的检测

原理：测定聚乙烯醇（PVA）—淀粉混合浆料退浆率，只需要分别测出淀粉和聚乙烯醇（PVA）浆料的退浆率，将其加和即是混合浆料的退浆率。

（1）当测定织物上聚乙烯醇（PVA）—淀粉混合浆料中聚乙烯醇（PVA）含量时，会受到淀粉的干扰，因为淀粉遇碘也会形成蓝色络合物。如果用酸将织物上的聚乙烯醇、淀粉剥落于溶液中，并煮沸回流一定时间，使淀粉水解，聚合度降至 12 以下，遇碘不再形成有色络合物，这种干扰将被排除。

（2）测定织物上聚乙烯醇—淀粉混合浆料中淀粉含量时，采用高氯酸钾法，即利用高氯酸钾溶液将织物上的淀粉溶解于溶液中，加入醋酸、碘化钾和碘酸钾溶液后生成蓝色的络合物。此络合物水溶液的最大吸收光谱在 620nm 左右。当淀粉溶度在一定范围时（40g/L 以下），符合比耳定律。由于淀粉中没有硼酸，PVA 对测定淀粉没有干扰，故可应用比色法测定淀粉含量。

三、煮练效果的检测

棉织物煮练的主要目的是去除棉纤维上的伴生物，提高织物的吸湿性，净化纤维。煮练还兼有去除残余浆料和油污的作用，以利于后续加工。

棉织物的润湿性常用毛细效应来衡量。毛效值是综合反映煮练半制品质量的一个重要指标，毛细管效应的高低直接影响后加工产品的质量。主要影响染色及印花过程中染料得色量及上染率的高低。另外，毛效值高低对织物的强力、手感均有影响，对不同染整加工制品，对毛效值的要求会有所不同。因此，要控制毛效值，使半制品符合后加工要求。

通常情况下，煮练后的织物毛效达到 8 ~ 10cm/30min 便可满足后生产的需要，对于吸湿性能要求较高的产品，毛效应达到 12cm/30min 以上。

棉织物经煮练后吸湿性能提高、质量降低，因此通常把毛细管效应和失重率作为评价棉织物煮练效果的重要指标。

（一）毛细管效应试验

毛细管效应是指纺织材料或纺织品的一端，在被液体浸润的状态下，液体借助表面张力沿毛细管上升的现象，用高度或时间表示。

原理：毛细管效应的测定是将一定规格的试样悬挂在支架上，下端浸入水中，液体即沿毛细管上升至一定高度，用量具测量液体上升的高度；或者将纺织材料剪成一定的形状如圆形或球形，测定其从接触水溶液到沉降到溶液底部所需要的时间。

表示的方法有以下几种：

1. 常规法

液体在一定时间内（通常 30min，也可根据实际情况测定 5min、10min、15min、

20min、25min 等时间的毛效值）上升所能达到的高度，以 cm 表示，主要适合机织物的毛效测定。

2. 快速测定法

液体上升到一定高度（可设定 1cm、2cm 的高度）所需时间，以秒表示，主要适合机织物的毛效测定。

3. 滴水法

滴水法是将水滴于一定高度（1cm）滴至试样表面，测定水滴消失的时间，适合棉机织、针织、纱线、散纤维等材料。一般需在不同的位置测定 5~10 次后取平均值。

4. 沉降法

将织物剪成一定的形状，或将纱线或散纤维整理成一定的形状如圆形、球形等，测定其从接触水溶液到沉到溶液底部所需要的时间，以秒表示。适合各类经煮练后棉纺织品的毛效测定。

试样尺寸：30cm×5cm 两块；主要仪器：毛细管效应测定仪；药品：重铬酸钾。

执行标准 FZ/T 01071—2008《纺织品 毛细管效应试验方法》

（二）失重的测定

1. 原理

煮练的目的主要是去除纤维上的杂质，净化纤维，提高纤维的吸湿性。因此煮练效果除用毛效表示外，也可用煮练前后织物的失重率来表示，并且失重率在一定程度上还反映了煮练过程中纤维的损伤情况。失重率测定时分别称取煮练前后织物的质量，然后计算求得其大小。

2. 测定方法

取退浆织物（或未经煮漂的针织物、纱线、散纤维等）三块，每块重约 2g，在标准大气条件下放置 8h 以上，然后称重（精确到 0.0002g）。将已称重的试样置于 3 个 100mL 三角瓶中，按煮练工艺（或煮漂工艺）实验处方配置练液（练漂工作液），并按规定操作处理。取出试样，在 90℃以上的热水中洗 3 次，再以冷水冲洗至试样上无碱性，晾干。置于上述同样条件下放置 8h 以上，重复精确称重。按下式计算失重率：

$$失重率 = \frac{G - D}{G} \times 100\%$$

式中：G 为煮练（或煮漂）前试样重（g）；D 为煮练（或煮漂）后试样重（g）。

第二节 丝光效果及白度的检测

一、丝光效果检测

棉的丝光是指棉布或棉纱在适当张力或无张力下用浓碱处理。丝光时根据张力大小，棉纤维发生不同程度的膨润，体积增大，自然卷曲消失。其横截面由扁圆形变为椭圆形。在无张力时处理，这种变化更为明显。

丝光后棉纤维的结晶度下降，纤维内表面增大，对水和染化料的吸附量增大，化学反应能力增强。

丝光后棉纱的强度和断裂延伸度比丝光前一般有所增加。在无张力丝光时，棉纱或棉织物会发生较大的收缩而具有弹性。在张力丝光时，则由于丝光定形作用而使棉纱或棉织物具有一定的尺寸稳定性。

丝光效果的测定方法有多种：X 射线法及比重法可测定丝光前后纤维结晶度的变化；染色实验法和钡值法可测定丝光前后纤维吸附性能的变化；显微镜观察法可测定织物或纱线的丝光程度，主要是其截面形状的变化；丝光后织物或纱线力学性能的变化可用强力拉伸仪测定；取定长的织物测定丝光和未丝光试样的缩水率，可以反映丝光前后试样尺寸稳定性的变化。

（一）碘—碘化钾着色试验法

碘—碘化钾法适用于鉴别丝光与未丝光棉纤维。试剂的制备方法是用少量蒸馏水溶解 2.5g 碘化钾与 1.5g 碘，然后补充水至 100mL。试验时将试样（织物或纱线）在上述试剂中浸渍 3min，然后在 2L 烧杯中用冷水清洗。经丝光的棉纤维表面呈现蓝色，而未丝光纤维无此现象。

此法不适用于已染色的棉纤维试样。

（二）染色试验法

将丝光实验后的试样连同未丝光的试样浸入直接蓝染液（1g/L）中，加热至沸点，染色 10~15min，然后洗涤。

比较各试样着色的深度。丝光后的试样着色深于未丝光的。色泽的深度随烧碱浓度的递增而加深。加张力的试样与未加张力的比较，加张力试样着色深度较差。

（三）显微镜观察法

用显微镜来观察丝光后棉纤维形态的变化，借以确定试样的丝光程度。丝光纤维呈圆锥状，未丝光纤维则卷曲而呈带状。

（四）钡值法

钡值法是将丝光后的试样和未丝光棉分别浸入氢氧化钡溶液中并保持一定时间，然后求出丝光试样与未丝光试样吸附氢氧化钡的比，再乘以 100，所得数值即为钡值。钡值越大，表示丝光纤维的吸附性能越好。

1. 主要化学药品

氢氧化钡（C. P.）、盐酸（C. P.）。

2. 试剂配制

$c[1/2Ba(OH)_2] = 0.25mol/L$ 氢氧化钡溶液、$c(HCl) = 0.1mol/L$ 盐酸标准溶液。

3. 步骤

将丝光试样和未丝光试样各准备两份，剪成 0.5cm 长短，置于烘箱内在 105~110℃烘 1.5h。取出后在干燥器内平衡至室温。准确称取 2g，分别放入 150mL 带盖三角瓶内，加入 30mL $c[1/2Ba(OH)_2] = 0.25mol/L$ 氢氧化钡溶液，加盖并不时加以摇动。同时，另外准备 2 个同样的三角瓶，内盛同样的氢氧化钡溶液作空白指示剂，用 $c(HCl) = 0.1mol/L$ 的盐酸标准溶液滴定。按下式计算钡值：

$$钡值 = \frac{(V_0 - V_1)}{(V_0 - V_2)} \times 100$$

式中：V_0 为耗用于空白试验的 $c(HCl) = 0.1mol/L$ 盐酸标准溶液的毫升数；V_1 为耗用于丝光

试样浸渍液的 $c(HCl)=0.1mol/L$ 盐酸标准溶液的毫升数；V_2 为耗用于未丝光试样浸渍液的 $c(HCl)=0.1mol/L$ 盐酸标准溶液的毫升数。

例如，中和 10mL 氢氧化钡（空白）需 $c(HCl)=0.1mol/L$ 盐酸溶液 24.30mL。中和 10mL 氢氧化钡（丝光试样）需 $c(HCl)=0.1mol/L$ 盐酸溶液 19.58mL。中和 10mL 氢氧化钡（未丝光纤维）需 $c(HCl)=0.1mol/L$ 盐酸溶液 21.20mL。所以，丝光试样的钡值为：

$$\frac{24.30-19.58}{24.30-21.20}\times100=152$$

4. 注意事项

（1）钡值试验应平行做两次，每次盐酸用量相差不得超过 0.1mL。如重复操作，所得钡值数据相差超过 4 个单位，说明不够准确，应该重做。

（2）配制氢氧化钡溶液时，氢氧化钡应该稍过量。在蒸馏水中溶解时应不断加以振荡。在带盖的瓶中静放一昼夜。然后吸取上层澄清液移至一个带盖的储液瓶中，盖子要盖紧，因为氢氧化钡溶液易从空气中吸取二氧化碳生成碳酸钡沉淀而使溶液混浊。在滴定过程中亦要求动作迅速，并防止激烈振荡。

（3）当在盛有试样的三角瓶中吸取氢氧化钡浸渍液时，应该用移液管的尖端将试样推向瓶壁，使更多的浸渍液挤出，试样可以更方便地用移液管吸取溶液。

（4）钡值在 100~105 表示未丝光，150 以上表示棉纤维充分丝光，在其间的数据表示丝光不完全。一般丝光半制品和制品要求钡值在 135 以上。

（5）本实验亦可用于染色棉布、棉纱丝光效果的测定，但不适用于经耐久性整理的制品或棉与化学纤维混纺的制品。

（五）碘吸附法

碘吸附法是用以测定纤维素纤维可及度的一种简便方法，也可用作丝光效果的测定。所用试剂是碘—碘化钾溶液。测定过程包括试样在碘—碘化钾溶液中的吸附，以及随后用硫酸钠溶液稀释后解吸两个阶段，以达到平衡。再用标准硫代硫酸钠溶液滴定溶液中剩余的碘，同时做空白试验，以求出试样吸附的碘量（间接法），或直接用标准硫代硫酸钠溶液滴定试样所吸附的碘量（直接法），以碘吸附值（Iodine Sorption Value）表示。碘吸附值即每克纤维素纤维所吸附碘的毫克数。

1. 主要化学药品

碘（C. P.）、碘化钾（C. P.）、硫代硫酸钠（C. P.）、无水硫酸钠（C. P.）、淀粉。

2. 试剂配制

碘液：将 5g 碘和 40g 碘化钾溶于 50mL 水中，调制成 $c(1/2I_2)=(0.60\pm0.01)mol/L$ 碘溶液。

硫酸钠溶液：称取 200g 无水硫酸钠配制成 1L 的溶液。

$c(Na_2S_2O_3)=0.01mol/L$ 硫代硫酸钠标准溶液。

0.5% 淀粉指示剂。

3. 步骤

（1）间接法。取 0.30g 空气干燥试样置于 250mL 带盖三角瓶中，精确称瓶和试样重。加 20mL 碘-碘化钾溶液，用玻璃棒挤压试样使试样与碘液充分混合后，再称重，放置 3min。

用移液管吸取 100mL 硫酸钠溶液加入三角瓶中，留部分溶液冲洗玻璃棒上沾附的碘液。用电磁搅拌器或机械振动仪搅拌 1h。本试验可在室温下进行，但如果试验过程中室内温差不能恒定在±1℃以内，须用恒温水浴。

另按上法配制不加试样的空白溶液。

达到吸附平衡后，用粗纱芯玻璃坩埚过滤，也可再用吸滤瓶稍加吸滤，然后吸取一定量的滤液（上层澄清液）和空白液，用标准硫代硫酸钠溶液滴定。

将坩埚中的试样用水冲洗，置烘箱中于 105～110℃下烘干 4h，将坩埚放在有盖并已称重的称量瓶中，再将称量瓶置于干燥器内 P_2O_5 粉末上冷却并称重。

计算：

$$\text{碘吸附值} = \frac{(T_s - t_s) \times c(Na_2S_2O_3) \times F \times 126.91}{W} (\text{mg 碘/g 纤维素})$$

式中：$T_s = T_b \times I_s / I_b$ 为一定量试样溶液中加入原始碘应消耗的硫代硫酸钠的毫升数；t_s 为一定量上层澄清滤液消耗硫代硫酸钠的毫升数；F 为体积因素（溶液总体积为 102mL）；W 为烘干样品重（g）；I_b 为在空白溶液中浓 I_2—KI 溶液的重量；I_s 为在试样溶液中浓 I_2—KI 溶液的重量。

（2）直接法。在用玻璃漏斗过滤以前各项操作均同直接法，仅不需配制空白溶液。

为防止由于碘蒸发所造成的误差，从溶液中回收纤维试剂时应尽量防止在空气中暴露。如试样未切成碎片，可用镊子夹住试样并在瓶壁挤去多余液体后取出。如已切成碎片，则可用玻璃漏斗过滤并稍加吸滤，但要注意防止试样中液体被吸干，将试样置于已称重的三角瓶中，再称重 W_0。滤液留待测定用。

向三角烧瓶中加入 25～39mL 蒸馏水，用硫代硫酸标准溶液滴定。滴定时应加以搅拌并剧烈摇动以充分排出试样中的碘。

将试样移至已称重的玻璃漏斗内，充分水洗，在烘箱内以 105～110℃温度烘 4h，将漏斗放在有盖并已称重的称量瓶中，在干燥器内冷却并称重。

吸取 25mL 滤液，称重（用于计算比重），用硫代硫酸钠标准溶液滴定，耗用体积为 V_0（用于换算）。

计算：

$$\text{碘吸附值} = \frac{(V - C) \times c(Na_2S_2O_3) \times F \times 126.91}{W} (\text{mg 碘/g 纤维素})$$

式中：V 为滴定纤维试样及其所含过量溶液所耗硫代硫酸钠标准溶液的毫升数（mL）。$c(Na_2S_2O_3)$ 为硫代硫酸钠标准溶液的浓度（mol/L），W 为干燥纤维试样重（g）。C 为在纤维试样中对过量溶液的校正因素，$C = V_s \times T / 25$，其中：V_s 为在纤维试样中过量溶液的体积，$V_s = W_s / SG$；W_s 为过量溶液重，$W_s = W_G - W$；W_G 为纤维试样总重+过量溶液重；SG 为过量溶液比重，$SG = 25mL$ 溶液重/25；T 为滴定 25mL 试样溶液所耗硫代硫酸钠标准溶液的毫升数。

4. 注意事项

为防止发生重演差的现象，必须严格掌握操作方法。解吸过程中的搅拌及以后的过滤、吸滤必须条件一致。对于碘吸附值较大的试样（>40mg 碘/g 纤维素），碘液浓度及试样重亦可能影响测定数据的重演性，因此应按规定条件配制碘液及称取试样。

二、白度测定

对染整加工产品而言，通常漂白产品占相当大的比例。而对漂白产品来讲，纺织品的白度是衡量漂白产品非常重要的一项指标。所谓纺织品的白度是指产品本身"白"的程度，通常用织物对光的反射率来表示。

白度作为衡量漂白纺织品的一项重要指标，它具有高反射比和低纯度的颜色属性。就白度而言，它的测定方法很多，可靠性和适应的范围也不相同，目前还很难找到一个与实际完全相符的白度评价公式。特别是近年来随着荧光增白剂的大量使用，使白度的测定变得更复杂了。

白度的测定主要有以下几种方法。

（一）简易白度测定方法

该法是用特定波长下的反射率来表示白度。试样的白度是以已知白度的瓷板为标准，进行比较而得出。

ZBD 白度计是在特定波长下测定白色试样的反射率并以此反射率的大小来表示白度，即反射率越高，白色试样越白。

（二）亨特白度评价公式

在均匀色空间中把理想白与试样进行比较而建立起来的方法，如下式：

$$W(\text{Lab}) = 100 - \left\{ (100 - L)^2 + k \left[(a - a_p)^2 + (b - b_p)^2 \right] \right\}^{\frac{1}{2}}$$

式中：k 为常数，通常取 $k = 1$；L、a、b 分别为试样在 Lab 系统中明度指数及色彩指数；a_p、b_p 为标准白板在 Lab 系统中的色彩指数，通常取如下指数值：

非荧光性试样：$a_p = 0$，$b_p = 0$；

荧光性试样：$a_p = 3.50$，$b_p = -15.87L$；

非荧光性试样与荧光性试样比较时：$a_p = 3.50$，$b_p = -15.87$。

L、a、b 可以从 X、Y、Z 或从色度坐标 x、y 计算得到。

在这里，荧光物质白度的测定只是通过引进经验校正系数的方法来确定，实际上不可能完全适应各种实验试样的情况。

（三）CIE1986 白度评价公式–甘茨白度

该公式是 CIE 白度委员会在 1983 年 9 月的 CIE 第 20 届大会上正式推荐了该公式，并于 1986 年正式公布出版了"CIE1986 白度评价公式"，其特点：以物体颜色三刺激值为依据进行计算，颜色的三刺激值决定了对白度的贡献，它们的等白度表面是色空间的同一表面，其公式是线性的。按这一公式所得到的白度是以完全反射漫射体的白度为 100 的相对白度值。实践证明，这一白度式在评价纺织品的白度时，与人的视觉之间的相关性还是比较好的，但按这一白度式所得到的白度值，往往小于其他公式所得白度值，因而并不一定很受应用部门的欢迎。

其基本计算公式：

$$W = Y + 800(x_n - x) + 1700(y_n - y)$$
$$W_{10} = Y_{10} + 800(x_{n10} - x_{10}) + 1700(y_{n10} - y_{10})$$

色泽公式：

$$T_W = 1000(x_n - x) - 650(y_n - y)$$
$$T_{W10} = 900(x_{n10} - x_{10}) - 650(y_{n10} - y_{10})$$

式中：W、W_{10} 分别为视野 2° 和 10° 下的白度值；T_W、T_{W10} 分别为视野 2° 和 10° 下的淡色调值；Y 为试样三刺激值中的亮度因数；x、y、x_n、y_n 分别为试样和完全反射漫射体的色度坐标，视野为 2°；x_{10}、y_{10} 分别为试样和完全反射漫射体在 10° 视野下的色度坐标；x_{n10}、y_{n10} 为在 10° 视野下，D_{65} 光源的色度坐标值：$x_{n10} = 0.3138$，$y_{n10} = 0.3310$。

W 值越大，表示白度越高，反之白度越低。T_W 值正值越大，表示带绿光越多；T_W 值负值越多，表示带红光越多。对于完全反射漫射体来说，W（或 W_{10}）= 100，T_W（或 T_{W10}）= 0。

使用 CIE1982 白度评价公式的条件为：

（1）试样被认为是白色的，即试样不带有明显的颜色，否则进行白度计算是没有意义的。

（2）试样的颜色和荧光都无显著的差异。

（3）试样的测试仪器类似，试样间在测试时间上相差不多。

注意事项：相等的 W（或 W_{10}）的差，并不一定表示视觉上相等的白度差。同样，相等的 T_W（或 T_{W10}）的差，也不一定表示白色试样间视觉上的带绿或带红的相等差异。

思考题

1. 烧毛效果有哪些分级要求？

2. 常用的纯淀粉浆料退浆率的测定方法有哪些？各有何特点？

3. 如何测定淀粉—聚乙烯醇混合浆料的退浆率？

4. 什么是毛细管效应？毛细管效应的表示方法有哪些？

5. 简述纺织品毛细管效应的测定原理。

6. 简述各种丝光效果的测定方法及特点。

7. 什么是钡值？如何用钡值来衡量丝光效果？

8. 白度有何颜色属性？CIE1982 白度评价公式是什么？说明其公式中各字母的含义。该公式的评价条件是什么。

9. 计算题 一批含纯淀粉浆料纯棉机织物原坯布，以酸或淀粉酶使浆料充分水解后，测得其重量损失率为 12%；将该批织物采用碱退浆工艺进行退浆处理，精确称取退浆前织物试样 10.0000g，按照碱退浆工艺处理，退浆后经烘干精确称量试样的重量为 9.1010g，试计算该批织物的退浆率。

10. 计算题 纯棉织物经过丝光后检验其吸附性能，用钡值法定量测定，未丝光试样消耗 0.1mol/L 盐酸的量 22mL，丝光试样消耗 0.1mol/L 盐酸的量 20mL，空白溶液消耗 0.1mol/L 盐酸的量 26mL，试计算该棉织物的钡值，并说明该织物的丝光效果。

11. 计算题 一批纯棉漂白布（未增白）经测定：$X = 84.79$，$Y = 88.78$，$Z = 92.87$。试计算：该织物的白度值及色泽值。

第六章　染整产品的质量检测

染整产品的质量通常包括外观质量和内在质量，其质量优劣通常要通过对其各项指标的检测来确定。随着社会的发展、新型纺织材料的不断出现，人们对纺织品也不断地提出更多的要求，如仿丝、仿毛、仿麂皮以及防污、防蛀、防缩、防皱、防水、抗静电、抗菌等。为了保证和考核上述各种质量指标，就必须制定出切实可行的标准和具有操作方便、重现性好的检测方法。本章主要介绍染整产品的质量检测，包括物理机械性能检测和功能性纺织品性能检测，各项指标的检测原理和测试方法可参照相关国家标准。

第一节　染整产品的物理机械性能检测

染整产品在进行物理机械性能检测前，通常要按下列要求进行操作：

（1）试验取样可在大匹开小匹处剪去，若在大匹头上剪取时，则需离开布端至少 2m 以上处取样。也可按产品标准所规定的取样方法或有关方面商定的方法进行。试样上不得有影响试验结果的疵点，试样面积大小应根据试验操作要求确定。样品取样通常按平行法取样，试验结果有争议时可选择梯形法取样，经、纬向各取若干进行试验。

（2）试验前试样应放置在标准状态条件下（温度为 20℃ ±3℃，相对湿度为 65%±3%，时间为 24h）进行调湿，直至达到平衡。在其他条件下所测的数据，应注明具体试验条件。

（3）所有检测数据，单块试样应按其试验方法规定精确到小数某位，多块试样的应计算其算术平均值，并按国家《标准化工作导则编写的一般规定》中的数学修约规则进行舍入。

一、纺织材料回潮率和含水率测定——烘箱法（GB/T 9995—1997）

（一）测定原理

通常，纺织材料如纤维、纱线和织物的吸湿性能高低以回潮率指标表示，棉纤维（原棉）习惯上使用含水率指标。纤维材料回潮率或含水率的测定方法有很多种，属于直接测湿的方法有烘箱法、红外线干燥法、微波加热干燥法、干燥剂吸湿法等。间接测试湿方法主要是利用纺织材料在不同回潮率下的电阻、介电常数、介电损耗等物理量与纺织材料所含水分的关系作间接测量。烘箱法是最基本的测湿方法，使用较为普遍。

烘箱法测定纺织材料回潮率的试验原理是试样在烘箱中暴露于自由流动的热至规定温度的空气中，直至达到恒重，烘燥过程中的全部重量损失都作为水分，并以回潮率表示。

纺织材料回潮率是指在规定条件下测得的纺织材料中水的含量，以试样的湿重与干湿法等。间接测湿方法主要是利用纺织材料在不同回潮率下的电阻、介电常数、介电损耗等物理量与纺织材料所含水分的关系作间接测量。烘箱法是最基本的测湿方法，以试样的湿重与干重的差数对干重的百分率表示。

纺织材料的含水率是指在规定条件下测得的纺织材料中水的含量，以试样的湿重与干重的差数对湿重的百分率。

（二）烘箱温度、烘燥时间和连续称重的时间间隔

采用烘箱法测定纺织材料回潮率，烘箱温度应符合表1-6-1的规定。由于不同的纺织材料试样因其内部结构、含水量及试样各部分在烘箱中暴露时间的不同而有不同的烘燥特性曲线。为防止产生虚假的烘燥平衡，不同的试样应采用不同的烘燥时间及连续称重的时间间隔。所以，在正式试验前，应先做几次预备性试验，测出相对于干燥时间的试样重量损失，画出其失重与烘燥时间的关系曲线即烘燥特性曲线（图1-6-1），从曲线中找出失重至少为最终失重的98%（即 $\Delta G_1/\Delta G_2 \geqslant 98\%$）所需的时间，作为正式试验的始烘时间，并用该时间的20%作为连续称重的时间间隔。如果采用箱外冷称，采用的连续称重时间较箱内称重要稍长一些。

表1-6-1　烘箱温度的规定

材料	烘箱温度（℃）	材料	烘箱温度（℃）
腈纶	110±3	桑蚕丝	140±5
氯纶	70±2	其他所有纤维	105±3（半封闭式烘箱105~110）

（三）非标准大气条件下测得的试样烘干重量修正方法

纺织材料回潮率试验应在标准大气压中进行，试验用标准大气按 GB/T 6529—2008《纺织品　调湿和试验用标准大气》规定的二级标准。如果试验在非标准大气中进行，且要求对非标准大气条件下测得的烘干实验重量 G_0 进行修正，则按下面公式进行计算。

$$C = a(1 - 6.58 \times 10^{-4} \times e \times r)$$

$$G_s = G_0 \times (1 + C)$$

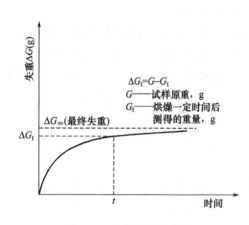

图1-6-1　烘燥特性曲线

式中：C 为用于修正至标准大气条件（20℃，65% RH）下烘干重量的系数（%）；a 为由纤维种类决定的常数，见表1-6-2；e 为送入烘箱空气的饱和水蒸气压力（Pa），e 值取决于温度和大气压力，标准大气压力下 e 值可查阅 GB 9995—1997 附录 A（补充件）；r 为通入烘箱空气的相对湿度；G_0 为非标准大气条件下测得的烘干重量（g）；G_s 为标准大气条件下的烘干重量（g）。

表1-6-2　由纤维种类决定的常数

纤维种类	a 值	纤维种类	a 值
羊毛、黏胶纤维	0.5	锦纶、维纶	0.1
棉、苎麻、亚麻	0.3	涤纶	0

【例】 羊毛纱在大气条件 30℃，相对湿度 80% 时称得烘干重量为 44.89g，烘前重量为 51.04g，求在标准大气下的回潮率，并与未修正回潮率进行比较。

解：根据题意，查阅有关资料可得：$a=0.5$，$e=4240$（Pa）

由公式得：$C=0.5×(1-6.58×10^{-4}×4240×80\%)=-0.62\%$

由公式得：$G_s=44.89×(1-0.62\%)=44.61$（g）

则标准大气下的回潮率为：

$$W_{标}=\frac{51.04-44.61}{44.61}×100\%=14.4\%$$

未修正回潮率为：

$$W_{非}=\frac{51.04-44.89}{44.89}×100\%=13.7\%$$

两者的绝对修正量为：

$$14.4\%-13.7\%=0.7\%$$

二、织物长度、幅宽和密度的检验

(一) 机织物长度测定方法及原理

机织物长度是指一段织物两端最外边，保持整幅的纬纱线间的距离，若两端有另一种材料的纬纱则不计入长度。机织物长度测量方法分两种情况，测量原理如下：

(1) 方法一。整段织物能放在试验用标准大气中调湿的，在调湿后的织物上，标出用带刻度钢尺连续量出的片断，并标明记号，然后从各片段的长度计算得出织物的总长。

按规定测出的两个长度数据之平均值，即为该段织物的长度。

(2) 方法二。整段织物不能放在试验用标准大气中调湿的，可使织物松弛后，在温湿度较稳定的普通大气中，依照方法一测量其段长，然后用一系数对段长加以修正。修正系数是在试验用标准大气中，对松弛织物的一部分作调湿后，测量长度，再计算得出，调湿的这一部分从整段中开剪或不开剪均可。

根据测定结果作如下计算：

$$L_c=L_r×\frac{L_{sc}}{L_s}$$

式中：L_c 为调湿后的织物长度（cm）；L_r 为在普通大气中的织物长度；L_{sc} 为调湿后织物调湿部分所作标记间的平均距离（cm）；L_s 为调湿前松弛织物调湿部分所作标记间的平均距离（cm）。

考虑到织物长度在织造、整理和存放过程中所产生的变形以及测量时织物含水率的影响，要准确测量织物长度，正式试验前应使织物松弛并予以调湿，测量最好在标准大气（温度 20℃±2℃，相对湿度 65%±2%；在热带地区温度可以为 27℃±2℃，但须经有关方面同意）中进行。测量时，对全幅织物，顺着离织物边 1/4 幅宽处的两条线进行测量，并作标记，若是对折织物，分别在织物的两半幅，各顺着织物边与折叠线间约 1/2 部位的线上进行测量。如果对折织物的全幅宽度窄于测定桌面，也可以把织物展开测量。

如果是工厂内部作常规实验时，可以在普通大气中对折叠形式的织物面进行长度测量和计算，匹长的计算方法如下：

$$匹长(m) = 折幅长度(m) \times 折数 + 不足1m的实际长度(m)$$

当公称匹长不超过120m时，均匀地测量10处，以10次测量结果的平均值作为折幅长度（m）。

（二）机织物幅宽的测定方法及原理

机织物幅宽是指织物最靠外的两边经纱线间与织物长度方向垂直的距离，其测定方法分两种情况：

（1）方法一。整段织物能放在试验用标准大气中调湿的，在调湿后，用钢尺在机织物的不同点测量幅宽。

根据测量结果，按以下方法进行计算：织物调湿处理后，按规定测出的各个幅宽数据平均值，即为该织物幅宽，并记录幅宽最大值和最小值。

（2）方法二。整段织物不能放在试验用标准大气中调湿的，可使织物松弛后，在温湿度较稳定的普通大气中，测量其幅宽（如方法一），然后用一系数对幅宽加以修正。修正系数是在试验用标准大气中，对松弛织物的一部分进行调湿后，测量幅宽，再经计算得出的。调湿后，这一部分从整段中开剪或不开剪均可。根据测量结果按下面方法进行计算：

$$W_c = W_r \times \frac{W_{sc}}{W_s}$$

$$W_m = W_{mr} \times \frac{W_{sc}}{W_s}$$

式中：W_c 为调湿后织物幅宽（cm）；W_r 为织物松弛后的平均幅宽（cm）；W_{sc} 为调湿后织物标记处的平均幅宽（cm）；W_s 为调湿前织物标记处的平均幅宽（cm）；W_m 为调湿后织物的最大幅宽或最小幅宽（cm）；W_{mr} 为调湿前织物的最大幅宽或最小幅宽（cm）。

幅宽测定与长度测定的试验用标准大气条件相同。试验尽可能在标准大气中进行，采用方法二测定织物幅宽的精确度不高。试验前应使织物松弛并予以调湿。测量时，长度超过5m的织物幅宽测量位置离织物头尾至少1m，测量次数不少于5次，以接近相等的距离（不超过1m）逐一测量；长度为0.5~5m的织物（样品），以相等的间隔测量4次，但第一个或最后一个测量位置不应在距离织物两端样品长度1/5处。

如果工厂内部做常规试验，可在普通大气中进行幅宽测定，测量位置离织物头尾至少1m，用钢尺在织物上均匀地测量幅宽至少5次，以其平均值作为该段织物的幅宽。

（三）机织物密度的测定

机织物密度分经密和纬密。经密（经纱密度）是指织物沿纬向单位长度内的经纱根数，纬密（纬纱密度）是指织物沿经向单位长度内的纬纱根数。机织物密度测定方法主要有三种，其测试原理和特点是：

（1）方法一。织物分解法，即按规定的试样尺寸分解织物，计数经纱或纬纱根数。本试验方法适用于所有机织物，特别是复杂组织织物。在有争议的情况下，建议用此方法。检验时，被计数的纱线宜短，约2cm较为合适。

（2）方法二。织物分析镜法，即测定在织物分析镜窗口内经纱或纬纱根数。本方法适用于每厘米纱线根数大于 50 根的织物。

（3）方法三。移动式织物密度镜法，即用移动式织物密度镜测定织物的经纱或纬纱根数。此方法可用于所有机织物。

除了上述三种织物密度测量方法之外，也可以用平行线光栅密度镜、斜线光栅密度镜和光电扫描密度仪测定机织物密度，但这些测量方法的测量精度低并且有局限性，仅能快速地做粗略估计。

机织物密度测定应在标准大气中进行，密度测量的最小测量距离应符合表 1-6-3 的规定，测定部位选择应具有充分代表性，经向或纬向均应选取不少于 5 个不同部位进行测定。

表 1-6-3　机织物密度测定的最小测量距离

每厘米纱线数（根）	最小测量距离（cm）	被测量纱线数（根）	精确百分率（计数到 0.5 根纱线以内，%）
<10	10	<100	>0.5
10~25	5	50~125	1.0~0.4
25~40	3	75~120	0.7~0.4
>40	2	>8	<0.6

注　对于方法一，裁取至少含有 100 根纱线的试样；对宽度只有 10cm 或更小的狭幅织物，计数包括边纱在内的所有经纱；当织物由纱线间隔稀密不同的大面积图案组成时，选择的试样至少应包含一个完整组织。

三、织物单位长度质量和单位面积质量的测定

织物单位长度质量和单位面积质量一般是指单位长度或单位面积内包含的含水量和非纤维物质等在内的织物单位质量。毛织物和丝织物单位面积质量通常以每平方米织物公定回潮率时的质量表示，并将织物偏离（主要是偏轻）于产品品种规格所规定质量的最大允许公差（%）作为品等评定的指标之一。棉织物和麻织物单位面积质量多用每平方米织物的去边干重或退浆干重来表示，该指标虽未列入棉、麻织物的品等指标，但一直是考核棉、麻织物内在品质的重要参考指标。织物单位长度质量、单位面积质量的测定方法有以下三种：

（1）方法一。整段织物能在试验用标准大气中调湿的，在调湿后测定织物长度、幅宽和质量，计算出织物单位长度质量和单位面积质量。

根据试验结果，按如下方法计算：

$$M_{U1} = \frac{M_c}{L_c}$$

$$M_{U2} = \frac{M_c}{L_c \times W_c}$$

式中：M_{U1} 为调湿后整段织物或样品的单位长度质量（g/m）；M_{U2} 为调湿后整段织物或样品的单位面积质量（g/m²）；L_c 为调湿后整段织物或样品的长度（m）；W_c 为调湿后整段织物或样品的幅宽（m）；M_c 为调湿后整段织物或样品的质量（g）。

（2）方法二。整段织物不能在试验用标准大气中调湿的，将织物在温湿度较稳定的普通大气中测定其单位长度质量和单位面积质量（同方法一），然后进行修正。

根据试验结果，按如下方法计算：

$$M_c = M_r \times \frac{M_{sc}}{M_s}$$

式中：M_c 为调湿后整段织物的质量（g）；M_r 为普通大气中整段织物的质量（g）；M_s 为普通大气中样品的质量（g）；M_{sc} 为调湿后样品的质量（g）。

按公式计算得到经修正的调湿后整段织物的质量之后，根据 M_c，再按公式计算出 M_{U1} 和 M_{U2}。

（3）方法三。当需要试验小样品时，先将小样品在试验用标准大气中调湿，然后按规定尺寸从小样品上裁取试样称重（一般为 5 块），计算单位面积质量。

$$M_{ua} = M \times 100$$

式中：M_{ua} 为调湿后织物单位面积质量（g/m²）；M 为试样质量（g），小样面积为 $0.01m^2$（即为 $0.1m \times 0.1m$ 或 $0.01m^2$ 圆形试样）。

单位长度、单位面积质量可用整段织物测定，也可以裁样测定。裁样测定包括取大样、预调湿、调湿平衡、裁样、称重和计算等试验过程。

如果在工厂内部作常规试验，可在织物上裁取 0.5m 全幅试样一块，去边（2cm 左右）、修剪、平整后，在其中间及两边（距布边 10cm）共三处，测长度与幅宽（精确至 0.01g）。另取 10cm 长的整幅织物条，测定其回潮率。单位面积织物干燥质量的计算公式如下：

$$G = \frac{g \times 1000}{L \times B \times (1-W)}$$

式中：G 为干燥织物单位面积质量（g/m²）；L 为试样长度（cm）；B 为试样宽度（cm）；W 为织物试样回潮率（%）；g 为试样的质量（g）。

四、织物尺寸变化的测定

织物尺寸变化多数表现为织物经冷水浸渍、洗涤（干洗或水洗）、干燥、熨烫等处理后产生"收缩"现象，这是由于水、热、机械力等外界因素对织物综合作用的结果。不同类型织物经不同处理后所发生的尺寸变化程度有很大差异，如果织物的尺寸变化过大，将会引起消费者的不满，甚至造成质量投诉。因此，绝大多数织物（成品）和服装产品标准都把尺寸变化列入品质评定的考核指标。在纺织品质量检验过程中，应根据不同的纤维种类和产品用途，并根据用户要求选择与之相应的测量方法。

（一）测定织物尺寸变化时试样的准备、标记和测量

1. 选择

测定织物尺寸变化时，试样的选择应尽可能代表样品，并要有充分的试样代表整个织物的幅宽，但不可取布端 1m 以内的织物为试样。

2. 尺寸

应采取无折皱的试样，每块试样尺寸不小于 500mm×500mm，各边应与织物长度及宽度方向相平行。如果幅宽小于 500mm，可采用全幅试样，长度方向至少 500mm，必要时，也可采用 250mm×250mm 尺寸的试样。

3. 标记

将试样置于测量台上，用适当的工具如不褪色的墨水或织物标记打印器、与织物颜色对比悬殊的细线、加热金属丝和钉书钉等，在织物长度和幅宽两个方向，至少各作三对标记。每对的两个标记之间距离不小于 350mm，且标记距试样边不小于 50mm，各对标记相互均匀分开，以使测量值能代表整块试样。根据不同幅宽的织物，可选择不同标记方法，其测量点标记参见图 1-6-2。

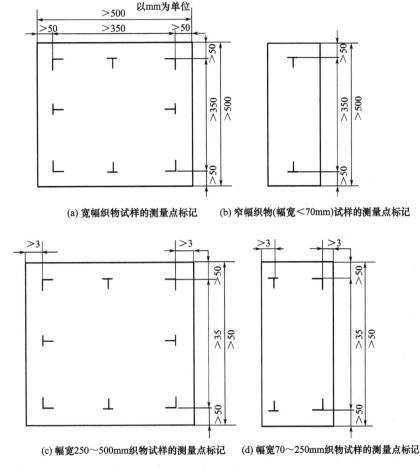

图 1-6-2　不同幅宽织物试样的测量点标记

4. 调湿和测量用标准大气

测量织物尺寸变化时，预调湿的相对湿度为 10%~25%，温度不超过 50℃。调试和测量的标准大气条件为温度 20℃±2℃，相对湿度 65%±2%。

5. 试样的处理和测量

试样经预调温和调湿平衡之后，用量尺准确测量各对标记之间的距离，然后按所需的测试方法对试样进行处理（试验程序及条件按有关试验方法标准或贸易双方协定的规定执行）。将处理后的试样再进行预调湿、调温之后，再次测量各对标记间距离，或用尺寸变化率专用量尺测量各对标记之间的距离，直接读取尺寸变化率。根据试验结果，分别计算织物长度方向和宽度方向的尺寸变化率（以各次测量结果平均值表示）。尺寸变化率以正号表示伸长，负号表示收缩。

（二）织物因冷水浸渍而引起的尺寸变化的检测

织物因冷水浸渍而引起的尺寸变化的测定原理是：从样品上裁取的试样，经调湿后在规定条件下测量，浸渍、干燥后重新调湿并测量，由长度或宽度方向的原始尺寸和最终尺寸的平均值计算尺寸变化。整个试验过程包括：

1. 取样

按规定方法选取织物试样，宽幅织物至少测试一块试样，窄幅织物至少测试三块试样。

2. 标记

根据不同的织物，选择合适的标记方法。

3. 调湿

在纺织用标准大气中调湿，至少12h。

4. 测记原始尺寸

测量、记录各对试样标记之间的距离（原始尺寸）。

5. 冷水浸渍

将调湿后的织物试样平放在盛水的盘或容器中浸渍2h（水温15~20℃，液面高于试样至少25mm，水中加有0.5g/L的高效润湿剂，水为软水或硬度低于十万分之五碳酸钙的硬水）。2h后放尽水，取出试样，除去过量的水，将试样放置在光滑平面上干燥（温度为20℃±5℃）。

6. 重新调湿

将织物试样在纺织用标准大气中重新调湿，直至达到平衡。

7. 测记最终尺寸

测量、记录织物试样经过处理之后的各对标记点之间的距离（最终尺寸）。

8. 计算结果

根据各次观测结果，分别计算长度和宽度方向的平均尺寸变化率，窄幅织物仅计算长度方向的平均尺寸变化率。

（三）机织物经商业洗涤后尺寸变化的测定

机织物经商业洗涤后尺寸变化的测定原理：试样放在转鼓式洗衣机中，按规定的条件进行洗涤。洗涤后，脱去多余的水分，不经预烘而直接在平板压烫机上烫干。分别测量洗涤前后试样经向和纬向标记点之间的距离。

适合于此项试验的织物试样面积不小于60cm×60cm，最好取全幅60cm。试样按规定选取后，作试样标记，然后将试样置于标准大气中调湿（必要时，要进行预调湿），测量并记录各对标记点之间的距离（原始尺寸）。此后，试验方法如下：

1. 洗涤和清洗

将一块或多块试样分别揉成球状放入符合试验要求的洗衣机中，加入足够的陪试布使装布量达到规定要求（如1.4kg）。启动机器，按商业洗涤程序进行试验，商业洗涤程序见表1-6-4。

表 1-6-4　商业洗涤程序

程序编号			1	2	3
总装布量（kg）			1.4	1.4	1.4
进水洗涤	水位（cm）		23	23	23
	时间（min）		<4	<4	<4
	温度（℃）	开始	95	60	40
		结束	80	45	25
	时间（min）		40	40	40
	排水		要	要	要
漂洗 1	水位（cm）		23	23	23
	温度（℃）		60	40	40
	升温时间（min）		2	2	2
	清洗时间（min）		5	5	5
	排水		要	要	要
漂洗 2	水位（cm）		23	23	23
	温度（℃）		60	40	40
	升温时间（min）		2	2	2
	清洗时间（min）		10	10	10
	排水		要	要	要
冷却（min）			5	5	5
脱水（min）			2	2	2

注　1. 脱水时间视织物变化，脱至含水率为 50%～100%。

2. 洗涤溶液由 0.5kg 合乎规格要求的皂片溶于 4L 热水配制而成，或使用符合 GB/T 8629—2017 附录 A（补充件）规定的洗涤剂。

2. 脱水

脱水可在机内直接进行，或用多孔网篮式商业用离心脱水机或相应装置脱水，使织物含水率（对干态织物质量比）控制在 50%～100%。

3. 熨烫

用平板压烫机将织物试样烫平。熨烫温度为 150℃±15℃，最小压力为 3.0kPa，压烫时间在 28s 之内。

4. 测量

将烫干的织物试样重新调湿平衡后，测量各标记点之间的距离（最终尺寸）。

5. 计算

分别计算经向和纬向尺寸变化的平均值。

（四）纺织品尺寸变化的测定——家用洗衣机法

纺织品经家用洗衣机洗涤后尺寸变化的测试原理是：试样放在波轮式家用洗衣机中，按规定的条件洗涤。洗涤后，脱去多余的水分，干燥。分别测量洗涤前后试样长度方向（经向或纵向）和宽度方向（纬向或横向）标记间的距离。

此项试验可选用四种不同的试验方法，具体条件参见表 1-6-5。洗涤方法 1 为模拟家用洗衣机洗涤法，洗涤方法 2~方法 4 为快速尺寸变化试验方法。其中：洗涤方法 2 的试验结果与 GB/T 8632—2001 方法相接近；洗涤方法 3 可替代 GB/T 426—1978 方法；洗涤方法 4 的试验结果与 GB/T 8629—2017 的程序 4A 方法相接近。快速试验方法主要供工厂内部控制试样的尺寸稳定性用，而仲裁试验仍应按 GB/T 8629—2017 或 GB/T 8632—2001 方法进行。家用洗衣机法的试样选择、准备、调湿、测量方法与商业洗涤方法的有关规定基本相同。家用洗衣机法的试样干燥方法如下：

表 1-6-5 家用洗衣机四种不同试验方法

试验方法	条件						
	转速（r/min）	水位（L）	装布量（kg）	洗涤剂（g/L）	洗涤时间（min）	清洗次数	脱水
方法 1	270	40	1.0	1	12	2	脱水
方法 2	270	40	0.5	—	12	—	脱水
方法 3	225	40	0.5	—	12	—	脱水
方法 4	190	40	0.5	—	10	—	脱水

1. 悬挂晾干

将脱水后的试样挂在一根绳子或光滑晾杆上，不让试样标记点碰到绳子或光滑晾杆，在室温下的空气中晾干。

2. 滴干

试样不经脱水，从洗衣机内取出后，挂在一根绳子或光滑晾杆上，按悬挂晾干规定的方法晾干。

3. 烘箱烘干

将试样轻轻展开，平摊在金属网上（保持经纬向垂直），并置于温度为 60℃±5℃ 的烘箱内烘干。

4. 熨烫

用平板压烫机或熨斗，按规定操作要求将织物熨干。手工熨烫应保证织物试样在熨烫过程中不产生人为变形。

根据试验过程中所测定的处理前后试样尺寸，分别计算长度方向和宽度方向的尺寸变化平均值，以试验前试样标记距离的百分率表示。

（五）织物经汽蒸后尺寸变化的检验方法

为了测定机织物和针织物及经汽蒸处理尺寸易变化的织物在汽蒸处理后的尺寸变化，可根据测试织物在不受压力的情况下，受蒸汽作用后的尺寸变化（假设该尺寸变化与织物在湿处理中的湿膨胀和毡化收缩无关）加以评判，其检验方法如下：

1. 设备与用具

套筒式汽蒸仪，针、线、订书钉或墨水，毫米刻度尺。

2. 标准大气

预调湿、调湿和试验用标准大气参照 GB/T 6529—2008《纺织品 调湿和试验用标准大气》有关规定。

3. 试样

经向和纬向各取 4 块具有代表性的试样（不应含明显疵点），尺寸为长 300mm，宽 50mm。试样经预调湿 4h 后。在试样上相距 250mm 处两端对称地各作一个标记。量取标记间的距离作为汽蒸前的长度。

4. 试验

将调湿后的试样按试验标准规定放入套筒式汽蒸仪中汽蒸，共进行三次循环。试验结束后，试样再次进行预调湿，并测量汽蒸后试样标记间的距离（汽蒸后长度）。并按下面公式计算汽蒸收缩率。

$$汽蒸收缩率 = \frac{汽蒸前长度 - 汽蒸后长度}{汽蒸前长度} \times 100\%$$

（六）纺织品经过氯乙烯干洗后尺寸变化的测定——机械法

纺织品（织物和服装）经过氯乙烯干洗（机械法）后尺寸变化的测定原理是：标记并测量经过调湿处理的织物和服装，然后进行干洗和整理，再进行调湿和测量，以原有尺寸的百分率来表示其尺寸变化。

本试验采用可加注过氯乙烯溶剂的封闭式商业转笼式干洗机，机器上装有测量溶剂温度的温度计。试验用增重陪试物由干净的织物或服装组成，它们为白色或浅色，并且由约为 80% 羊毛和 20% 棉或黏胶纤维组成。必要时，增重陪试物也可以由同类型的其他服装组成。

本试验可选择的方法有以下三种：

（1）A 法。正常材料试验法。

（2）B 法。敏感材料试验法。

（3）C 法。一般干洗试验法。

检验时，应按材料属性和使用要求选择合适的试验方法。

五、织物拉伸断裂强力、顶破强力、撕破强力和耐磨性检测

（一）机织物拉伸断裂强力的检测

机织物断裂强力测定方法主要有两种：

1. 条样法

条样法是试样的整个宽度都被夹持在夹钳内的断裂强力试验方法。

2. 抓样法

抓样法仅是试样宽度的中央部分被夹头所夹的一种断裂强力的试验方法。

测定原理是：由适宜的机械方法对试样给予逐步增加的拉力，直至在规定时间限度内发生断裂，并显示断裂点的最大拉力。试验时，试样的平均断裂时间规定为 20s±3s，毛纺织物（纯纺、混纺）试样的平均断裂时间规定为 30s±5s。

机织物断裂强力试样的剪取方法有两种：甲法（梯形法）和乙法（平行法）。一般情况下采用乙法，如果在仲裁检验时可采用甲法，试样的裁剪参见图 1-6-3，试样数量为经、纬向各 5 条。

对条样法，一般织物的长度应能满足名义夹持长度达到 200mm，（对于断裂伸长率大于 75% 的织物可减为 100mm），毛纺织物（纯纺、混纺）的试样长度应能满足名义夹持长度达

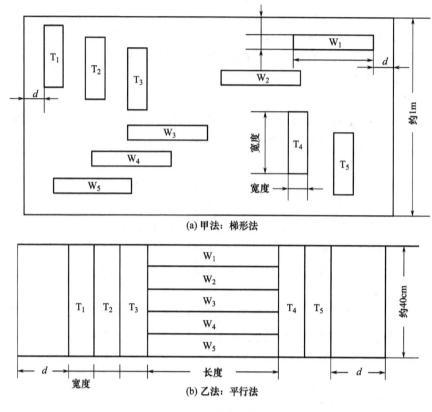

图 1-6-3　裁剪取样例图

到 100mm（必要时仍可采用 200mm），拉去边纱后的试样宽度为 50mm，如果做湿态试验，其试样长度至少是干态试验的 2 倍。

对抓样法，每个试样宽度应为 100mm±2mm，长度至少为 150mm，要做湿态试验的，其试样长度至少为干态试验的 2 倍。干态试验的织物试样在正式试验之前应按规定进行调湿，非标准试验可采用标准回潮率的换算方法。湿态试验的试样应放在 17~30℃ 的蒸馏水或去离子水中润湿。试验应在标准大气中进行，预加张力按表 1-6-6 的规定。

表 1-6-6　预加张力

单位面积质量（g/m²）	≤150	150~500	≥500
预加张力（N）	2	5	10

（二）织物顶破张力的测定——钢球式顶破

对服装、手套、袜子、鞋面、针织物等纺织品可采用钢球式顶破强力机进行顶破强力试验，其机构如图 1-6-4 所示，当支架 2 下降时，钢球 5 与织物试样 3 接触，直至将试样顶破，并可从试验机上的强力刻度盘读出顶破强力（N）值。顶破强力试验一般采用直径为 120mm 左右的圆形试样，试样经调湿后，置于专用夹持器内，然后在试验机上进行测定。试样数量可根据不同产品和试验准确度要求作适当控制，试验应在标准大气中进行，由各次观测结果求其平均值作为顶破强力（N）值。

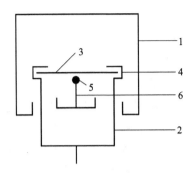

图 1-6-4　钢球式顶破强力试验机

1，2—支架　3—试样　4—夹头　5—钢球　6—顶杆

（三）撕破强力测定

1. 织物单舌法撕破强力的测定

单舌法撕破强力测定方法适用于各种机织物和撕裂方向有规则的非织造织物（针织物和毡例外），该试验结果除与织物坚韧性有关之外，还与织物内纱线之间的摩擦阻力有密切关系，它能反映不同染整加工、不同织物组织结构所致的抗撕性能变化。

单舌法条形试样如图 1-6-5 所示。织物单舌法撕破强力的测定原理是：在一块矩形试样的短边中心，开剪一个一定长度的切口，使试样形成两舌片，并将此两舌片分别夹于上、下夹钳之间，再用强力试验机牵引，以测定织物的抗撕能力。

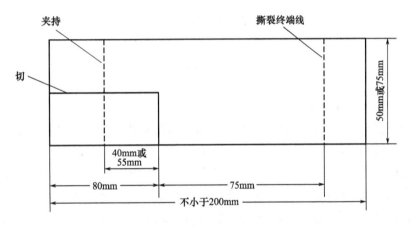

图 1-6-5　单舌法条形试样尺寸

单舌撕破强力一般测试经、纬向各 5 条试样，条形试样应按梯形样法裁取，其尺寸如图 1-6-5 所示。一般织物的尺寸为 50mm×200mm，毛织物为 75mm×200mm，也可根据双方约定。

试验时，把剪裁后的样品画好夹持线，剪开切口。试样经调湿后，将试样的两舌片分别夹紧于强力试验机的上、下夹钳中，钳口间距离为 75mm 或 100mm。启动试验机，下夹钳逐渐下降，直至撕裂长度达到 75mm 为止，最终由试验机的记录装置绘出撕裂负荷—伸长曲线。

试验应在标准大气中进行，根据各次试验结果可计算织物经、纬向平均撕破强力——以最高强力平均值（N）或五峰平均值（N）表示。

2. 织物梯形法撕破强力的测定

梯形法撕破强力试验方法主要适用于各种机织物和某些轻薄型非织造布，但针织物不适用。梯形法撕破强力测定原理是：将有梯形夹持线印记的条形试样在梯形短边正中部位，先开剪一条一定长度的切口，然后将试样沿夹持线夹于强力试验机的上、下夹钳口中，随着强力试验机下夹钳逐步下降，试样短边处的各根纱线开始相继受力，并沿切口线向梯形的长边方向渐次传递受力而断裂，直至试样全部撕破。该试验结果能够反映织物的强韧性，这对于检验染整加工和其他原因造成的织物耐穿耐用性脆化现象有明显效果。

试验时，先抽取一块具有代表性的织物样品，并按梯形裁样法剪去经、纬向各 5 块条形试样，条形试样尺寸如图 1-6-6 所示。在裁好的试样上画好夹持线，剪开切口，经调湿后，将试样按规定放入强力试验机上、下夹钳内，夹钳口间的距离为 100mm，钳口线与夹持线相吻合。开机试验后，可读取最高撕破强力值。试验应在标准大气中进行，根据各次试验结果（经、纬向各测 5 次），分别计算样品经向、纬向的平均撕破强力（N）。

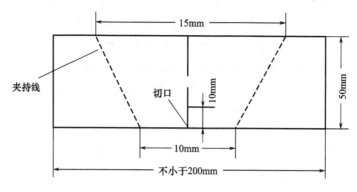

图 1-6-6　梯形法试样尺寸

3. 织物落锤法撕破强力的测定

落锤法撕破强力试验方法可适用于各种机织物和撕破方向有规则的非织造布，该试验结果与织物的坚韧性和织物内纱线之间的摩擦阻力有关，它也能够反映不同染整加工工艺和不同织物组织结构引起的抗撕性能变化。落锤法撕破强力测试原理是：一块矩形试样，夹紧于落锤式撕破强力仪（Elmendorf）的动夹钳和固定夹钳之间，在试样中间剪开一个切口，利用扇形锤下落，动夹钳和固定夹钳迅速分离，使试样受到撕裂。此试验方法属于快速的单舌法撕破强力试验方法。试验时，先剪取具有代表性的织物样品（每批剪取约 40cm），矩形试样按梯形取样法裁取试样，经向和纬向各取五块，矩形试样尺寸如图 1-6-7 所示。试样经调湿后，按规定操作方法将试样的一端准确地置于两夹钳正中的底部并夹紧，随即用开剪器剪一条 20mm 长的切口，开机试验后可测得撕破强力值，试验应在标准大气中进行。根据经、纬向的各次观测值，可分别计算出样品经向和纬向撕破强力平均值（N）。

（四）织物耐磨性检验方法

1. 棉、麻、绢、丝机织物耐磨性检验方法

ASTM D 3884—2007 规定了适用于细薄类棉、麻、绢丝机织物的耐磨性检验方法，其测定原理是：圆形织物试样在一定压力下与标准磨料按李莎如（Liss-ajous）曲线的运动轨迹进

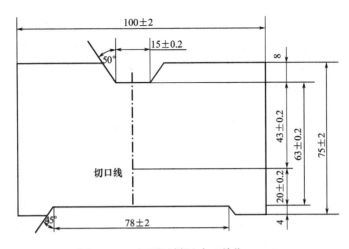

图1-6-7　矩形试样尺寸（单位：mm）

行相互摩擦，导致试样破损，以试样破损时的耐磨次数表示织物的耐磨性能。

该试验使用织物平磨仪——试样在规定压力下和磨料进行摩擦的试验仪。装在试样夹头上的试样与装在磨台上的磨料摩擦时，能绕芯轴自由转动，其运动轨迹为李莎如图形，相对运动速度为（50±2）r/min。试验用标准磨料可采用羊毛制成的精梳平纹织物，它的规格如表1-6-7所示。试验用标准垫料为一种重量为（750±50）g/m²，厚度为（3±0.5）mm，直径为145mm的标准毡。试样背面衬料可选用厚度为3mm，体积重量为0.04g/cm³，直径为36mm的聚氨酯泡沫塑料。

表1-6-7　棉、麻、绢、丝机织物耐磨试验用标准磨料的规格

项目	经纱	纬纱
纱线线密度（tex）	63×2	74×2
织物密度（根/cm）	17	12
单纱捻度（捻/m）	540±20	500±20
单纱捻向	Z	Z
双股线捻度（捻/m）	450±20	350±20
双股线捻向	S	S
纤维平均直径（μm）	27.5±2.0	29.0±2.0
最低织物重量（g/m²）	195	
磨料直径（mm）	160	

试验时，样品要按国家标准规定进行调湿，试样则从调湿后样品的不同部位剪取，其直径为38mm，应具有代表性。试样的数量也要符合标准规定，至少为4块。试验在标准大气条件中进行，试样荷重583.1cN。试验前，应根据织物实际情况设定摩擦次数。试验过程中，应将表面产生的毛球及时剪去。当试样上出现两根及两根以上纱被磨断时，即为"试验终止"。

2. 毛织物耐磨性试验方法——马丁旦尔（Martindale）法

毛及毛混纺机织物和针织物的耐磨性试验采用马丁旦尔法，其测试原理是：将圆形试样

在一定压力下与标准磨料按李莎如曲线的运动轨迹进行相互磨损，导致试样破损。试验用的标准磨料是一种羊毛制成的精梳平纹织物，其规格如表1-6-8所示。试样为从样品不同部位剪取的直径为38mm的代表性试样，共计4块。试验前，先将裁取的圆形试样与试验用的辅料一道进行调湿，试验在标准大气中进行。

表1-6-8 毛织物耐磨试验用标准磨料的规格

织物规格	经纱	纬纱
纱线线密度（tex）	55×2	74×2
织物密度（根/cm）	19	12
单纱捻度（捻/m）	490±20	550±20
单纱捻向	Z	Z
双股线捻度（捻/m）	450±20	410±20
双股线捻向	S	S
纤维平均直径（μm）	31±2	
最低织物重量（g/m²）	185	
磨料直径（mm）	160×160	

试样荷重：服装类规定为595g/m²，装饰用织物规定为794g/m²。

毛织物耐磨试验终止界限的确定方法是：机织物以两根或两根以上非相邻纱线被磨断，针织物以被磨至一破洞为止；试样颜色被磨褪或其外表变形足以引起消费者抱怨时，亦可算试验达到终止，颜色被磨褪的程度可以用色牢度标准灰色褪色卡对比，达到3级为试验终止。

第二节 功能性纺织品性能检测

一、功能整理纺织品性能检测的一般规定

经染整加工使织物具有特定功能性的纺织品称为功能整理纺织品。其性能的检测内容和方法除上述常规性能检测外，还需要进行功能性的检测，如防静电、阻燃、拒水防水、抗菌等性能检测，检测时通常作如下规定。

1. 取样

试样应在距整匹织物两端2m以上抽取整幅样品，长度应满足测试总需求量。小块试样应在距布边至少1/10幅宽处剪取。试样织物应平整无皱，不能有影响试验结果的疵点。

2. 调湿

测试样品一般均需调湿，在温度为20℃±2℃、相对湿度为65%±3%的大气条件下平衡24h以上。对测试要求干燥的试样，则需于烘箱中烘至质量恒定后，储于干燥器内，备用。

3. 安全防护

功能性整理纺织品的性能检测往往要使用到一些有毒、易燃、易爆物质或气体，因此，试验时应加强安全防护措施，严格遵守操作规程。

二、拒水性能测试

拒水整理是在纤维表面引入临界表面张力小于水的拒水整理剂，使织物表面水润湿角增大，不易润湿，从而改变织物的表面性能，具有拒水性能。经拒水整理的织物，其拒水性能可用淋水试验（《纺织品 防水性能的检测和评估 沾水法》GB/T 4745—2012）和静水压试验（《纺织品 防水性能的检测和评价 静水压法》GB/T 4744—2012）的结果来表示。拒水整理的耐久性测试可参照 AATCC Test Method 124—1996。采用 AATCC 标准洗衣机，在 2g/L 标准皂洗液中（选择小浴比标准），于 30℃下洗涤，然后在标准烘干机中烘干，这样一个循环为水洗一次。测定多次水洗后的拒水整理效果，评价拒水整理的耐久性。

（一）拒水性能测试—沾水法（GB/T 4745—2012）

1. 原理

将试样安装在环形夹持器上，保持夹持器与水平呈 45°，试样中心位置距喷嘴下方一定的距离。用一定量的蒸馏水或去离子水喷淋试样。喷淋后，通过试样外观与沾水现象描述及图片的比较，确定织物的沾水等级，并以此评价织物的防水性能。

2. 沾水评级

试样的沾水级别按照表 1-6-9 进行评级。

表 1-6-9 沾水评级描述

沾水等级	沾水现象描述
0 级	整个试样表面完全润湿
1 级	受淋表面完全润湿
1~2 级	试样表面超出喷淋点处润湿，润湿面积超出受淋面积一半
2 级	试样表面超出喷淋点处润湿，润湿面积约为受淋面积一半
2~3 级	试样表面超出喷淋点处润湿，润湿面积小于受淋面积一半
3 级	试样表面喷淋点处润湿
3~4 级	试样表面等于或小于半数的喷淋点处润湿
4 级	试样表面有零星的喷淋点处润湿
4~5 级	试样表面没有润湿，有少量水珠
5 级	试样表面没有水珠或润湿

3. 防水性能评价

试样的防水级别按照表 1-6-10 进行评级。

表 1-6-10 防水性能评价

沾水等级	防水性能评价
0 级	不具有抗沾湿性能
1 级	
1~2 级	抗沾湿性能差
2 级	
2~3 级	抗沾湿性能较差

沾水等级	防水性能评价
3 级	具有抗沾湿性能
3~4 级	具有较好的抗沾湿性能
4 级	具有很好的抗沾湿性能
4~5 级	具有优异的抗沾湿性能
5 级	

（二）拒水性能测试——静水压试验（GB/T 4744—2012）

拒水性能测试原理：以织物承受的静水压来表示水透过织物所遇到的阻力。在标准大气条件下，试样的一面承受一个持续上升的水压，直到有三处渗水为止，并记录此时的压力，可以从织物的上面或下面施加水压。选用哪种方式应在报告中注明。试验结果与织物在短时间或稍长时间受水压后呈现的性能直接有关。

三、阻燃性能测试

阻燃整理是利用阻燃整理剂阻碍燃烧或在燃烧过程的某一阶段中止燃烧，使织物的可燃性有不同程度的降低。有些阻燃剂在较高温度下会分解，使织物的表面形成覆盖层或者生成不燃性气体，从而隔绝其与空气中氧的接触，达到阻燃的目的；有些阻燃整理剂在较高的温度下发生熔融或者升华，使燃烧产生的热量迅速扩散，织物达不到燃烧温度，从而起到阻燃的作用；还有的阻燃整理剂改变了纤维素纤维的热裂解过程，使纤维素大分子在断裂前迅速且大量脱水，大大降低了可燃性气体和可挥发性液体的量，抑制了有焰燃烧，从而达到阻燃的目的。阻燃整理效果的检测方法很多，有限氧指数法、垂直燃烧试验法、水平燃烧试验法、45°角燃烧试验法以及火柴试验法等。

（一）垂直燃烧试验法（GB/T 5455—2014）

燃烧试验法主要用来测定试样的燃烧广度（炭化面积和损毁长度）、续燃时间和阴燃时间。一定尺寸的试样，在规定的燃烧箱里用规定的火源点燃 12s，除去火源后测定试样的续燃时间和阴燃时间。

1. 主要仪器

阻燃性能测试仪（垂直式，图 1-6-8）、剪刀。

2. 测试步骤

（1）剪取试样 300mm×80mm 经、纬向各 5 块，调湿后，夹入试样夹，试样下端与试样夹两下端对齐，打开试验箱门，将试样夹连同试样垂直挂于试验箱中。

（2）关闭箱门，接通气源，此时通气灯亮，按下点火开关，待火焰稳定 30s 后，按下启动开关，使点火器移至试样正下方，点燃试样。12s 后，点火器停止供气并回复原位，此时续燃计时器开始计时，待续燃停止，立即按接收器的停止开关，此时阴燃器开始计时，待阴燃停止后，再按计时器的停止开关（也可用秒表测定续燃和阴燃的时间）。读取续燃和阴燃时间（精确至 0.1s）。

（3）打开试验箱前门，取出试样夹，卸下试样，根据织物的质量选定重锤（表 1-6-11），测量损毁长度。损毁长度的测定：先沿其长度方向炭化处对折一下，然后在试样下端烧焦区

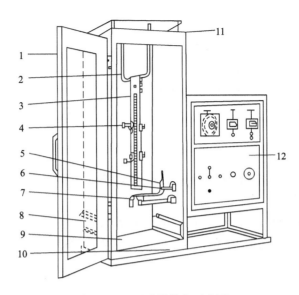

图 1-6-8 垂直燃烧仪示意图

1—正前门 2—试样夹支架 3—试样夹 4—试样夹固定装置 5—焰高测量装置 6—电火花发生装置
7—点火器 8—通风孔门 9—耐热及耐腐蚀材料的板 10—安全开关 11—顶板 12—控制板

的一侧，距其底边及侧边各约 6mm 处悬挂已选定的重锤。将试样平放在桌面上，抓住烧焦区未挂重锤的一端，缓缓提起试样并离开桌面，使重锤悬空，以使试样在自然状态下从损毁处裂开（为了提高测量的准确度，防止撕裂方向改变，可在炭化中心处先剪一段距离），裂缝逐步增大，直到不开裂为止。放下试样，测量试样撕裂端到末端的距离即为损毁长度（也称炭长，精确到 1mm）。

表 1-6-11　织物与重锤选用的关系

阻燃整理前织物质量（g/m²）	重锤质量（g）
101 以下	54.5
101～207	113.4
207～338	226.8
338～650	340.2
650 以上	453.6

（二）水平燃烧性测试法

其原理是：对于水平放置的试样点火到标准时间，测定火焰的蔓延距离及时间，用火焰的蔓延速度表征织物的阻燃特性。

该法适用于检测各类纺织品特别是汽车内饰织物。符合的标准有：ISO 3795，FMVSS 302，DIN 75200，SAE J369，ASTM D5132，JIS D1201，AU169，FZ/T 01028。

试验仪器为水平燃烧测试仪。仪器配有密封不锈钢燃烧室及观察窗，耐高温高压。采用具有悬空鼓膜结构，并带有钢弹簧和减振系统，可平稳操作。配有试样夹及门式燃烧器，试样架可以上下及左右进行移动。基本模式配有手动计时控制。配有自动燃气控制系统，包括电磁控制燃气阀、自动点火计时器及控制器。

（三）限氧指数法（GB/T 5454—2014）

限氧指数法是目前广泛使用的纺织品燃烧性能测试方法，它是指在规定的实验条件下，在氧氮混合气体中，材料刚好能保持燃烧状态所需最低氧浓度，用 LOI 表示，LOI 为氧所占混合气体的体积百分数。

1. 基本概念

（1）续燃时间。在规定的试验条件下，移开（点）火源后材料持续有焰燃烧的时间。

（2）阴燃时间。在规定的试验条件下，当有焰燃烧终止后，或者移开（点）火源后，材料持续无焰燃烧的时间。

（3）损毁长度。在规定的试验条件下，材料损毁面积在规定方向上的最大长度。

（4）极限氧指数。在规定的试验条件下，氧氮混合物中材料刚好保持燃烧状态所需要的最低氧浓度。

2. 原理

将试样夹于试样夹上垂直于燃烧筒内，在向上流动的氧氮气流中，点燃试样上端，观察其燃烧特性，并与规定的极限值比较其续燃时间或损毁长度。通过在不同氧浓度中一系列试样的试验，可以测得维持燃烧时氧气百分含量表示的最低氧浓度值，受试试样中要有 40%～60%超过规定的续燃和阴燃时间或损毁长度。

（四）45°燃烧试验法

GB/T 14644—2014《纺织品　燃烧性能 45°方向燃烧速率的测定》测试原理为：在规定的条件下，将试样呈 45°角斜放，对试样点火 1s，将试样有焰向上燃烧到一定距离，记录所需的时间，评定该纺织品燃烧的剧烈程度。对于平面织物，取 10 块大小为 150mm×50mm 的试样测试；对于起绒织物，同样大小取样 20 块进行测试。对于表面起绒的织物，底布的点燃或熔融现象，作为评定该织物燃烧剧烈程度的附加指标，且需加以注明。该标准规定了服装用纺织品易燃性的测定方法及评定服装用纺织品易燃性的三种等级，适用于测量易燃纺织品穿着时一旦点燃后燃烧的剧烈程度和速度。

试验仪器为 45°燃烧测试仪，配置与以上燃烧测试仪类同。都含有点火系统、计时系统、供气系统及基本的燃烧室及支架。按照标准，进行点火，点火时间较以上两种仪器要短得多，一般为 1s。织物被点燃后，燃烧至棉线处，棉线烧断使重锤下落，从而触发即停开关，显示器显示燃烧时间。

该法适用于服用纺织品的易燃性试验。符合的标准除了 GB/T 14644—2014 外，还有 ASTM D1230，FTMS 191-5908，CFR 16 Part1610，CAL IF TB117，NFPA702。

四、抗静电性能测试

抗静电整理是通过在疏水性纤维表面引入亲水性基团，使织物亲水性提高，导电性提高，降低织物表面电荷积累，从而达到抗静电的目的。抗静电整理效果的测试方法有两种，一种是测定经抗静电剂处理过的材料表面电阻值；另一种是将处理过的材料经强烈摩擦后，测定其电荷半衰期及所带的电荷或电压的大小。这里主要介绍静电压半衰期测定法（参见 GB/T 12703—1991）。

静电压半衰期测定法是较为常用的测定抗静电整理效果的方法，所谓静电电压是指试样上积聚的相对稳定的电荷所产生的对地电压。而静电压半衰期是指试样上静电电压衰减至原始值一半时所需要的时间。静电压半衰期测定法的原理是使试样在高压静电场中带电至稳定后，断开高压电源，使其电压通过接地金属台自然衰减。测定电压衰减为初始值一半所需要的时间。

1. 主要仪器

织物静电测试仪、剪刀。

2. 测试

（1）取试样 60mm×80mm 3 组，每组 3 块，于 50℃干燥 30min，然后在 20℃±2℃、相对湿度 45%±2% 的条件下调湿 5h。

（2）将一组试样（3 块）紧夹于回转试样台上，正面向上，待回转试样台回转平稳后，在放电针距试样 20mm 处施加 8kV 高电压 30s，停止放电，立即记录试样静电电压值及试样静电压衰减一半所需时间 t。

（3）一个样品做 3 次试验，每次做一组试样 3 块，结果取 3 个数据的平均值。

五、织物透气性能测试

织物通过空气的性能称为透气性。织物透气性取决于织物中空隙大小及多少，而这又与纤维和纱线的性状、织物的组织结构以及后整理等因素有关。如织物经缩绒、起毛、树脂整理、涂层等后整理后，其透气性均有所降低。织物透气性能指标用透气量和透气率表示。透气量是指织物两面在规定的压差下、单位时间内流过材料单位面积的空气体积。透气率是指在规定的试样面积、压降和时间条件下，气流垂直通过试样的速率。根据新的国家标准，现用透气率来表示织物的透气量。其测试参见 GB/T 5453—1997。

1. 主要仪器

织物透气仪、剪刀。

2. 测试步骤

（1）试样一般取全幅 1m，在不同部位测试 10 次。先按仪器说明书进行调试，然后将试样夹持在试样圆台上，试验面积一般为 20cm²，或根据需要选择 5cm²、50cm²、100cm² 的试验面积，调节压头高低，扳下加压手柄，压紧试样（试样应平整而又不变形）。为防止漏气，在试样台一侧应垫上垫圈，对于柔软织物，应套上试样绷紧压环。

（2）接通电源，启动风机，并调整风机风速，使压力差稳定在规定值上，记录气流流量。

六、抗紫外线性能检测

抗紫外线整理剂分为紫外线吸收剂和紫外线反射剂两类。前者通过吸收照射到织物表面的紫外线，并能使之进行能量转换，降低织物紫外线的通过率，从而起到防紫外线的作用；后者则通过反射织物表面的紫外线而使紫外线透过率下降，从而起防护作用。

测定紫外线屏蔽效果的方法有紫外反射率和紫外透射率两种。测定紫外反射率通常用积分球法；测定透射率通常用紫外分光光度计法。紫外反射率越大或紫外透射率越小，表明织物屏蔽紫外线效果越好。但用紫外反射率反映抗紫外效果受客观因素影响较大，如被测物表面光洁度对反射率的影响等。所以，用紫外透射率来衡量抗紫外效果更具有说服力。

1. 紫外分光光度计法

用紫外分光光度计或紫外线强度计测定各种防紫外线试样的分光透过率曲线，可以判断各波长的透过率，并可用面积求出某一紫外线区域的平均透过率，一般是用紫外分光光度计测得在 280~400nm 波长内的透射率（或称透光率、透射比），再进行计算，得出紫外线屏蔽率或整理效率。

$$整理试样的紫外线屏蔽率 = \left(1 - \frac{T_a}{T_0}\right) \times 100\%$$

$$整理效率 = \frac{T_b - T_a}{T_b} \times 100\%$$

式中：T_0 为无试样时的透射率曲线面积；T_a 为整理试样的透射率曲线面积；T_b 为未整理试样的透射率曲线面积。

2. 紫外辐射防护系数 UPF 的测定

紫外辐射防护系数 UPF 是指某防护品被采用后，紫外辐射达到使皮肤出现红斑的临界剂量所需时间值和不用防护品时达到同样伤害程度的时间值之比。UPF 值越大，表示防护效果越好。在紫外线透光或防护测试系统上，按仪器使用说明，测定织物对不同波长紫外光的透过率，然后测试系统自动计算出 UPF 值。

七、织物悬垂性能检测

织物的悬垂性是指织物因自重而下垂的性能，是已知尺寸的圆形织物试样在规定条件下悬垂时的变形能力。悬垂性反映织物的悬垂程度和悬垂形态，是决定织物视觉美感的一个重要因素。悬垂性能良好的织物，能够形成光滑流畅的曲面造型，具有良好的贴身性，给人以视觉上的享受。作为主要用于衣料的纺织品，一般都需具有良好的悬垂性；而用于窗帘、帷幕、裙料的织物对悬垂性的要求就更高。织物悬垂性的检测分静态悬垂性和动态悬垂性检测。

（一）织物静态悬垂性检测

静态悬垂性是织物在静止状态下的悬垂性能，有纸环法和图像处理法两种。

1. 原理

将圆形试样水平置于与圆形试样同心且较小的夹持盘之间，夹持盘外的试样沿夹持盘边缘自然悬垂下来，利用方法 A 和方法 B 测定织物的悬垂性。

2. 方法

（1）方法 A。纸环法。将悬垂的试样影像投射在已知质量的纸环上，纸环与试样未夹持部分的尺寸相同，在纸环上沿着投影边缘画出其整个轮廓，再沿着画出的线条剪取投影部分，悬垂系数为投影部分的纸环质量占整个纸环质量的百分率。

（2）方法 B。图像处理法。将悬垂试样投影到白色片材上，用数码相机获取试样的悬垂图像，从图像中得到有关试样悬垂性的具体定量信息，利用计算机图像处理技术得到悬垂波数、波幅和悬垂系数等指标。

（二）织物动态悬垂性检测

1. 原理

将圆形试样水平置于与其同心的上下夹持盘之间，仪器以恒定速度带动试样旋转规定时间后停止，试样静置 30s 后，用数码相机拍下静态悬垂图像；再选择合适的速度旋转试样，拍下试样动态悬垂图像，利用计算机对采集到的图像进行数据处理，得出静态、动态悬垂系数和悬垂形态变化率等测试指标。

2. 实验步骤

（1）在数码相机和计算机连接状态下，开启计算机使评估软件进入检测状态，打开照明光源，用数码相机可以捕捉试样影像，必要时以夹持盘为中心调整图像居中位置。

（2）试样放在下夹持盘上，让定位柱穿过试样的中心，再将上夹持盘放在试样上，使定位柱穿过上夹持盘的中心孔。

（3）开启电动机开关，以 100r/min 的转速旋转 45s 停止。

（4）当试样停止旋转时，用秒表开始计时，经过 30 s 后，即用数码相机拍下试样的静态悬垂图像。

（5）再次开启电动机开关，以 50~150r/min 的转速旋转试样，当试样旋转稳定后，用数码相机拍下其动态旋转时的图像。（注：试样旋转转速可根据织物特性确定，或由双方协议确定）

（6）用计算机及评估软件根据获得图像得出试样动态或静态的悬垂系数、悬垂性均匀性、悬垂波数、投影周长以及悬垂形态变化率等指标，并输出动态或静态悬垂投影图像及波纹坐标曲线。

（7）在一个试样上至少取三个试样，对每个试样的正反两面均进行试验，重复步骤（1）~步骤（6），由此对一个样品至少进行六次上述操作。

（8）打印试验结果。

八、防皱整理

（一）织物平挺度等级（AATCC Test Method 124—1996）

织物平挺度等级用于评价经防皱整理的纺织品重复洗涤后表面的平整性，共分 6 级，分别为 1 级、2 级、3 级、3.5 级、4 级和 5 级，1 级最差，5 级最好，分别代表的织物表面状况为：

5 级非常平整，有熨烫、整理过的效果；

4 级平整，有整理过的效果；

3.5 级基本平整，但无熨烫过的效果；

3 级有皱，无熨烫过的效果；

2 级有明显的折皱；

1 级折皱非常严重。

按照 AATCC 标准，有 6 块标准模板，分别代表 1 级、2 级、3 级、3.5 级、4 级和 5 级。对织物进行评级前，先按照标准规定，对织物进行水洗、干燥，然后将被评试样与标准模板放在一起。评级时灯光光源、试样放置高度、评价者与试样之间的距离等条件需严格按照标准规定，由评价者根据试样与标准模板的相近程度，给出试样的级数。织物平挺度等级反映了织物树脂整理的优劣，与织物的折皱回复角有一定关系，但不具有对应关系。

（二）整理织物的耐洗性

采用标准条件（AATCC 标准）对织物进行重复水洗，测试水洗后试样的耐久压烫（DP）

等级或折皱回复角，判断织物的耐洗性能。

（三） 织物折皱恢复性的检测——回复角法

1. 基本概念

（1）折痕恢复性。织物在规定条件下折叠加压，卸除负荷后，织物折痕处能恢复到原来状态至一定程度的性能。

（2）折皱回复角。在规定条件下，受力折叠的试样卸除负荷，经一定时间后，两个对折面形成的角度。

2. 原理

一定形状和尺寸的试样，在规定条件下折叠加压保持一定的时间。卸除负荷后，让试样经过一定的时间回复，然后测量折痕回复角，以测得的角度来表示织物的折痕恢复能力。

3. 测定方法

（1）折痕水平回复法。试样折痕回复时，折痕线与水平面平行，测量回复角的方法。

（2）折痕垂直回复法。试样折痕回复时，折痕线与水平面垂直，测量回复角的方法。

4. 取样数量

每个样品的取样数量至少20个，即试样的经向和纬向各10个，每个方向上的正面和反面对折各5个。日常试验可只测样品的正面，即经向和纬向各5个。

九、纺织品抗菌性能检测

织物抗菌性能检测分为定性检测和定量检测，以定量检测方法为主。

（一） 定性检测方法

目前，常使用的定性检测方法主要有美国 AATCC Test Method 90 （晕圈法，也称为琼脂平皿法）、AATCC Test Method 124 （平行画线法）和 JIS Z 2911—1981 （抗微生物性实验法）等。

定性检测方法包括在织物上接种测试菌和用肉眼观察织物上微生物生长情况。它是基于离开纤维进入培养皿的抗菌剂活性，一般适用于溶出性抗菌整理，但不适用于耐洗涤的抗菌整理。优点是费用低，速度快；缺点是不能定量检测抗菌活性，结果不准确。

（二） 定量检测方法

目前，纺织品抑菌性能定量检测方法主要包括美国 AATCC Test Method 100 （菌数测定法）、奎恩实验法等。

定量检测方法包括织物的消毒、接种测试菌、菌培养、对残留的菌落计数等。它适用于非溶出性抗菌整理织物，不适用于溶出性抗菌整理织物。其优点是定量、准确、客观；缺点是时间长、费用高。

检测原理是将试样和对照织物（未经抗菌整理的织物）分别置于三角烧瓶中，用试验菌接种，接种后，将对照织物上的细菌立即洗涤并测定细菌数量，将试样恒温培养后，洗涤细菌并测定细菌数量。然后计算出试样的细菌减少百分率。

思考题

1. 什么是纺织材料的回潮率和含水率？

2. 烘箱法测纺织材料的回潮率及含水率的原理是什么？

3. 什么是机织物的长度？测定原理是什么？

4. 什么是机织物幅宽？测定原理是什么？

5. 什么是机织物的密度？测定方法和原理是什么？

6. 什么是织物单位长度质量和单位面积质量？测定方法和原理是什么？

7. 测定织物尺寸变化时如何进行试样的准备、标记和测量？

8. 织物因冷水浸渍而引起的尺寸变化的检测原理是什么？

9. 家用洗衣机法测定织物尺寸变化的测定原理是什么？

10. 机织物经商业洗涤后尺寸变化的测定原理是什么？

11. 机织物拉伸断裂强力的测定方法有几种？取样方法有几种？

12. 机织物拉伸断裂强力的测定原理是什么？

13. 撕破强力的测定方法有几种？测定原理是什么？

14. 已知一批纯棉纱线的标准回潮率为 8%，计算其含水率。

15. 计算题：纯棉纤维在大气条件 29℃，相对湿度为 85% 时称得的烘干重量为 45.11g，烘前重量为 50.18g。求在标准大气条件下的回潮率，并与未修正回潮率加以比较。$e = 4000\text{Pa}$。

16. 功能纺织品的性能检测通常应遵循哪些原则？

17. 简述拒水性能检测——表面沾水法的测定原理。

18. 如何评定沾水等级？

19. 如何评定防水性能？

20. 简述拒水性能检测——静水压试验法的测定原理。

21. 常用的阻燃整理效果的测定方法有哪些？简要说明测定原理。

22. 什么是静电电压？什么是静电压半衰期？

23. 简述静电压半衰期测定方法的原理。

24. 什么是透气量？什么是透气率？

25. 抗紫外线整理效果的检测方法有哪些？

26. 说明紫外分光光度计法测定抗紫外线整理效果的原理。

27. 什么是紫外辐射防护系数 UPF？

28. 织物静态悬垂性的检测方法有哪些？检测原理是什么？

29. 简述织物动态悬垂性的检测原理。

30. 如何利用织物的平挺度等级来评定防皱整理后织物的平整性？

31. 什么是折痕恢复性？什么是折皱回复角？

32. 简述回复角法测定织物防皱整理效果的原理。

33. 简述定量检测纺织品抗菌性能的原理。

第七章　纺织品的色牢度检测

第一节　概　述

多姿多彩的纺织品是经印染加工之后而获得各种色彩效果，它可以满足人们对纺织品色泽的消费需求。颜色是可以相互混合的，颜色混合可以是颜色光的混合，也可以是染料的混合，这两种混合方法所得的结果却不相同，纺织品印染加工一般采用染料的混合方法。

印染纺织品在其使用过程中将会受到洗涤、摩擦、光照、汗渍、熨烫、化学药剂等各种外界因素的作用，有些印染纺织品还将经过特殊的整理加工如树脂整理、阻燃整理、砂洗、磨毛等，这就要求印染纺织品的色泽相对保持一定牢度。通常，我们把印染纺织品在染整加工或在服用过程中，抵抗各种环境因素的作用而保持原来色泽的能力，称作"色牢度"。色牢度反映了染料（颜料或其他着色剂）本身及其与纤维间的结合对环境因素作用的稳定性，它是评价印染织物质量的重要指标之一，也是消费者所关心的质量问题之一。

一、影响纺织品色牢度的因素

染料在纤维上的色牢度很大程度上取决于它的化学结构，此外，纤维的种类与色牢度的关系也很大，同一个染料在不同的纤维上具有不同的染色牢度，例如，靛蓝在棉纤维上的耐日晒色牢度并不高，而在羊毛上却很好。除此之外，色牢度还与染色方法、工艺条件、上染情况、染料浓度及染料在纤维上的分散程度等也都有一定的关系。

在染整加工过程中，可能引起颜色变化的因素有热定形、机械作用、酸碱及各种化学整理剂等。在使用过程中，可能引起颜色变化的因素包括风吹、日晒、雨淋、摩擦、汗渍、洗涤、熨烫、汽蒸等。这些因素都有可能造成染料分子的结构被破坏，或者部分染料（颜料）脱离纤维，从而引起颜色彩度、色相、明度变化的现象，称为变褪色现象。变褪色现象严重说明染色牢度不好。而且，脱落的染（颜）料有可能对消费者的健康产生潜在的威胁。

所以，在纺织品出厂之前，要进行各种指标的检测，以保证使用的安全性。

二、评价纺织品色牢度的指标

根据所受条件不同，色牢度用多项指标来表示，例如，染整加工过程中的耐升华色牢度、耐缩绒色牢度等，使用过程中的耐光色牢度、耐皂洗色牢度、耐摩擦色牢度、耐汗渍色牢度、耐唾液色牢度、耐水洗色牢度、耐酸斑/碱斑色牢度、耐升华/熨烫色牢度、耐氯色牢度、耐海水色牢度、耐刷洗色牢度、耐干洗色牢度、耐气候色牢度等指标。

其中，以检测耐光、耐皂洗和耐摩擦这三项色牢度指标为主。耐光色牢度的评定采用8级制，8级表示耐光色牢度最好，1级表示最劣，其评定以蓝色羊毛标样为比较标准。耐皂洗与耐摩擦色牢度的评定一般采用与标准灰色样卡比较法。灰色样卡分变色灰色样卡（又称原样褪色样卡）和沾色灰色样卡（又称白布沾色样卡）。变色灰色样卡是用作检测变色的样卡（符合 GB/T 250—2008）；沾色灰色样卡是用作检测沾色的样卡（符合 GB/T 251—2008）。两种样卡均为五级九档制，数字越大表示牢度越好。评定等级以灰卡色差程度与布样相近的一级作为该布样的牢度等级，如果其色差程度正好介于样卡的两级之间，可评为中间等级，如 3~4 级。

根据印染织物的用途不同，对色牢度的要求也不同。例如，窗帘布经常接受日晒，因此，对印染织物的耐光色牢度要求高，其他色牢度是次要的；而作为夏季的衣服面料，除了要求有较高的耐光色牢度外，还需要有好的耐皂洗色牢度和耐汗渍色牢度等。

三、评价纺织品色牢度的观察和照明条件

评定色牢度的观察和照明条件规定：评级可采用晴天且光线稳定的北窗光线或标准光源，样卡置于评定者左方，试样在右方，布与样卡应放在同一平面上，眼睛离布面距离保持 30~40cm。

如图 1-7-1 所示，入射光线、视线与织物布面的角度有两种观察条件：第一种，光源的照明垂直于试样表面，观察方向与试样表面呈 45°角，表示为 0/45；第二种，光源的照明与试样表面呈 45°角，观察方向垂直于试样表面，表示为 45/0。

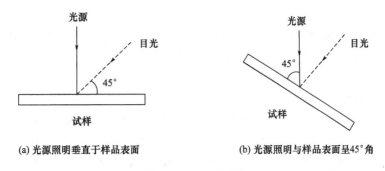

(a) 光源照明垂直于样品表面　　　　　(b) 光源照明与样品表面呈45°角

图 1-7-1　观察角度

四、纺织品色牢度的检测取样

色牢度检测取样应在距布匹两端 2m，离布边 5cm 以上处剪取。

印花布应包含全部颜色，如果在一块试样中同一部位的各种颜色无法取全时，可以分别取数块同样大小的试样，使各种颜色都能取全。

五、纺织品色牢度的检测取值

当试验项目需要试验多次时（如耐摩擦色牢度等），应以其中最低等级的一块布样代表该样布等级。

印花布的各种颜色应以最低等级作为代表，并要求各色都试以及要求有整幅代表性。如果实际等级低于 1 级标准时，仍评为 1 级。

第二节　纺织品的色牢度评价

在纺织品印染加工过程中，由于各种因素的作用，纺织品的色泽会产生变异。纺织品的色牢度及色差评定与试验方法有关，这就需要在统一试验方法的基础才能作出正确判定。除耐光色牢度以外，色牢度通常用两项指标来表示，变色级数和沾色级数。"变色级数"表示原样的颜色经处理后明度（深浅）、饱和度（鲜艳度）和色相（色光）方面变化程度的大小；而"沾色级数"表示处理过程中原样对相邻织物的沾污程度。

一、目测与仪器评级的比较

由于色牢度是印染产品的重要质量指标之一，因此对它的评价十分重要。目前，色牢度的评价方法主要有两种，一种是目测评级，另一种是仪器评级。

传统的目测评级容易受主观和客观因素的影响。例如，评级时的环境条件（背景色、光照度等）和评级者的心理状态、情绪、积累经验的多寡等。颜色测量技术的发展，也为色牢度评级提供了一个新的客观科学的手段。用仪器代替人工目测评级是国际上有关工业界的发展趋势。特别适用于科学管理，尤其是缺乏有经验的评级人员的企业。仪器评级可以避免目测评级中难以克服的人为因素的影响，减少误判，特别是在有争议的仲裁分析中，可以提供一个客观公正的手段。

国际标准化组织（ISO），在近10年的研究成果的基础上，发布了 ISO 105-A04《纺织品色牢度试验——贴衬织物沾色程度的仪器评级法》，以及 ISO 105-A05《纺织品色牢度试验——试样变色程度的仪器评级方法》。我国有关标准化机构，已经在1995年10月宣布完全等效地采用这两项国际标准。

经过大量的试验证明，用仪器评价沾色牢度和变色牢度的难易程度不同。对于沾色牢度，仪器评级比较方便，其评级结果与人工评级的符合率接近100%（包括半级允许误差）。原因是：由于沾色牢度是沾色后的贴衬织物与白布之间的比较，因此两者的色差比较大；此外，这些试样的明度都比较高。对于变色牢度，则相对困难一些，仪器评级与人工评级的符合率在85%左右。原因是：被评价试样的色差比较小，特别是深色低明度的试样，在3~4级的较高级数时难度就更大了，因此要求测试仪器必须有较高的稳定性、较好的重复性和准确性，同时也要认真选择计算公式；此外，人工评测的标准度和分档本身就相差较大。

评价色牢度之前，必须首先确定有色产品的染色深度。因为对于同一只染料，染色深度不同，测出的色牢度也不相同。例如，测定染料的耐摩擦色牢度，染色试样的颜色越浅，牢度越好；而对于耐日晒色牢度，染色试样的颜色越深，牢度越好。

因此，在对染料的色牢度进行评定时，一定要按照规定的深度染色；选用染料时，如果考虑色牢度，也要注意其对应的染色深度。《染料索引》中列出的染料色牢度指标，通常是在1/1标准深度下做的。

二、CIE 1976 LAB 公式评级范围

我国国家标准 GB/T 8424.3—2001《纺织品　色牢度试验色差计算》等效采用国际标准

ISO 105-J03：1995《纺织品—色牢度实验—J03 部分：色差计算》。该试验方法选自国际照明委员会 CIE 1976 年推荐的 CIELAB 方法，这一方法最适用于纺织工业表示纺织品试样的颜色或定量表示两个试样间色差的大小。应用分光光度计或三刺激值测色仪可测得标样和试样的三刺激值 X、Y、Z，再根据 CIE 出版物第 15.2 号所给出的公式，可把这些值转换成 L^*、a^*、b^* 值（如果 X/X_n、Y/Y_n、Z/Z_n 三项比值中有一项等于或小于 0.008856 时，则要用该出版物附录中的公式）。

由三刺激值 X、Y、Z 计算标样和试样的 CLELAB 的 L^*、a^*、b^* 值的公式为：

$$L^* = 116(Y/Y_n)^{1/3} - 16$$
$$a^* = 500[(X/X_n)^{1/3} - (Y/Y_n)^{1/3}]$$
$$b^* = 200[(Y/Y_n)^{1/3} - (Z/Z_n)^{1/3}]$$

式中：X_n、Y_n 和 Z_n 为 D_{65} 光源 10° 视场三刺激值，其值分别为 $X_n = 94.825$，$Y_n = 100.000$，$Z_n = 107.381$。

应用 CIE 出版物第 15.2 号所给的公式，将标样和试样的 L^*、a^*、b^* 三项数值用以计算 CIELAB 为单位表示的色差值，公式为：

$$\Delta E_{Lab} = [(\Delta L^*)^2 + (\Delta a^*)^2 + (\Delta b^*)^2]^{1/2}$$

CIE 1976LAB 公式评级范围参见表 1-7-1。

表 1-7-1　CIE 1976LAB 公式评级范围

色牢度变色评级		色牢度沾色评级	
ΔE	评级	ΔE	评级
≤13.6	1	≤36.2	1
≤11.6	1~2	≤30.4	1~2
≤8.2	2	≤21.9	2
≤5.0	2~3	≤15.9	2~3
≤4.1	3	≤10.9	3
≤3.0	3~4	≤7.9	3~4
≤2.1	4	≤5.7	4
≤1.3	4~5	≤3.4	4~5
≤0.4	5	≤1.15	5

三、变色用灰色样卡

评定变色用灰色样卡亦称"变色样卡"，它是对印染纺织品染色牢度进行评定时，用作试样变色程度对比标准的灰色样卡。我国国家标准 GB/T 250—2008《评定变色用灰色样卡》等同于 ISO 105/A02—1978《纺织品—色牢度试验—评定变色用灰色样卡》。

变色样卡的组成特点是：基本灰卡由五对无光的灰色小片（纸片或布片）所组成。根据可分辨的色差分为五个牢度等级，即 5、4、3、2、1，若在两个级别中再补充半级，即 4~5、3~4、2~3、1~2，就扩大成为九级灰卡；每对的第一组成均是中性灰色，仅是牢度等级 5 的第二组成与第一组成相一致，其他各对的第二组成在色泽上依次变浅，而色差则逐级增大。

各级色差在规定条件下均经过色度计测定，每对第二组成与第一组成的色差如表 1-7-2 所示。

表 1-7-2　色牢度试验中变色样卡的色差间距

L^* 参考值	等级	ΔE（CIELAB 单位）	容差
39.6~42.8	5	0	0.2
	4~5	0.8	±0.2
	4	1.7	±0.3
	3~4	2.5	±0.35
	3	3.4	±0.4
	2~3	4.8	±0.5
	2	6.8	±0.6
	1~2	9.6	±0.7
	1	13.6	±1.0

注　变色样卡的色度数据以 CIE 1964 补充标准色度系统（即 10° 视场）和 D_{65} 光源计算得到。

四、沾色用灰色样卡

评定沾色用灰色卡亦称"沾色样卡"，它是对印染纺织品染色牢度进行评定时，用作贴衬织物沾色程度对比标准的灰色样卡。我国国家标准 GB/T 251—2008《评定沾色用灰色样卡》等同于 ISO 105/A03—1978《纺织品—色牢度试验—评定沾色用灰色样卡》。

沾色样卡的组成特点是：基本灰卡由五对无光的灰色或白色小片（纸片或布片）所组成，根据可分辨的色差分为五个牢度等级，即 5、4、3、2、1，在两个级别中再补充半级，即 4~5、3~4、2~3、1~2，就扩大成为九级灰卡。每对的第一组成均是白色，仅是牢度等级 5 的第二组成与第一组成相一致，其他各对的第二组成在色泽上依次变深，而色差则逐级增大。各级色差均经色差色度计测定，每对第二组成与第一组成的色差规定如表 1-7-3 所示。

表 1-7-3　在色牢度试验中沾色样卡的色差间距

L^* 参考值	等级	ΔE（CIELAB 单位）	容差
≤93.9	5	0	0.2
	4~5	2.3	±0.3
	4	4.5	±0.3
	3~4	6.8	±0.4
	3	9.0	±0.5
	2~3	12.8	±0.7
	2	18.1	±1.0
	1~2	25.6	±1.5
	1	36.2	±2.0

注　变色样卡的色度数据以 CIE 1964 补充标准色度系统（即 10° 视场）和 D_{65} 光源计算得到。

第三节 纺织品的耐洗色牢度检测

纺织品耐洗色牢度是指印染纺织品在规定的条件下进行皂洗后保持原来色泽的程度，包括原样褪色及白布沾色两项指标。

原样褪变色是指印染纺织品皂洗前后褪变色情况。

白布沾色是指印染纺织品经皂洗后，由于其褪变色而使白布沾色的情况。

一、产生原因

导致印染纺织品在皂洗后褪变色主要有三个方面的原因：

（1）染料与纤维结合力的断裂作用。

（2）水和洗涤剂对织物上染料的溶解作用。

（3）洗涤过程中的振荡、揉搓等机械作用，使染料从纤维上脱落。

二、影响因素

1. 染料与纤维的结合

染料与纤维的结合力越强，耐洗色牢度也越高。例如：

（1）酸性媒染、酸性含媒染料和直接铜盐染料，由于金属离子的介入，加强了染料和纤维之间的结合，耐洗色牢度提高。

（2）活性染料在固色时由于和纤维发生了共价键结合，染料成为纤维的一部分，因此耐洗色牢度较好。

2. 染料的结构

通常情况下，含水溶性基团的染料比不含水溶性基团的染料的耐皂洗牢度差，染料分子中所含亲水基团越多其耐洗色牢度越低。例如：酸性染料和直接染料由于含有较多的水溶性基团，耐皂洗色牢度较低，而还原、硫化等染料不含水溶性基团，耐洗色牢度较高。

3. 纤维种类

同一个染料在不同纤维上的耐洗色牢度不同。例如：分散染料在涤纶上的耐洗色牢度比在锦纶上高，这是因为涤纶的疏水性强，结构紧密。

4. 染色工艺

耐洗色牢度与染色工艺也有密切的关系。如果染料染着不良，浮色去除不净，也会导致耐洗色牢度下降。

5. 皂洗条件

皂洗的条件对染物的耐洗色牢度也有很大影响。洗涤时，温度越高、时间越长、作用力越大，皂洗褪色、沾色越严重。所以，不同的皂洗条件下，测试结果也是不同的。

三、纺织品耐皂洗色牢度的检测

1. 检测标准

GB/T 3921—2008《纺织品 色牢度试验 耐皂洗色牢度》，具体分为 5 个方法，根据各种产品标准所指定的方法或客户要求选用。

2. 基本原理

将试样与规定的标准贴衬织物缝合，放入耐皂洗色牢度的试验容器内，按选定的方法，加入配方规定的皂洗液，在规定时间和温度下由皂洗牢度仪进行机械搅动，再清洗，干燥。以原样为参照样，用变褪色标准灰色样卡（或仪器）评定试样的变色程度，用沾色标准灰色样卡（或仪器）评定贴衬织物的沾色程度。

3. 试验方法

不同方法的皂液配方和试验条件如表 1-7-4 所示。

表 1-7-4 耐皂洗色牢度的试验方法、配方和试验条件

方法	试剂配方一		试剂配方二		实验条件		
	皂片（g/L）	无水碳酸钠（g/L）	合成洗涤剂（g/L）	无水碳酸钠（g/L）	时间（g/L）	温度（g/L）	钢球粒
1	5	—	4	—	30	40	
2	5	—	4	—	45	50	
3	5	2	4	1	30	60	
4	5	2	4	1	30	95	10
5	5	2	4	1	240	95	10

4. 贴衬织物选择

使用的贴衬织物需要两块，每块尺寸为 10cm×4cm，第一块由与试样相同的纤维制成，第二块由表 1-7-5 所规定的纤维制成。如果试样是混纺或交织品，则第一块由主要含量的纤维制成，第二块由次要含量的纤维制成。

表 1-7-5 耐皂洗色牢度试验用贴衬织物

第一块贴衬织物	第二块贴衬织物		
	方法 1、2、3	方法 4	方法 5
棉	羊毛	黏胶纤维	黏胶纤维
羊毛	棉	—	—
丝	棉	棉	—
亚麻	棉	棉或黏胶纤维	棉或黏胶纤维
黏胶纤维	羊毛	棉	棉
醋酯纤维	黏胶纤维	黏胶纤维	—
聚酯纤维	羊毛或棉	棉或黏胶纤维	棉或黏胶纤维
聚酰胺纤维	羊毛或黏胶纤维	棉或黏胶纤维	棉或黏胶纤维
聚丙烯腈纤维	羊毛或棉	棉或黏胶纤维	棉或黏胶纤维

5. 试样制备

如果试样是织物，取 10cm×4cm 一块，放在两块贴衬织物之间，并沿四周缝合，制成一组合试样。如果试样是纱线，则将它编成织物，可以按织物试样处理，或者以平行长度组成一薄层，夹在两块贴衬织物之间，纱线用量约为两块贴衬织物重量的一半，沿四周缝合，将纱线固定，制成一组合试样。

如果试样是纤维，取重量约为两块贴衬织物的一半，将它梳、压成 10cm×4cm 的薄片，夹在两块贴衬织物之间，沿四周缝合，使纤维固定，制成一组合试样。

6. 色牢度评级

对试样的变色和每种贴衬织物的沾色，用灰色样卡评出试样的变色和贴衬织物与试样接触一面的沾色级数。

耐皂洗色牢度分为 5 级，1 级最差（褪色严重），5 级最好。

沾色色牢度也分为 5 级，1 级最差（沾色最严重），5 级最好。

四、纺织品耐家庭和商业洗涤色牢度试验方法

要评定纺织品耐家庭和商业洗涤色牢度，可将试样与规定的标准贴衬织物或其他织物缝合在一起，经洗涤、清洗、干燥。试样在合适的温度、碱度、漂白和摩擦条件下进行洗涤，从而在较短时间内获得试验结果。其中，摩擦作用是通过小浴比和适当数量的不锈钢珠的翻滚、移动、撞击来完成的。试验设备采用合乎要求的耐洗色牢度试验机如 SW-12 等。试验用标准贴衬织物分为三种：

（1）一块多纤维标准贴衬织物。其规格应符合 GB/T 7568.7—2008《纺织品 色牢度试验 标准贴衬织物 第 7 部分：多纤维》的规定。多纤维标准贴衬织物有高温用及低温用两种。可按试验温度选用，含有羊毛的多纤维标准贴衬织物（SW），应用于 40℃、50℃的试验，在某些情况下也可用于 60℃的试验。

（2）两块单纤维标准贴衬织物。单纤维标准贴衬织物的规格应符合 GB/T 7568.1—2008《纺织品 色牢度试验 毛标准贴衬织物规格》、GB/T 7568.2—2008《纺织品 色牢度试验 标准贴衬织物 第 2 部分：棉和粘胶纤维》、GB/T 7568.4—2002《纺织品 色牢度试验 聚酯标准贴衬织物规格》、GB/T 7568.5—2002《纺织品 色牢度试验 聚丙烯腈标准贴衬织物规格》、GB/T 7568.6—2002《纺织品 色牢度试验 丝标准贴衬织物规格》和 GB/T 7568.3—2008《纺织品 色牢度试验 聚酰胺标准贴衬织物规格》等规定。试验时，第一块贴衬纤维由与试样同类纤维制成，如果试样属混纺品，则按其中占主要的纤维制成。第二块贴衬纤维则由表 1-7-6 所规定的纤维制成，如果试样属混纺品，则按其中第二位主要的纤维制成或另作规定。

表 1-7-6 标准贴衬织物规格

第一块贴衬织物	第二块贴衬织物	
	试验法 A、B	试验法 C、E
棉	毛	黏胶纤维
毛	棉	—
丝	棉	—
麻	毛	黏胶纤维
黏胶纤维	毛	棉
二醋酯纤	黏胶纤维	黏胶纤维

第一块贴衬织物	第二块贴衬织物	
	试验法 A、B	试验法 C、E
三醋酯纤维	黏胶纤维	黏胶纤维
聚酯纤维	毛或棉	棉
聚酰胺纤维	毛或棉	棉
聚丙烯腈纤维	毛或棉	棉

（3）一块标准的染不上色的织物，如聚丙烯织物，必要时用。试验前应先缝制组合试样。如果是织物试样，试验前应缝制组合试样；可将一块 10cm×4cm 试样与一块 10cm×4cm 多纤维标准贴衬贴合在一起，并使多纤维标准贴衬织物紧贴试样正面，沿一短边缝合，或者将一块 10cm×4cm 试样夹于两块单纤维标准贴衬织物之间，沿一短边缝合。如果试样是纱线或者是散纤维，可取其量约为贴衬织物总质量的 1/2，夹于一块 10cm×4cm 多纤维标准贴衬织物和一块 10cm×4cm 染不上色的标准织物之间，或夹于两块 10cm×4cm 单纤维标准贴衬织物之间，然后沿着四周缝合。对纱线试样，也可先编织成织物，再按织物试样处理。

纺织品耐家庭和商业洗涤色牢度试验方法分 A、B、C、D 和 E 五种。试验方法编号中，S 是模拟一次商业或家用洗涤操作，M 是模拟五次商业或家用洗涤操作。对于毛、丝以及其混纺织物，试验时不用钢珠，则需在试验报告中予以说明。与各种试验方法相对应的试验条件如表 1-7-7 所示。试样按规定的试验程序进行洗涤之后，挤去组合试样上多余的水分，经晾干或烫干，再用灰色样卡评定试样的变色和贴衬织物的沾色。

表 1-7-7　纺织品耐家庭和商业洗涤色牢度试验条件

试验编号	温度（℃）	溶液（mL）	有效氯（g/L）	时间（min）	钢珠粒	调节 pH
A1S	40	150	—	30	10	不调
A1M	40	150	—	45	10	不调
A2S	40	150	—	30	10	不调
B1S	50	150	—	30	25	不调
B1M	50	150	—	45	50	不调
B2S	50	150	—	30	25	不调
C1S	60	50	—	30	25	10.5±0.1
C1M	60	50	—	45	50	10.5±0.1
C2S	60	50	—	30	25	10.5±0.1
D1S	70	50	—	30	25	10.5±0.1
D1M	70	50	—	45	100	10.5±0.1
D2S	70	50	—	30	25	10.5±0.1
D3S	70	50	0.15	30	25	10.5±0.1
D3M	70	50	0.15	45	100	10.5±0.1
E1S	95	50	—	30	25	10.5±0.1
E1M	95	50	—	30	25	10.5±0.1

第四节　纺织品的耐摩擦色牢度检测

印染纺织品的耐摩擦色牢度，也称为摩擦色牢度，是指印染纺织品有色部位用标准摩擦白布在规定压力下摩擦规定次数，而后对标准摩擦白布上所沾的颜色用灰卡进行评级，所得的级数就是印染纺织品的耐摩擦色牢度。耐摩擦色牢度通常需要做耐干摩擦色牢度和耐湿摩擦色牢度两种试验，试样上所有的颜色都要进行摩擦试验。

耐干摩擦色牢度是用干的标准白布摩擦有色织物，然后观察白布沾色情况；耐湿摩擦色牢度是用规定含水率（美标65%，欧标100%）的标准白布摩擦有色织物，然后观察白布沾色情况。

一、产生原因

印染纺织品的干摩擦褪变色是在一定压力下由于摩擦力的作用而使纺织品上的颜色脱落；湿摩擦褪变色除了摩擦力的作用外，还有溶剂（通常采用水作溶剂）的作用导致纺织品上的颜色脱落。因此，耐湿摩擦色牢度一般比耐干摩擦色牢度约低一级。

二、影响因素

耐摩擦色牢度与织物上浮色的多少、染料与纤维的结合情况、染料透染性等因素有关。

1. 浮色

一般印染纺织品上的浮色量越多，耐摩擦色牢度越差。

2. 染料与纤维的结合

染料与纤维结合得越牢固，耐摩擦色牢度越高；反之，则越低。例如：

（1）活性染料和纤维是以共价键结合的，耐干摩擦色牢度较高。

（2）硫化染料的聚集性大，染色时的透染性较差，而固色又是以不溶性的状态机械地存留在纤维上，因此，硫化染料染色织物的耐摩擦色牢度较差，染深色时的耐摩擦色牢度更低。

三、纺织品耐摩擦色牢度检测

1. 检测标准

GB/T 3920—2008《纺织品　色牢度试验　耐摩擦色牢度》。

2. 基本原理

试样和摩擦布在标准大气中调湿后，试验在标准大气中进行。将试样平放在摩擦色牢度试验机（图1-7-2）测试台的衬垫物上，两端以夹持器固定，将干摩擦布（或规定含水率的湿摩擦布）固定的摩擦头上，使摩擦布的经纱、纬纱方向与试样的经纱、纬纱方向相交成45°。开机后，摩擦头在试样上沿10cm长的轨迹作往复直线摩擦，共10次，每次的往复时间为1s，摩擦头向下压力为9N，分别测试试样的经向和纬向。摩擦试验后，将湿摩擦布放在室温下干燥，再以标准白布为参照物，用沾色标准灰色样卡（或仪器）评定干/湿摩擦后白布的沾色程度，分别以经、纬向沾色较重的级数评出试样最后牢度等级。

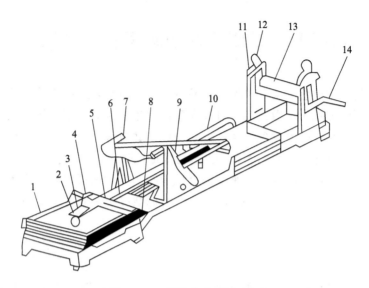

图 1-7-2　摩擦色牢度试验机

1—试样台　2—摩擦头　3—摩擦头紧固件　4—加压重锤　5—往复杆　6—凸轮　7—曲轴
8—捏手　9，14—手柄　10—连杆　11—轧水架　12—压紧水轮　13—压辊

3. 试样制备

如果试样是织物，按规定剪取面积不小于 20cm×5cm 的试样至少两块（经、纬向各一块），每块试样一边为干摩擦用，另一边为湿摩擦用。如果试样不能包括全部颜色或干、湿摩擦不在同一色位上，就需要增加试样块数。如果试样为纱线，编成织物，面积不小于 20cm×5cm，或者将纱线按长度方向均衡地绕在适当尺寸的矩形硬纸板上，制成一薄层，一边做干摩擦，一边做湿摩擦。

4. 摩擦头

由于测试样品不同，摩擦色牢度试验机具有两种可选尺寸的摩擦头：

（1）直径为 16mm 的圆柱形摩擦头常用。

（2）19mm×25.4mm 的长方形摩擦头用于绒类织物（包括纺织地毯）。

原因是用圆柱型摩擦头对绒类织物试验时，会消除晕轮现象。对绒毛较长的织物（例如：长毛玩具、地毯等），即使使用长方形摩擦头评级时也可能遇到困难。

5. 标准白布

符合 GB/T 7568.2—2002 的规定，通常为退浆、漂白、不含整理剂的棉布，圆柱形摩擦头用 5cm×5cm 的正方形标准白布，长方形摩擦头用 2.5cm×10cm 的长方形标准白布。在干/湿摩擦过程中，如果有染色纤维被带出留在摩擦布上，必须用毛刷去除。

6. 色牢度评级

试验结束后，将湿摩擦布放在室温下干燥，用灰色样卡评定摩擦布的沾色。对于干摩擦和湿摩擦分别以经、纬向沾色较重的级数，评出试样最后牢度等级。耐摩擦色牢度分为 5 级，1 级沾色最严重，耐摩擦色牢度最差，5 级最好。

干、湿摩擦过程中，如有染色纤维被带出留在摩擦布上，则必须用毛刷把它刷除。

第五节 纺织品的耐光照色牢度检测

纺织品耐光照色牢度是指印染纺织品在光照条件下保持原来色泽的能力，即光照条件下的不褪色、不变色能力，也称为耐日晒色牢度。

一、产生原因

印染纺织品经光照日晒而发生变、褪色是一个比较复杂的过程，其原因至今没有统一的理论解释，一般认为：在光照条件下，印染纺织品中的染料分子因吸收光能而处于激发状态，这种状态是不稳定的，必须将所获得的能量以不同的形式释放出去，才能变成稳定态。其中一种释放形式就是染料分子吸收光能后因光氧化作用而分解，导致染料分子的发色体系被破坏，造成颜色变浅甚至失去颜色。

例如：偶氮类染料在纤维素纤维上的褪色就是一个氧化过程。

二、影响因素

影响耐光照色牢度的因素主要有四项：光照强度、光照时间、染料结构和染料在纤维上的状态。除此之外，纤维种类、染料浓度、整理剂等也会对耐光照色牢度产生不同程度的影响。

1. 光照强度

光照强度越强，染料褪色越严重。

2. 光照时间

光照时间越长，染料褪色越严重。

3. 染料结构

一般来说，蒽醌类、酞菁类、金属络合类染料的耐光色牢度较高，而偶氮类染料的耐光色牢度要差些。目前认为是偶氮基容易发生光氧化作用而导致褪色，因此当偶氮基的邻位含有氨基、羟基时，耐光色牢度较差；而当偶氮基的邻位含有吸电子基时，耐光色牢度有所提高。

4. 染料状态

聚集态染料比单分子状态染料的耐光色牢度高。

5. 纤维种类

同一个染料在不同纤维上的耐光色牢度也有很大差异。例如：

（1）以同样的浓度分别染棉和黏胶纤维，其耐光色牢度是不同的，在黏胶纤维上的耐光色牢度比在棉上高。

（2）还原染料在纤维素纤维上的耐光色牢度很好，但在聚酰胺纤维上却很差。这是因为染料在不同纤维上的物理状态以及与纤维的结合情况不同所造成的。

6. 染料浓度

耐光色牢度还随染色浓度的不同而变化。同一个染料染在同一种纤维上，染色浓度越高耐光色牢度越好，即深色的耐光照色牢度好。

三、纺织品耐日晒色牢度检测

1. 检测标准

GB/T 8426—1998《纺织品　色牢度试验　耐光色牢度：日光》

GB/T 8427—2008《纺织品　色牢度试验　耐人造光色牢度：氙弧》

FZ/T 01096—2006《纺织品　耐光色牢度试验方法：碳弧》

耐光色牢度测试方法有日光试验法、氙弧灯试验仪法和碳弧灯试验仪法三种。其中，日光试验法最接近实际情况，但试验周期长，操作不便，难以适应现代生产管理的需要。因此在实际工作中一般采用后两种方法。后两种方法使用的都是人造光源，虽然光谱接近日光，但与日光的光谱还是存在一定的差异，并且各种光源的光谱也有一定的区别，因而测试结果会受影响。遇到有争议时仍以日光试验法为准。

2. 基本原理

将试样与一组牢度为 1~8 级的蓝色羊毛标准，按规定方式排列在一起，并用不透光的遮盖物（如内黑外白硬卡），按规定比例同时遮盖住试样和蓝色羊毛标准的一部分，在规定条件下进行暴晒，直至试样暴晒与未暴晒部分的色差相当于评级用变褪色标准灰色样卡的某一级，或指定的蓝色羊毛标准中某级的变色相当于评级用变褪色标准灰色样卡某一级时，终止暴晒。

取下遮盖物，将试样与蓝色标准置于暗处 4h，再在规定的光源和观察条件下，将试样与蓝色羊毛标准进行变色对比，从而评定其色牢度。对于白色试样，是将其白度变化与蓝色羊毛标准对比，从而评定其色牢度。

3. 暴晒方法

暴晒方法一：将试样和蓝色羊毛标准按图 1-7-3（a）所示排列，用遮盖物 AB 遮盖试样和蓝色羊毛标准的 1/3，按规定条件每天暴晒 24h。第一阶段，晒至试样的暴晒和未暴晒部分的色差相当于灰色样卡 4 级，用遮盖物 CD 遮盖第一阶段。第二阶段，继续暴晒，直至试样的暴晒和未暴晒部分的色差相当于灰色样卡 3 级，如果蓝色羊毛标准 7 的变化比试样先达到灰色样卡 4 级，暴晒即可终止。方法一在评级有争议时予以采用，其特点是通过检查试样以控制暴晒周期，每个试样需备一套蓝色羊毛标准。

暴晒方法二：将试样和蓝色羊毛标准按图 1-7-3（b）所示排列，用遮盖物 AB、A′B′分别遮盖试样和蓝色羊毛标准总长度的 1/5，按规定条件每天暴晒 24h。第一阶段，暴晒至蓝色羊毛标准 4 的变色相当于灰色样卡 4~5 级，用遮盖物 CD 遮盖第一阶段。第二阶段，继续暴晒，直至蓝色羊毛标准 6 的变色相当于灰色样卡 4~5 级，用遮盖物 EF 遮盖第二阶段。第三阶段，继续暴晒，直至蓝色羊毛标准 7 的变色相当于灰色样卡 4 级，或最耐光的试样上的变色相当于灰色样卡 3 级，暴晒即可终止。方法二适用于大量试样同时暴晒，只需用一套蓝色羊毛标准就可以对一批不同试样进行对比，它是通过检查蓝色羊毛标准以控制暴晒周期的。

暴晒方法三：将试样和蓝色羊毛标准按图 1-7-3（c）所示排列，用遮盖物 AB 遮盖试样和蓝色羊毛标准的 1/3，在规定条件下每天暴晒 24h。第一阶段，晒至蓝色羊毛标准 6 的变色相当于灰色样卡4~5级，用遮盖物CD遮盖第一阶段。第二阶段，继续暴晒，直至蓝色羊毛标准7的变色相当于灰色样卡4~5级，暴晒即可终止。方法三与方法二相比，两者的基本特点相同，但方法三减少了暴晒阶段，缩短了暴晒时间。

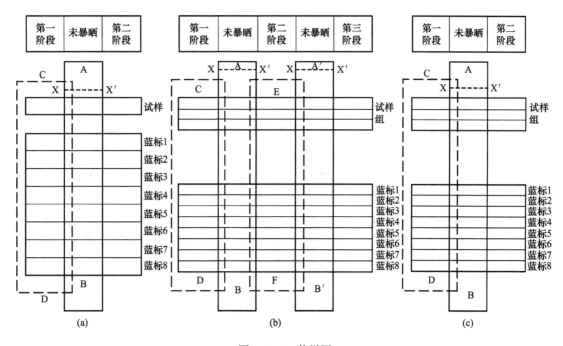

图1-7-3 装样图

其他允许的暴晒方法。如果要核对与某种性能规格是否一致时，可允许试样只与两块蓝色羊毛标准一起暴晒，其中，一块是按规定为某级蓝色羊毛标准，另一块是更低一级的蓝色羊毛标准。第一阶段，晒至某级蓝色羊毛标准的变色相当于灰色样卡4级；第二阶段，继续暴晒，直至某级蓝色羊毛标准的变色相当于灰色样卡3级，暴晒即可终止。

4. 蓝色羊毛标准

蓝色羊毛标准又称耐日晒色牢度蓝色标准（简称"蓝色标准"）。试样以规定深度的8种染料染于羊毛织物上制成，共分为8级，代表8种耐日晒色牢度等级。当8级蓝色标准同时在天然日光或人工光源中暴晒时，能形成8种不同的褪色程度，1级褪色程度最严重，表示耐日晒色牢度最差，8级则不褪色，表示耐日晒色牢度最好。

蓝色标样选用的染料见表1-7-8。

表1-7-8 蓝色标样选用的染料

级别	染料名称	染料索引（C.I.）编号
1级	酸性艳蓝FFR	C. I. Acid Blue 104
2级	酸性艳蓝FFB	C. I. Acid Blue 109
3级	酸性纯蓝6B	C. I. Acid Blue 83
4级	酸性蓝EG	C. I. Acid Blue 121

级别	染料名称	染料索引（C.I.）编号
5 级	酸性蓝 RX	C. I. Acid Blue 47
6 级	酸性淡蓝 4GL	C. I. Acid Blue 23
7 级	可溶性还原蓝 O₄B	C. I. Vat Blue 5
8 级	可溶性还原蓝 AGG	C. I. Vat Blue 8

5. 色牢度评级

暴晒结束后，按规定条件评级。试样的暴晒与未暴晒部分间的色差和某级蓝色羊毛标准的暴晒与未暴晒部分间的色差级数相当时，此级数即为试样的耐光色牢度级数。印染织物的耐光照色牢度分为 8 级，1 级最低，8 级最高。

如果试样所显示的变色，不是接近于某两个相邻蓝色试样标准中的一个，而更接近中间时，则应给予一个中间级数，例如 3~4 级等。在以试样的暴晒和未暴晒部分的最终暴晒阶段色差基础上，作出耐光色牢度最后评定，如果在不同暴晒阶段的色差上得出不同级数，则取其平均值作为试样的耐光色牢度，并以最接近的整级或半级表示。如果试样变色比蓝色羊毛标准 1 更差，则评为 1 级。

第六节　纺织品的耐汗渍色牢度检测

纺织品耐汗渍色牢度是测试印染纺织品耐汗液作用的色牢度性能，测试是在模拟人体汗液的试液作用下进行的，以考核印染纺织品耐汗渍的性能。

由于人体的汗液刚排出时呈碱性，一段时间后因细菌作用而呈现酸性。因此，印染纺织品的耐汗渍色牢度分为耐酸汗渍色牢度和耐碱汗渍色牢度。

一、产生原因

由于汗液的酸性或碱性对染料发色结构的破坏，导致染料颜色变浅或失去颜色；或者是大量水分对染料的溶解作用，使染料脱离纺织品而导致纺织品颜色变浅。

二、耐汗渍色牢度检测

1. 检测标准

GB/T 3922—2013《纺织品耐汗渍色牢度试验方法》。

2. 基本原理

将试样夹在规定的两块贴衬织物之间，并将两短边缝合，制成组合试样。将两个组合试样分别放在酸性和碱性人工汗液中浸渍，去除多余试液后装入耐汗渍色牢度试验仪中两块具有规定压力的平板之间（图 1-7-4），碱和酸试验使用的仪器要分开。把带有组合试样的酸、碱两组仪器放在恒温箱里，在 (37±2)℃的温度下放置 4h。拆去组合试样上一条短边的缝合线，展开组合试样，悬挂在温度不超过 60℃的空气中干燥。以用变褪色标准灰色样卡评定试

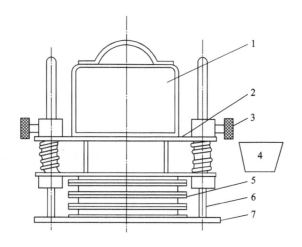

图 1-7-4 耐汗渍色牢度试验仪

1—重锤 2—弹簧压板 3—锁紧螺丝 4—浸渍盘 5—试样夹板 6—试样 7—座架

样的变色程度及与试样面接触的贴衬织物的沾色程度。

3. 试剂制备

试验用试剂分碱液和酸液两种类型，碱液每升含：L-组氨酸盐酸盐水合物 0.5g，氯化钠 5g，磷酸氢二钠十二水合物 5g 或磷酸氢二钠二水合物 2.5g，用 0.1mol/L 氢氧化钠溶液调整试液 pH 至 8。

酸液每升含：L-组氨酸盐酸盐水合物 0.5g，氯化钠 5g，磷酸二氢钠二水合物 2.2g；用 0.1mol/L 氢氧化钠溶液调整试液 pH 至 5.5。

4. 贴衬织物

每个组合试样需要两块贴衬织物。尺寸为 10cm×4cm，第 1 块贴衬织物由试样的同类纤维制成，第 2 块贴衬织物由表 1-7-9 规定的纤维制成。如果试样是混纺或交织品，则第 1 块选用试样中主要含量纤维的贴衬，第二块选用试样中次要含量纤维的贴衬（表 1-7-9）。

表 1-7-9 耐汗渍色牢度试验用贴衬织物

第一块贴衬织物	第二块贴衬织物	第一块贴衬织物	第二块贴衬织物
棉	羊毛	醋酯纤维	黏纤
羊毛	棉	聚酯纤维	羊毛或棉
丝	棉	聚酰胺纤维	羊毛或黏纤
麻	羊毛	聚丙烯腈纤维	羊毛或棉
黏胶纤维	羊毛		

5. 试验

按规定要求配制酸、碱试液（模拟酸汗和碱汗），在浴比为 50∶1 的试液里分别放入一块组合试样，使其完全润湿，然后在室温下放置 30min，必要时可稍加揿压和拨动，以保证试液能良好而均匀渗透。取出试样，倒去残液，去除组合试样上过多的试液，将试样夹在两块试样板中间，用同样的操作步骤放好其他组合试样，并使试样受压 12.5kPa，碱和酸的仪器应分开。把带有组合试样的酸、碱两组仪器放在恒温箱内，在（37±2)℃温度下放置 4h 后，取出试样，拆去所有缝线，展开试样并悬挂在温度不超过 60℃的空气里干燥。

6. 色牢度评级

用灰色样卡评出每一试样的变色级数和贴衬织物与试样接触一面的沾色级数。耐汗渍色牢度也分为 5 级。1 级最差，5 级最好。

除了上述四种色牢度之外，还有耐唾液色牢度、耐海水色牢度、耐水渍色牢度、耐水洗色牢度、耐干洗色牢度、耐升华（干热）色牢度、耐熨烫（热压）色牢度、耐过氧化物漂白色牢度、耐次氯酸盐漂白色牢度、耐酸斑色牢度、耐碱斑色牢度、耐气候色牢度等 30 多种色牢度测试。

思考题

1. 什么是色牢度？目前主要考核的色牢度指标有哪些？如何评级？

2. 同一块试样，一般干摩擦色牢度与湿摩擦色牢度哪个高？为什么？

3. 耐皂洗色牢度的影响因素有哪些？如何尽量减轻洗涤时的褪色？

4. 耐光色牢度有哪几种检测方法？分别适用于什么情况？

5. 什么是变色样卡、沾色样卡、蓝色羊毛标准？

6. 耐汗渍色牢度的检测方法分为哪几种情况？

第八章　纺织品的安全性能检测

第一节　概　述

当前，越来越多的人们对纺织品的要求不仅局限于美观性、功能性和舒适性，更加追求其天然生态、绿色环保及安全卫生等用途。随着整个纺织服装产业链的发展，从原材料生产者、加工者、制造者、消费者到各国政府，除了对纺织服装产品本身在消费者穿着过程中的安全性加大重视外，越来越关注纺织服装生产中产生的废气、废水、废物对环境的影响。各国政府及各种社会环保组织相继出台一系列法规，下架或销毁不符合绿色环保要求的产品，倒逼生产者从纺织加工过程中使用的原材料源头查起，如纤维材料、油剂、浆料、染料、整理剂和各种加工助剂等，来保证纺织产品的安全性。

1991 年末，奥地利纺织研究院在对大量的纺织品进行有害物质检测的基础上，提出了生态纺织品标准 100（Oko-Tex standard100），德国的海恩斯坦研究院采纳了该标准，并得到了国际研究测试协会的支持，1994 年 3 月德国的消费者和环境保护纺织品协会认可了"Oko-Tex100"标准，并于同年 7 月 15 日德国政府颁布了禁用部分偶氮染料法令，各国纺织和染料界都十分重视，反映强烈。我国也很重视，全国纺织品标准化技术委员会已组织制定了许多有关生态纺织品的测试方法标准。

所谓生态纺织品（Ecological Textiles），是指采用对环境无害或少害的原料和生产过程中所生产的对人体健康无害的纺织品。

生态纺织品必须符合以下四个基本前提：

（1）资源可再生和可重复利用。

（2）生产过程对环境无污染。

（3）在穿着和使用过程中对人体没有危害。

（4）废弃后能在环境中自然降解，不污染环境。即具有"可回收、低污染、省能源"等特点。

生态纺织品标准（Oko-Tex100）是世界上最权威的、影响最广的纺织品生态标准，在这个标准里对纺织品中的有害物质给出了明确的定义：所谓有害物质是指存在于纺织品或附件中，在通常（或按规定）使用条件下会释放出并超过最大限量，并会对人体产生某种影响，根据现有的科学知识水平推断，会损害人类健康的物质。

第二节　各个国家的安全性能法规

我国在 2003 年出台了 GB 18401—2010《国家纺织产品基本安全技术要求》，作为强制性标准，对国外进口中国或在中国生产最终在中国市场上售卖的纺织服装产品必须满足 GB 18401—2010 的要求。GB 18401—2010 强制规定了我国纺织产品的基本安全技术要求，包括了甲醛含量、pH、染色牢度、异味、可分解芳香胺染料 5 个项目。2010 年又完成了《国家纺织产品基本安全技术要求》的修订，目前该标准以新版本 GB 18401—2010《国家纺织产品基本安全技术要求》发布实施。2015 年 5 月 26 日，国家质检总局、国家标准委举行了强制性国家标准 GB 31701—2015《婴幼儿及儿童纺织产品安全技术规范》新闻发布会。该标准适用于年龄在 36 个月及以下的婴幼儿穿着的纺织产品以及 3～14 岁儿童穿着的纺织产品。标准按照安全技术要求的不同，将产品安全技术类别分为 A、B、C 三类，要求婴幼儿纺织产品应符合 A 类要求，直接接触皮肤的纺织产品至少应符合 B 类要求，非直接接触皮肤的儿童纺织产品应至少符合 C 类要求。该标准在 GB 18401—2010 的基础上，进一步提高了婴幼儿及儿童纺织产品的各项安全要求。在化学安全要求方面，增加了六种邻苯二甲酸盐增塑剂和铅、镉两种重金属的限量要求；在机械安全方面，标准对童装头、颈、肩部、腰部等不同部位绳带作出了详细规定，要求婴幼儿及 7 岁以下儿童服装头颈部不允许存在任何绳带。标准对纺织辅件也做了规定，要求辅件应具有一定的抗拉强力，且不应存在锐利尖端和边缘。另外，该标准还增加了燃烧性能。该标准将于 2016 年 6 月 1 日正式实施，同时，标准给出了两年的实施过渡期。在过渡期内，2016 年 6 月 1 日前生产并符合相关标准要求的产品允许在市场上继续销售，2018 年 6 月 1 日起，市场上所有相关产品都必须符合该标准要求。GB 18401—2010《国家纺织产品基本安全技术要求》如表 1-8-1 所示。

表 1-8-1　GB 18401—2010《国家纺织产品基本安全技术要求》

项目		A 类	B 类	C 类
甲醛含量（mg/kg）≤		20	75	300
pH[a]		4.0～7.5	4.0～8.5	4.0～9.0
染色牢度[b]（级）≥	耐水（变色、沾色）	3～4	3	3
	耐酸汗渍（变色、沾色）	3～4	3	3
	耐碱汗渍（变色、沾色）	3～4	3	3
	耐干摩擦	4	3	3
	耐唾液（变色、沾色）	4		
异味		无		
可分解致癌芳香胺[c]（mg/kg）		禁用		

a. 后续加工工艺中必须要经过湿处理的非最终产品，pH 可放宽至 4.0～10.5。

b. 对须经洗涤褪色工艺的非最终产品、本色及漂白产品不要求；扎染、蜡染等传统的手工着色产品不要求；耐唾液色牢度仅考核婴幼儿纺织产品。

c. 致癌芳香胺清单见附录 C，限量值≤20mg/kg。

美国服饰和鞋类协会 AAFA 是目前美国最大和最具有代表性的服饰、鞋类和其他缝制产品生产和贸易行业协会，拥有成员 700 多个。AAFA 于 2007 年 6 月推出首版《限用物质清单》，而《限用物质清单》只是根据相关的法律法规提供在最终产品上被限用或禁用的物质、化学品和材料的信息，而并不包含法规本身，其所列内容包括限用或禁用物质的 CAS 登记号、常用的化学或染料名称、最终产品或被测组分的限量要求信息。美国最严格的法规当属消费品安全委员会 CPSC 于 2008 年 8 月 14 日美国总统布什签署生效的安全改进法案 CPSIA，该法案是自 1972 年消费品安全委员会（CPSC）成立以来最严厉的消费者保护法案。新法案中除了对儿童产品中铅含量的要求更为严格外，还增加了有害物质邻苯二甲酸盐的要求。法案中的儿童指年龄在 12 岁或 12 岁以下的孩童，涂层铅的含量要低于 90mg/kg，基材铅的含量要低于 100mg/kg。纺织服装产品上涂层铅主要出现在面料上的涂层或涂料印花及辅件如拉链、按扣、纽扣等金属、塑料的表面涂层。基材铅是指产品上的金属、塑料部件。六种邻苯二甲酸盐 DINP、DIDP、DNOP、DEHP、DBP 及 BBP 要求小于 0.1%。邻苯二甲酸盐作为一种增塑剂，主要存在于涂层及塑料中。

作为全球较大的纺织服装消费市场——欧盟，在纺织品服装生态安全性要求的立法方面相当完善，在生产商、贸易商和消费者的头脑中根深蒂固。1991 年，奥地利纺织研究院和德国海恩斯坦研究院在对大量的纺织品进行有害物监测的基础上，于 1992 年 4 月 7 日公布了生态纺织品标准 100（Oeko-Tex standard100）第一版。1993 年 2 月，两家创立机构与瑞士纺织检验公司签署共同文件，宣布建立国际生态纺织品研究和检验协会。由此，Oeko-Tex Standard 100 成为国际生态纺织品研究和检验协会名下的一个由国际民间组织设立的生态纺织品符合性评定程序。Oeko-Tex Standard 100 是包括纺织品初级产品、中间产品和最终产品等所有加工级别在内的全球统一的纺织品检测和认证系统。在整个纺织生产链中，Oeko-Tex 证书是企业进入世界市场的门槛。只有对纺织品进行了有害物质检测，并且产品满足一系列标准的前提下，产品才可以带有"信心纺织品"标签。Oeko-Tex Standard 100 将产品根据纺织品用途划分为四个产品等级。

一类产品：婴儿用品，除皮制衣物外，一切用来制作婴儿及两岁以下儿童服装的织物、原材料和附件。

二类产品：直接接触皮肤的产品，穿着时，大部分材料直接接触皮肤的织物（如上衣、衬衣、内衣等）。

三类产品：不接触皮肤的产品，穿着时，只有小部分直接接触皮肤，大部分没有接触到皮肤的织物（如填充物、衬里等）。

四类产品：装饰材料，用来缝制室内装饰品的一切产品及原料，如桌布、墙面遮盖物、家具用织物、窗帘、室内装潢用织物、地面遮盖物、窗垫等。

2018 年开始，Oeko-Tex 协会如往年一样，发布了最新版 Oeko-Tex Standard 100 的检测标准和限量值要求。新标准在三个月的过渡期后，于 2018 年 4 月 1 日开始对所有认证生效。新版中的测试项目及限量值如表 1-8-2、表 1-8-3 所示。

表 1-8-2　纺织品中常见有害物质限量值

产品级别	I 婴幼儿	II 直接接触皮肤	III 非直接接触皮肤	IV 装饰材料
酸碱度				
	4.0~7.5	4.0~7.5	4.0~9.0	4.0~9.0
游离的和可部分释放的甲醛（mg/kg）				
112 法	n. d. ①	75	300	300

续表

产品级别	I 婴幼儿	II 直接接触皮肤	III 非直接接触皮肤	IV 装饰材料
可萃取的重金属（mg/kg）				
Sb（锑）	30.0	30.0	30.0	—
As（砷）	0.2	1.0	1.0	1.0
Pb（铅）	0.2	1.0	1.0^3	1.0
Cd（镉）	0.1	0.1	0.1	0.1
Cr（铬）	1.0	2.0	2.0	2.0
Cr（VI）铬（六价）	<0.5			
Co（钴）	1.0	4.0	4.0	4.0
Cu（铜）	25.0	50.0	50.0	50.0
Ni（镍）	1.0	4.0	4.0	4.0
Hg（汞）	0.02	0.02	0.02	0.02
杀虫剂（mg/kg）				
总计	0.5	1.0	1.0	1.0
氯化苯酚（mg/kg）				
五氯苯酚（PCP）	0.05	0.5	0.5	0.5
四氯苯酚（TeCP）总计	0.05	0.5	0.5	0.5
三氯苯酚（TrCP）总计	0.2	2.0	2.0	2.0
二氯苯酚（DCP）总计	0.5	3.0	3.0	3.0
一氯苯酚（MCP）总计	0.5	3.0	3.0	3.0

①n.d. 表示未检出。

表 1-8-3　纺织品色牢度要求及可挥发物限量值

产品级别	I 婴幼儿	II 直接接触皮肤	III 非直接接触皮肤	IV 装饰材料
色牢度（沾色）				
耐水	3~4	3	3	3
耐酸性汗液	3~4	3~4	3~4	3~4
耐碱性汗液	3~4	3~4	3~4	3~4
耐干摩擦 22，23	4	4	4	4
耐唾液和汗液	牢固			
可挥发物释放量（mg/m³）				
甲醛 [50-00-0]	0.1	0.1	0.1	0.1
有机挥发物	0.5	0.5	0.5	0.5

第三节 纺织品中常见有害物质的检测

一、纺织品 pH 检测

(一) 概述

pH 又称为氢离子浓度指数或酸碱值，是溶液中氢离子活度的一种标度，即通常意义上溶液酸碱程度的衡量标准。通常情况下（25℃、298K 左右），pH 越趋向于 0 表示溶液酸性越强，越趋向于 14 表示溶液碱性越强，当 pH<7 时，溶液呈酸性，当 pH>7 时，溶液呈碱性，当 pH=7 时，溶液为中性。由于人体皮肤带有一层弱酸性物质，以防止疾病入侵，因此纺织品 pH 在中性（pH 为 7）至弱酸性（pH 略低于 7）之间对皮肤较为有益。

纺织品在湿加工过程中，包括前处理（如漂白、丝光、染色）及后整理过程中，都会加入氢氧化钠等碱性物质，导致纺织品 pH 超标现象极为严重。所以，最终织物要经过充分的水洗，但有时水洗不充分，pH 仍然超标，对人体皮肤具有刺激过敏作用。因此，消费者新买的纺织服装产品应先经过水洗再使用或穿着。国内纺织品生产厂家应对 pH 及生产工艺进行有效控制，熟悉并掌握各国纺织品 pH 检测标准与检测技术。

(二) 测试原理

纺织品的 pH 是在室温下，用带有玻璃电极的 pH 计准确测定其水萃取液的 pH。

(三) 试样制备

GB/T 7573—2009《纺织品 水萃取液 pH 的测定》标准，测试时从批量大样中选取有代表性的样品，其数量应满足全部测试样品。将样品剪成约 5mm×5mm 的碎片，以便样品能够迅速润湿。避免污染和用手直接接触样品，每个测试样品准备 3 个平行样，每个称取（2.00±0.05）g。

水萃取液的制备：在室温下制备 3 个平行样的水萃取液：在具塞烧瓶中加入一份试样和 100mL 水或氯化钾溶液，盖紧瓶塞。充分摇动片刻，使样品完全润湿。将烧瓶置于机械振荡器上振荡 2h±5min，记录萃取液的温度。

(四) 检测步骤

在萃取液温度下用两种或三种缓冲溶液校准 pH 计。把玻璃电极浸没到同一萃取液（水或氯化钾溶液）中数次，直到 pH 示值稳定。将第一份萃取液倒入烧杯，迅速把电极浸没到液面下至少 10mm 的深度，用玻璃棒轻轻地搅拌溶液直到 pH 示值稳定（本次测定值不记录）。将第二份萃取液倒入另一个烧杯，迅速把电极（不清洗）浸没到液面下至少 10mm 的深度，静置直到 pH 示值稳定并记录。取第三份萃取液，迅速把电极（不清洗）浸没到液面下至少 10mm 的深度，静置直到 pH 示值稳定并记录。记录的第二份萃取液和第三份萃取液的 pH 作为测量值。

(五) 结果计算

如果两个 pH 测量值之间差异（精确到 0.1）大于 0.2，则另取其他试样重新测试，直到得到两个有效的测量值，计算其平均值，结果保留一位小数。

纺织品 pH 值检测常用的标准包括：ISO 3071—2006《纺织品 水萃取物 pH 的测定》，

AATCC 81—2001《经湿态加工处理的纺织水萃取物的 pH 值》和 GB/T 7573—2009《纺织品水萃取液 pH 的测定》。各标准之间的差异如表 1-8-4～表 1-8-9 所示。

表 1-8-4　取样之间的差异

标准	样品称取重量	样品份数	样品准备
ISO 3071—2006	(2±0.05) g	3 份	样品剪成约 0.5cm×0.5cm
AATCC 81—2001	(10±0.1) g	试样份数未作规定，一般取 2 份	将织物剪碎
GB/T 7573—2009	(2±0.05) g	3 份	样品剪成约 1cm×1cm

表 1-8-5　萃取所需蒸馏水之间的差异

标准	蒸馏水 pH 要求	蒸馏水使用前煮沸要求	样品萃取所需蒸馏水的体积（mL）
ISO 3071—2006	(20±2)℃时 5.0~6.5	煮沸 5min 后，冷却（隔绝空气）	100
AATCC 81—2001	无	煮沸 10min	250
GB/T 7573—2009	(20±2)℃时 5.0~6.5	煮沸 5min 后，冷却（隔绝空气）	100

表 1-8-6　样品萃取过程的差异

标准	萃取过程
ISO 3071—2006	将试样放入装有蒸馏水的具塞烧瓶中，浸润，室温条件下振荡 1h
AATCC 81—2001	将试样放入规定沸腾的蒸馏水中，在加盖状态下，再煮沸 10min，冷却至室温
GB/T 7573—2009	将试样放入装有蒸馏水的具塞烧瓶中，浸润，室温条件下振荡 1h

表 1-8-7　pH 计标定所用缓冲溶液差异

标准	缓冲溶液的 pH 要求
ISO 3071—2006	20℃时，0.05 mol/L 苯二甲酸氢钾溶液的 pH 为 4.001，0.05 mol/L 四硼酸钠溶液 pH 为 9.23
AATCC 81—2001	缓冲溶液的 pH 为 4.0、7.0、10.0 或其他所需的 pH
GB/T 7573—2009	20℃时，0.05 mol/L 苯二甲酸氢钾溶液的 pH 为 4.001，0.05 mol/L 四硼酸钠溶液 pH 为 9.23

表 1-8-8　试样萃取液 pH 测定差异

标准	测定要求
ISO 3071—2006	第一份试样萃取液作辅助测试，以第 2、3 份萃取液测试数据的平均值为结果。若 pH<3 或 pH>9，取 10mL 萃取液加 90mL 水混合，再测 pH，未稀释与稀释溶液 pH 之差作为差异指标
AATCC 81—2001	以第 1、2 份萃取液测试数据的平均值为结果
GB/T 7573—2009	第一份试样萃取液作辅助测试，以第 2、3 份萃取液测试数据的平均值为结果。若 pH<3 或 pH>9，取 10mL 萃取液加 90mL 水混合，再测 pH，未稀释与稀释溶液 pH 之差作为差异指标

表 1-8-9　试验报告 pH 表达差异

标准	pH 表达
ISO 3071—2006	保留 2 位小数，修约至 0.05 的整数
AATCC 81—2001	保留 1 位小数
GB/T 7573—2009	保留 2 位小数，修约至 0.05 的整数

二、纺织品甲醛含量检测

（一）概述

甲醛，又称蚁醛，无色气体，有特殊的刺激气味，对人体的健康危害主要包括以下几个方面：

1. 刺激作用

甲醛是原浆毒物质，能与蛋白质结合，高浓度吸入时会严重刺激呼吸道及引起水肿、头痛。

2. 致敏作用

可引起过敏性皮炎、色斑、坏死，吸入高浓度甲醛可诱发支气管哮喘。

3. 致突变作用

高浓度甲醛是一种基因毒性物质，高浓度吸入的情况下，会引起鼻咽肿瘤。

4. 突出表现

头痛、头晕、乏力、恶心、呕吐、胸闷、眼痛、嗓子痛、心悸、失眠、体重减轻、记忆力减退以及植物神经紊乱，孕妇长期吸入可导致胎儿畸形，甚至死亡，男子长期吸入可导致男子精子畸形、死亡等。

生产纺织服装面料时，为了起到织物防皱、防缩、阻燃等作用，或为了保持印花、染色的耐久性，或为了改善手感，在助剂中添加甲醛，尤其是纯棉纺织品，因为纯棉纺织品容易起皱，使用含甲醛的助剂能提高棉布的防皱性。含有甲醛的纺织品，在人们穿着和使用过程中，会逐渐释出游离甲醛，通过人体呼吸道及皮肤接触引发呼吸道炎症和皮肤炎症，还会对眼睛产生刺激。厂家使用含甲醛的染色助剂，特别是一些生产厂为降低成本，使用甲醛含量极高的廉价助剂，对人体十分有害。

纺织品甲醛检测常见的标准包括：GB/T 2912.1—2009《纺织品　甲醛的测定　第 1 部分：游离和水解》，该标准等同于国际标准 ISO 14184-1：2011；GB/T 2912.2—2009《纺织品　甲醛的测定　第 2 部分：释放的甲醛（蒸汽吸收法）》，该标准等同于国际标准 ISO 14184-2：2011；AATCC 112—2014《纺织品中释放的甲醛含量测试：密封罐法》及 JIS L 1041：2011 条款：8.1.3《精整树脂织物的试验方法-游离水解甲醛》。

GB/T 2912.1—2009 标准规定了通过水萃取及部分水解作用的游离甲醛含量的测定方法，适用于游离甲醛含量为 20~3500mg/kg 的任何形式的纺织品。检出限为 20mg/kg，低于检出限的结果报告为"未检出"。

（二）测试原理

试样在 40℃的水浴中萃取一定时间，萃取液用乙酰丙酮显色后，在 412nm 的波长下，用分光光度计测定显色液中甲醛的吸光度，对照标准甲醛工作曲线，计算出样品中游离甲醛的含量。

（三）试样制备

测试样品不进行调湿，预调湿可能影响样品中的甲醛含量，测试前样品密封保存。从样品上取两块试样剪碎，称取 1g，精确至 10mg。如果甲醛含量过低，增加试样量至 2.5g，以获得满意的精度。将每个试样放入 250mL 的碘量瓶或具塞三角烧瓶中，加 100mL 水，盖紧盖子，放入（40±2）℃水浴中振荡（60±5）min，用过滤器过滤至另一碘量瓶或三角烧瓶中，供分析用。若出现异议，采用调湿后的试样质量计算校正系数，校正试样的质量。从样品上剪取试样后立即称量，进行调湿后再称量，用两次称量值计算校正系数，然后用校正系数计算出试样校正质量。

（四）检测步骤

用单标移液管吸取 5mL 过滤后的样品溶液放入一试管及各吸取 5mL 标准甲醛溶液分别放入试管中，分别加 5mL 乙酰丙酮溶液，摇动。首先把试管放在（40±2）℃ 水浴中显色（30±5）min，然后取出，常温下避光冷却（30±5）min，用 5mL 蒸馏水加等体积的乙酰丙酮作空白对照，用 10mm 的吸收池在分光光度计 412nm 波长处测定吸光度。若预期从织物上萃取的甲醛含量超过 500mg/kg，或试验采用 5∶5 比例，计算结果超过 500mg/kg 时，稀释萃取液使之吸光度在工作曲线的范围内（在计算结果时，要考虑稀释因素）。如果样品的溶液颜色偏深，则取 5mL 样品溶液放入另一试管，加 5mL 水，按上述操作。用水作空白对照。做两个平行试验。如果怀疑吸光值不是来自甲醛而是由样品溶液的颜色产生的，用双甲酮进行一次确认试验。

双甲酮确认试验：取 5mL 样品溶液放入一试管（必要时稀释），加入 1mL 双甲酮乙醇溶液并摇动，把溶液放入（40±2）℃ 水浴中显色（10±5）min，加入 5mL 乙酰丙酮试剂摇动，继续把试管放在（40±2）℃ 水浴中显色（30±5）min，然后取出，常温下避光冷却（30±5）min，用 5mL 蒸馏水加等体积的乙酰丙酮作空白对照，用 10mm 的吸收池在分光光度计 412nm 波长处测定吸光度。对照溶液用水而不是样品萃取液，来自样品中的甲醛在 412nm 的吸光度将消失。

乙酰丙酮试剂的制备：向 1000mL 容量瓶中加入 150g 乙酸铵，用 800mL 水溶解，然后加入 3mL 冰醋酸和 2mL 乙酰丙酮，用水稀释至刻度，用棕色瓶储存。双甲酮的乙醇溶液制备：1g 双甲酮用乙醇溶解并稀释至 100mL。

（五）结果计算

结果计算用下式来校正样品吸光度：

$$A = A_s - A_b - (A_d)$$

式中：A 为校正吸光度；A_s 为试验样品中测得的吸光度；A_b 为空白试剂中测得的吸光度；A_d 为空白样品中测得的吸光度（仅用于变色或沾污的情况下）。用校正后的吸光度数值，通过工作曲线查出甲醛含量，用 μg/mL 表示。

用下式计算从每一样品中萃取的甲醛量：

$$F = \frac{c \times 100}{m}$$

式中：F 为从织物样品中萃取的甲醛含量（mg/kg）；c 为读自工作曲线上的萃取液中的甲醛浓度（μg/mL）；m 为试样的质量（g）。取两次检测结果的平均值作为试验结果，计算结果修约至整数位。如果结果小于 20mg/kg，试验结果报告"未检出"。

三、纺织品禁用偶氮染料的检测

（一）概述

偶氮染料是指分子结构中含有偶氮基（—N≡N—）的染料。该染料色谱齐全，色光良好，牢度较高，可用于各种纤维的染色和印花，并在皮革、纸张、木材、麦秆、羽毛等的染色以及涂料、油墨、塑料、橡胶等的着色中也有应用。目前，世界市场上 2/3 左右的合成染料是以偶氮染料为基础制成的，估计 2000 个品种近 60 万吨年产量。

偶氮染料本身没有直接的致癌作用，但部分偶氮染料（表 1-8-10）在一定条件下，尤其是色牢度不好的时候，就会从织物上转移到人的皮肤上，并且在人体的分泌物的作用下（如酶）发生还原分解反应，并释放出致癌性的芳香胺化合物。这些芳香胺被人体皮肤吸收后，会使人体细胞的 DNA 发生变化，成为人体病变的诱发因素，具有潜在的致癌性。

表 1-8-10　禁止在织物上使用特定（即还原）条件下会裂解产生 24 种致癌芳香胺的偶氮染料

编号	染料英文名称	中文名	CAS-No.
1	4-Aminodiphenyl	对氨基联苯	92-67-1
2	Benzidine	联苯胺	92-87-5
3	4-Chloro-o-toluidine	4-氯联甲基苯胺	95-69-2
4	2-Naphthylamine	2-萘胺醋酸盐	91-59-8
5	o-Aminoazotoluene	邻氨基偶氮甲苯	97-56-3
6	5-nitro-o-toluidine（2-Amino-4-nitrotoluene）	2-氨基-4-硝基甲苯	99-55-8
7	4-Chloroaniline（p-Chloroaniline）	对氯苯胺	106-47-8
8	4-Methoxy-m-phenylenediamine（2,4-Diaminoanisole）	2,4-二氨基苯甲醚	615-05-4
9	4,4'-Diaminodiphenylmethane（4,4'-Methylenedianiline）	4,4'-二氨基二苯甲烷	101-77-9
10	3,3'-Dichlorobenzidine	3,3'-二氯联苯胺	91-94-1
11	3,3'-Dimethoxybenzidine（o-Dianisidine）	3,3'-二甲氧基联苯胺	119-90-4
12	3,3'-Dimethylbenzidine（4,4'-Bi-o-tolidine）	3,3'-二甲基联苯胺	119-93-7
13	4,4'-Methylenedi-o-toluidine（3,3'-Dimethyl-4,4'-diaminodiphenylmethane）	3,3'-二甲基-4,4'-二氨基二苯甲烷	838-88-0
14	p-Cresidine	2-甲氧基-5-甲基苯胺	120-71-8
15	4,4'-Methylene-bis-（2-chloraniline）	4,4'-亚甲基氯苯胺	101-14-4
16	4,4'-Oxydianiline	4,4'-二氨基二苯醚	101-80-4
17	4,4'-Thiodianiline	4,4'-二氨基二苯硫醚	139-65-1
18	o-Toluidine	邻甲苯胺	95-53-4
19	4-Methyl-m-phenylenediamine（2,4-Toluenediamine）	2,4-二氨基甲苯	95-80-7
20	2,4,5-Trimethylaniline	2,4,5-三甲基苯胺	137-17-7
21	o-Anisidine	甲氧基苯胺	90-04-0
22	4-Aminoazobenzene（p-Aminoazobenzene）	对氨基偶氮苯	60-09-3
23	2,4-Xylidine	2,4-二甲苯胺	95-68-1
24	2,6-Xylidine	2,6-二甲苯胺	87-62-7

纺织品禁用偶氮染料的检测常用标准包括：CEN ISO/TS 17234：2003《皮革—化学测试皮革中某些偶氮染料的测定》，EN 14362-1：2003《纺织品某些源自偶氮染料的芳香胺的

测定方法　第1部分：无须萃取的某些偶氮染料测定》，EN 14362-2：2003《纺织品某些源自偶氮染料的芳香胺的测定方法　第1部分：萃取的某些偶氮染料测定》，35LMBG82.02-2《日用品分析　纺织日用品上使用某些偶氮染料的检测》，35LMBG82.02-3《日用品测试　皮革上使用某些偶氮染料的检测》，35LMBG82.02-4《日用品分析　聚酯纤维上使用某些偶氮染料的检测》，DIN 53316：1997《皮革检验　皮革某些偶氮染料的测定》和GB/T 17592—2011《纺织品　禁用偶氮染料的测定》。

GB/T 17592—2011《纺织品　禁用偶氮染料的测定》标准规定了纺织产品中可分解出致癌芳香胺的禁用偶氮染料的检测方法，适用于经印染加工的纺织产品。该标准的测定低限为5mg/kg。

（二）检测原理

纺织样品在柠檬酸盐缓冲溶液介质中用连二亚硫酸钠（保险粉）还原分解以产生可能存在的禁用芳香胺，用适当的液—液分配柱提取溶液中的芳香胺，浓缩后用合适的有机溶剂定容，用配有质量选择检测器的气相色谱仪（GC/MS）进行测定。必要时，选用另外一种或多种方法对异构体进行确认。用配有二极管阵列检测器的高效液相色谱仪（HPLC/DAD）或气相色谱/质谱仪进行定量。

（三）试样制备

对于印花样品的取样比较特殊。第一种为对于有规律的印花，按循环取样后剪碎混合进行检测。对于循环很大或无规律的印花，按地、花面积的比例取样后剪碎混合，再取样检测。对于局部印花的纺织品，取样时应包括印花图案部分。第二种方法为按颜色分别进行检测，单件样品中某一颜色小于检测量时，此种颜色不进行检测，并且在结果中说明试验颜色。

试样制备和处理时取有代表性的样品，剪成约5mm×5mm的小片，混合。

（四）检测步骤

1. 反应

从混合样中称取1.0g，精确至0.01g，置于反应器中，加入17mL预热到（70±2）℃的柠檬酸盐缓冲溶液，将反应器密闭，用力振摇，使所有试样浸入液体中，置于已恒温至（70±2）℃的水浴中保温30min，使所有的试样充分润湿。然后，打开反应器，加入3.0mL连二亚硫酸钠溶液，并立即密闭振摇，将反应器再于（70±2）℃水浴中保温30min，取出后2min内冷却到室温。

2. 萃取

用玻璃棒挤压反应器中试样，将反应液全部倒入提取柱内，任其吸附15min，用4×20mL乙醚分四次洗提反应器中的试样，每次需混合乙醚和试样，然后将乙醚洗液倒入提取柱中，控制流速，收集乙醚提取液于圆底烧瓶中。

3. 浓缩

将上述收集的盛有乙醚提取液的圆底烧瓶置于真空旋转蒸发器上，于约35℃低真空下浓缩至1mL，再用缓氮气流驱除乙醚溶液，使其浓缩至近干。

4. 气相色谱/质谱定性分析

准确移取1.0mL甲醇或其他合适的溶剂加入浓缩至近干的圆底烧瓶中，混匀，静置。然后分别取1μL标准工作溶液与试样溶液注入气相色谱/质谱仪。通过比较试样与标样的保留时间及特征离子进行定性。必要时，选用另外一种或多种方法对异构体进行确认。

5. 定量分析

准确称取 1.0mL 内标溶液加入浓缩至近干的圆底烧瓶中，混匀，静置。然后分别取 1μL 混合标准工作溶液与试样溶液注入 HPLC/DAD 色谱仪，外标法定量检测计算。

（五）结果结算

外标法试样中分解出芳香胺 i 的含量按下式计算：

$$X_i = \frac{A_i \times C_i \times V}{A_{is} \times m}$$

式中：X_i 为试样中分解出芳香胺 i 的含量（mg/kg）；A_i 为样液中芳香胺 i 的峰面积（或峰高）；C_i 为标准工作液中芳香胺 i 的浓度（mg/L）；V 为样液最终体积（mL）；A_{is} 为标准工作液中芳香胺 i 的峰面积（或峰高）；m 为试样量（g）。

四、纺织品致敏分散染料的检测

（一）概述

分散染料是一类分子比较小，结构上不带水溶性基团的染料，借助于分散剂的作用在染液中均一分散而进行染色。它能上染聚酯纤维、醋酯纤维及聚酰胺纤维，成为涤纶的专用染料。经分散染料印染加工的化纤产品，色泽艳丽，耐洗色牢度优良。致敏分散染料隶属于分散染料，是指某些会引起人或动物的皮肤、黏膜或呼吸道过敏的染料。人体吸入性的过敏主要集中于呼吸道和黏膜，部分活性染料（可分为颗粒状和液状）可造成此类致敏。目前，市场上初步确认的致敏染料有 27 种（不包括部分对人体具有吸入性过敏和接触性过敏反应的活性染料），其中分散染料 26 种，酸性染料 1 种。在这 27 种染料中，有 22 种被 Oeko-Tex Standard 100 列为生态纺织品的监控项目，其中 17 种为早期用于醋酯纤维的分散染料，具体禁用致敏染料如表 1-8-11 所示。

表 1-8-11　禁用的致敏染料

编号	染料英文名称	中文名	CAS-No.
1	Disperse Blue 1	分散蓝 1	2475-45-8
2	Disperse Blue 3	分散蓝 3	2475-46-9
3	Disperse Blue 7	分散蓝 7	3179-90-6
4	Disperse Blue 26	分散蓝 26	3860-63-7
5	Disperse Blue 35	分散蓝 35	12222-75-2
6	Disperse Blue 102	分散蓝 102	69766-79-6
7	Disperse Blue 106	分散蓝 106	12223-01-7
8	Disperse Blue 124	分散蓝 124	61951-51-7
9	Disperse Brown 1	分散棕 1	23355-64-8
10	Disperse Orange 1	分散橙 1	2581-69-3
11	Disperse Orange 3	分散橙 3	730-40-5

编号	染料英文名称	中文名	CAS-No.
12	Disperse Orange 37/76	分散橙 37/76	13301—61—6
13	Disperse Red 1	分散红 1	2872—52—8
14	Disperse Red 11	分散红 11	2872—48—2
15	Disperse Red 17	分散红 17	3179—89—3
16	Disperse Yellow 1	分散黄 1	119—15—3
17	Disperse Yellow 3	分散黄 3	2832—40—8
18	Disperse Yellow 9	分散黄 9	6373—73—5
19	Disperse Yellow 39	分散黄 39	12236—29—2
20	Disperse Yellow 49	分散黄 49	54824—37—2
21	Disperse Yellow 23	甲氧基苯胺	6250—23—3
22	Disperse Orange 149	分散橙 149	85136—74—9

国际上纺织品致敏分散染料的测试标准是 DIN 54231，中国国家标准是 GB/T 20383—2006《纺织品　致敏性分散染料的测定》。GB/T 20383—2006 标准规定了采用高效液相色谱—质谱检测器法（LC—MS）或高效液相色谱—二极管阵列检测器法（HPLC—DAD）检测纺织产品上可萃取致敏性分散染料。其中 LC—MS 方法的测定低限为 0.5mg/kg，HPLC—DAD 方法的测定低限为 5mg/kg。

（二）检测原理

检测原理是样品经甲醇萃取后，用高效液相色谱—质谱检测器法对萃取液进行定性、定量测定；或用高效液相色谱—二极管阵列检测器法进行定性、定量测定，必要时辅以薄层层析法（TLC）、红外光谱法（IR）对萃取物进行定性测定。

（三）试样制备

取代表性样品剪成 5mm×5mm 的碎片，混匀。

（四）检测步骤

1. 萃取

称取 1.0g 试样，精确至 0.01g，置于提取器中。往提取器中准确加入 10mL 甲醇，旋紧盖子，将提取器置于 70℃ 的超声波浴中萃取 30min，冷却至室温后，用 0.45μm 聚四氟乙烯薄膜过滤头将萃取液注射过滤至小样品瓶中，用 LC—MS 或 HPLC—DAD 分析。当用 HPLC—MS 分析时，可根据需要用甲醇将过滤后的萃取液进一步稀释。

2. LC—MS 定性定量分析

分别取 10μL 试样溶液、用于 LC—MS 分析的标准工作溶液（0.2mg/L 和 0.8mg/L）进行 LC—MS 分析。通过选择两级质谱的特定离子对，比较试样与标样色谱峰的相对保留时间进行定性，以外标法定量。

3. HPLC—DAD 定性、定量分析

分别取 20μL 试样溶液、用于 HPLC—DAD 分析的标准工作溶液进行 HPLC—DAD 分析，通过比较试样与标样在规定的检测波长下色谱峰的保留时间以及紫外—可见（UV—VIS）光谱进行定性，外标法定量。

需要时可用 TLC 及 IR 法对定性结果进行确认，方法如下：将试样萃取液与被怀疑存在的单组分染料标样一起，直接在硅胶 60TLC 板上点样，点样处离底边 2.5cm，点与点之间的距离为 2cm，标样的浓度应与试样萃取液相似。TLC 展开剂：甲苯/四氢呋喃/正己烷（体积比为 5:1:1）。比较试样与标样的比移值（R_f）进行定性确认。必要及条件许可时，可将相应的斑点刮下，用甲醇溶解，通过适当的制样方式进行 IR 分析，得到定性确认结果。

（五）结果计算

本方法测定结果以各种致敏性分散染料的检测结果分别表示，计算方法如式表示：

$$X_i = \frac{A_i \times C_i \times V \times F}{A_{is} \times m}$$

式中：X_i 为试样中分散染料 i 的含量（mg/kg）；A_i 为样液中分散染料 i 的峰面积（或峰高）；C_i 为标准工作液中分散染料 i 的浓度（mg/L）；V 为试样萃取液体积（mL）；A_{is} 为标准工作液中分散染料 i 的峰面积（或峰高）；F 为稀释因子；m 为试样质量（g）。

五、纺织品致癌染料的检测

（一）概述

染料的致癌性是指某些染料对人体或动物体引起肿瘤或癌变的性能。其致癌原因有多种，一种是在某种条件下裂解产生具有致癌作用的化学物质，如某些偶氮染料在还原条件下会分解产生致癌芳香胺；另一种是染料本身直接与人体或动物体长时间接触就会引起癌变，这是本环节所指的致癌染料。

欧盟指令 1999/43/EC 和 Oeko-Tex Standard 100 禁止销售和使用 9 只致癌染料，如表 1-8-12 所示。

国际上纺织品致癌染料（包括致敏分散染料和致癌分散染料）的测试，标准是 DIN 54231，中国国家标准是 GB/T 20382—2006《纺织品　致癌染料的测定》。

表 1-8-12　禁用的致癌染料

编号	染料英文名称	中文名	CAS-No.
1	Acid Red 26	酸性红 26	3761-53-3
2	Basic Red 9	碱性红 9	569-61-9
3	Basic Violet 14 HCl	碱性紫 14	632-99-5
4	Direct Black 38	直接黑 38	1937-37-7
5	Direct Blue 6	直接蓝 6	2602-46-2
6	Direct Red 28	直接红 28	573-58-0
7	Disperse Blue 1	分散蓝 1	2475-45-8
8	Disperse Orange 11	分散橙 11	82-28-0
9	Disperse Yellow 3	分散黄 3	2832-40-8

（二）检测原理

GB/T 20382—2006 标准规定了采用高效液相色谱—二极管阵列检测器法检测经印染加工

的纺织产品上可萃取致癌染料的方法。测试原理是样品经甲醇萃取后，用高效液相色谱—二极管阵列检测器法对萃取液进行定性、定量测定。本方法的测定低限为 10mg/kg。

（三）试样制备

取代表性样品剪成 5mm×5mm 的碎片，混匀。

（四）检测步骤

1. 萃取

称取 1.0g 试样，精确至 0.01g，置于提取器中。向提取器中准确加入 10mL 甲醇，旋紧盖子，将提取器置于 70℃ 的超声波浴中萃取 30min，冷却至室温后，用 0.45μm 聚四氟乙烯薄膜过滤头将萃取液注射过滤至小样品瓶中，用 HPLC—DAD 分析。

2. HPLC—DAD 定性、定量分析

分别取 20μL 试样溶液用于 HPLC/DAD 分析的标准工作溶液进行 HPLC/DAD 分析，通过比较试样与标样在规定的检测波长下色谱峰的保留时间以及紫外—可见（UV—VIS）光谱进行定性，外标法定量。

需要时可用 TLC 及 IR 法对定性结果进行确认，方法如下：将试样萃取液与被怀疑存在的单组分染料标样一起，直接在硅胶 60TLC 板上点样，点样处离底边 2.5cm、点与点之间的距离为 2cm，标样的浓度应与试样萃取液相似。TLC 展开剂：甲苯：四氢呋喃：正己烷（体积比为 5：1：1）。比较试样与标样的比移值（R_f）进行定性确认。必要及条件许可时，可将相应的斑点刮下，用甲醇熔解，通过适当的制样方式进行 IR 分析，得到定性确认结果。

（五）结果计算

本方法测定结果以各种致敏性分散染料的检测结果分别表示，计算方法如式表示：

$$X_i = \frac{A_i \times C_i \times V \times F}{A_{is} \times m}$$

式中：X_i 为试样中致癌染料 i 的含量（mg/kg）；A_i 为样液中致癌染料 i 的峰面积（或峰高）；C_i 为标准工作液中致癌染料 i 的浓度（mg/L）；V 为试样萃取液体积（mL）；A_{is} 为标准工作液中致癌染料 i 的峰面积（或峰高）；F 为稀释因子；m 为试样量（g）。

六、邻苯二甲酸盐的检测

（一）概述

邻苯二甲酸盐（Phthalates）是一类广泛使用的增塑剂，对塑料起改性或软化作用，普遍存在于塑料和油漆中。这种物质广泛存在于化妆品、儿童玩具、食品包装中，如果其含量超标，会对人体健康产生很大危害。研究表明，邻苯二甲酸盐在人体和动物体内发挥着类似雌性激素的作用，可干扰内分泌，使男子精液量和精子数量减少，精子运动能力低下，精子形态异常，严重的会导致睾丸癌，是造成男子生殖问题的"罪魁祸首"。在化妆品中，指甲油的邻苯二甲酸盐含量最高，很多化妆品的芳香成分也含有该物质。化妆品中的这种物质会通过女性的呼吸系统和皮肤进入体内，如果过多使用，会增加女性患乳腺癌的概率，还会危害到她们未来生育的男婴的生殖系统。

欧盟于 1999 年就正式作出决定，在欧盟成员国内，对 3 岁以下儿童使用的与口接触的玩具（如婴儿奶嘴）以及其他儿童用品中邻苯二甲酸盐的含量进行严格限制。专家发现，含有邻苯二甲酸盐的软塑料玩具及儿童用品有可能被小孩放进口中，如果放置的时间足够长，就会导致邻苯二甲酸盐的溶出量超过安全水平，会危害儿童的肝脏和肾脏，也可引起儿童性早熟危害。2007年1月16日生效的欧盟第2005/84/EC号指令限制玩具及儿童护理用品的邻苯二甲酸盐含量，其中儿童护理用品是指任何有助儿童睡眠、放松、保持卫生以及喂哺儿童或让儿童吸吮的产品，其中包括各种形状及类型的奶嘴。

　　2005/84/EC号指令对邻苯二甲酸盐的限制：玩具或儿童护理用品的塑料所含的三类邻苯二甲酸盐（DEHP、DBP及BBP），浓度不得超过0.1%；DEHP、DBP及BBP浓度超过0.1%的玩具及儿童护理用品，不得在欧盟市场出售；儿童可放进口中的玩具及儿童护理用品，其塑料所含的三类邻苯二甲酸盐（DINP、DIDP及DNOP），浓度不得超过0.1%；DINP、DIDP及DNOP浓度超过0.1%的玩具及儿童护理用品，不得在欧盟市场出售。

　　禁止使用的有害邻苯二甲酸盐如表1-8-13所示。

表1-8-13　禁止使用的有害邻苯二甲酸盐

编号	英文名称	简称	中文名	CAS-No.
1	Diisononyl ortho-phthalate	DINP	邻苯二甲酸二异壬酯	68515-48-0
2	Bis-（2-ethylhexyl）-ortho-phthalate	DEHP	邻苯二甲酸（2-乙基己基）酯	117-81-7
3	Di-*n*-butyl ortho-phthalate	DBP	邻苯二甲酸二正丁酯	84-74-2
4	Diisodecyl ortho-phthalate	DIDP	邻苯二甲酸二异癸酯	26761-40-0
5	Di-*iso*-butyl ortho-phthalate	DIBP	邻苯二甲酸二异丁酯	84-69-5
6	Benzyl-*n*-butyl ortho-phthalate	BBP	邻苯二甲酸丁基苄酯	85-68-7
7	Di-*n*-octyl ortho-phthalate	DNOP	邻苯二甲酸二正辛酯	117-84-0
8	Diisooctyl ortho-phthalate	DIOP	邻苯二甲酸二异辛酯	27554-26-3
9	Dimethyl ortho-phthalate	DMP	邻苯二甲酸二甲酯	131-11-3
10	Diphenyl ortho-phthalate	DPP	邻苯二甲酸二戊酯	605-50-5
11	Dicthyl ortho-phthalate	DEP	邻苯二甲酸二乙酯	84-66-2
12	Dicyclohexyl ortho-phthalate	DCHP	邻苯二甲酸二环己酯	84-61-7
13	Di-propyl ortho-phthalate	DPRP	邻苯二甲酸二丙酯	131-16-8
14	Diisonoyl adipate	DNP	邻苯二甲酸二壬酯	84-76-4
15	Dipropyl phthalate	DPrP	邻苯二甲酸二丙酯	131-16-8
16	Dibenzyl phthalate	DBzp	邻苯二甲酸二苯甲酯	523-31-9
17	Diphenyl phthalate	DPhP	邻苯二甲酸二苯酯	84-62-8
18	Di-*n*-hexyl phthalate	DnHP	邻苯二甲酸二正己酯	84-75-3
19	Bis（2-methoxyethyl）phthalate	DMEP	邻苯二甲酸二（2-甲氧基乙基）酯	117-82-8
20	Diallyl phthalate	DAP	邻苯二甲酸二丙烯酯	131-17-9
21	*n*-decyl, *n*-octyl phthalate	nDnOP	1,2-苯二甲酸癸基辛基酯	119-07-3
22	di-*n*-decyl phthalate	DnDP	邻苯二甲酸二癸酯	84-77-5
23	*n*-Pentyl *iso*-pentyl phthalate	DiPP	—	—

美国总统布什 2008 年 8 月 14 日签署了《2008 消费品安全改进法案》（H. R. 4040）。法案进一步授权于消费品安全委员会（CPSC）加强消费品特别是儿童产品的安全管理。2010 年 4 月 1 日，CPSC 发布了正式的邻苯二甲酸盐测试标准 CPSC-CH-C1001-09.3。对于儿童产品中的邻苯二甲酸盐要求是在 CPSIA 第 108 节中规定的。这是 2009 年 3 月 3 日和 2009 年 7 月 27 日，CPSC 分别发布邻苯二甲酸盐的测试方法草案 CPSC-CH-C1001-09.1 和 CPSC-CH-C1001-09.2 之后，所发布的第三版测试标准，也是正式的测试方法。相比第二个版本，只是对样品制备过程和萃取过程做了细微改动。美国 CPSIA 的要求为：所有育儿物品中，DEHP、DBP 及 BBP 的含量不得超过 0.1%；所有三岁以下可以放入儿童嘴中的玩具及育儿物品，DINP、DIDP 及 DNOP 的含量不得超过 0.1%。

邻苯二甲酸盐是一类化合物的总称，主要是作为增塑剂添加到聚氯乙烯（PVC）塑料中起软化作用，其他塑料（如 PVA、PVDC、PU 等）中也可能会添加。当然并不是所有的塑料都会含有邻苯二甲酸盐。通常含有邻苯二甲酸盐的材料包括：PVC 及相关聚合物塑料，如聚偏氯乙烯（PVDC）和聚乙烯醇（PVA）；软塑料，但聚烯烃除外；软橡胶，但硅橡胶和天然乳胶除外；泡沫橡胶或泡沫塑料，如聚亚酸酯（PU）；表面涂层、防滑涂层、抛光剂、彩釉和印刷图案；睡衣等服装上的弹性材料；黏合剂、密封剂和电气绝缘材料。

邻苯二甲酸盐的测试标准有：EN 14372《儿童产品安全要求及测试方法》，美国 CPSC-CH-C1001-09.3《邻苯二甲酸酯测试标准作业程序》及 GB/T 22048—2015《玩具及儿童用品中特定邻苯二甲酸酯增塑剂的测定》。

GB/T 22048—2015 标准规定了玩具及儿童用品中邻苯二甲酸二丁酯（DBP）、邻苯二甲酸丁卞酯（BBP）、邻苯二甲酸（2-乙基己基）酯（DEHP）、邻苯二甲酸二正辛酯（DNOP）、邻苯二甲酸二异壬酯（DINP）和邻苯二甲酸二异癸酯（DIDP）共 6 种邻苯二甲酸酯增塑剂的测定方法。适用于塑料、纺织品、涂层材料的玩具及儿童用品。

（二）检测原理

将玩具和儿童用品的样品制备成试样后，用二氯甲烷在索氏（Soxhlet）抽提器或者溶剂萃取器中对试样中的邻苯二甲酸酯进行提取。将提取液定容后用气相色谱—质谱联用仪进行定性及定量分析。标准中 6 种邻苯二甲酸酯增塑剂含量的方法定量限为：DBP、BBP、DEHP、DNOP 为 0.001%，DINP、DIDP 为 0.005%。

（三）试样制备

样品制备过程不应改变样品材料的化学属性。使用刀刃或合适的切削工具从化学实验室样品上刮削试样并剪碎。对油漆涂层取样时应小心地从样品的基体材料上刮削油漆涂层，尽量不要刮削到基体材料。将其制成最大尺寸不超过 5mm 的均匀碎片。也可使用合适的样品粉碎装置粉碎制备试样。对于单一实验室样品中单一材料的取样量不足 10mg 时免除测试。

测试时称取约 1.0g（精确至 0.001g）试样放入抽提纸筒。若无法获得 1g 试样，最少应称取 0.1g 试样。

（四）检测步骤

1. 提取

（1）方法一。将试样置于 150mL 索氏抽提器的抽提纸筒中。为了防止试样漂浮，可在抽提纸筒上层放置脱脂棉。向 150mL 圆底烧瓶中加入 120mL 二氯甲烷，提取 6h，每小时回流次数不少于 4 次，必要时，使用冷冻循环装置进行冷却回流。冷却后，用合适的浓缩仪浓缩至剩下约 10mL 的提取液，注意防止被完全蒸干。建议控制旋转蒸发器水浴温度在 40~50℃，同时保持压力在 30~45kPa，并注意控制回流和浓缩的温度，防止邻苯二甲酸酯的损失。

（2）方法二。将试样置于溶剂萃取器的抽提纸筒中。为了防止试样漂浮，可在抽提纸筒上层放置脱脂棉。向萃取瓶中加入 80mL 二氯甲烷，于 80℃下浸提 1.5h，再淋洗 1.5h，必要时，使用冷冻循环装置进行冷却回流。最后浓缩至约 10mL 的提取液，并注意控制回流和浓缩的温度，防止邻苯二甲酸酯的损失。

2. 分析溶液准备

过滤，提取液可依实际情况任选一种方法进行定容，经有机相微孔滤膜过滤后，采用 GC—MS 测定。必要时（如提取液出现黏稠或混浊），可先用固相萃取柱对提取液进行净化处理。净化前先用 3mL 二氯甲烷预洗活化，然后上样，再用 3mL 二氯甲烷淋洗 3 次并收集洗脱液。定容（外标法），转移提取液或者洗脱液至 25mL 容量瓶中，并用二氯甲烷定容，并注意最终定容体积可以根据测试试样的质量和浓度相应进行调整。定容（内标法），转移提取液或者洗脱液至 25mL 容量瓶中，加入 1mL 内标储备溶液，并用二氯甲烷定容，定容后的溶液中含有 10 mg/L 的内标物。注意最终定容体积和加入的内标储备溶液的体积都可以根据测试试样的质量和浓度相应进行调整，但是最终样品溶液中的内标浓度建议与标准工作溶液中的内标物浓度一致。

3. 定性分析测定

通过对比试样和标准工作溶液中目标物的保留时间和特征离子的相对丰度来进行定性分析。以下条件可用于判定样品中是否含相应的邻苯二甲酸酯：样品中目标物的保留时间与标准工作溶液中目标物的保留时间的偏差在 ±0.5% 或 ±0.1min 范围内；特征离子在标准工作溶液中目标物的保留时间处出现；特征离子的相对丰度与标准工作溶液中目标物的相对丰度相一致（相对丰度>50%，允许 ±10% 的偏差；相对丰度为 20%~50%，允许 ±15% 的偏差；相对丰度在 10%~20%，允许 ±20% 的偏差；相对丰度<10%，允许 ±50% 的偏差）。

4. 定量分析测定

实验室可依实际情况任选外标法或者内标法进行定量。选取至少 5 个等距的不同浓度的标准工作溶液进行测定，以峰面积对浓度绘制标准曲线。标准曲线的线性相关系数不小于 0.995，样品溶液中邻苯二甲酸酯的相应值应在仪器的线性范围内，如有必要，可用二氯甲烷进行稀释。由于 GC—MS 对不同 CAS 登记号的 DINP，DIDP 标准物质的响应不同，实验室应尽可能选择与试样相近的标准物质，同时应在报告中标明 DINP 和 DIDP 的 CAS 登记号。对 DINP 和 DIDP 的同分异构体进行峰面积积分时，应先将基线拉平。

（五）计算结果

1. 外标法

样品中特定邻苯二甲酸酯的含量按下式计算，保留三位有效数字。

$$W_s = \frac{(A - b_1)}{a_1} \times \frac{V}{m} \times D \times \frac{1}{10000}$$

式中：W_s 为试样中特定邻苯二甲酸酯的含量（%）；A 为试液中邻苯二甲酸酯的峰面积或峰

面积之和；b_1 为校正曲线的纵坐标截距；a_1 为校正曲线的斜率（L/mg）；V 为试液定容体积（mL）；m 为试样质量（g）；D 为稀释倍数。

2. 内标法

样品中特定邻苯二甲酸酯的含量按下式计算，保留三位有效数字。

$$W_s = \left(\frac{A}{A_{is}} - b_2\right) \times \frac{C_{is}}{a_2} \times \frac{V}{m} \times D \times \frac{1}{10000}$$

式中：W_s 为试样中特定邻苯二甲酸酯的含量（%）；A 为试液中邻苯二甲酸酯的峰面积或峰面积之和；A_{is} 为试液中内标物的峰面积；b_2 为校正曲线的纵坐标截距；C_{is} 为样品溶液内标物的浓度（mg/L）；a_2 为校正曲线的斜率（L/mg）；V 为试液定容体积（mL）；m 为试样质量（g）；D 为稀释倍数。

七、烷基酚（AP）及烷基酚聚氧乙烯醚（APEO）的检测

（一）概述

AP 是一类由酚烷基化后产生的化合物，又叫烷基酚。烷基酚广泛应用在洗涤剂中，也是燃油、润滑油及聚合物中的添加剂及酚醛树脂的原料之一。APEO 是一种重要的聚氧乙烯型非离子表面活性剂，性质稳定、耐酸碱及成本低，广泛应用在纺织印染助剂中。前处理助剂，如精练剂、润湿剂、渗透剂，要求有良好的润湿和渗透性。早期的助剂因耐碱性要求不高，产品中几乎都含有 APEO。为了提高酶制品在应用中对纤维的渗透，酶制品中也有一定量的 APEO。出于同样原因，染色和印花工艺配方中也经常使用 APEO。印花浆料、黏合剂、涂层胶、软片、氨基硅油、防水剂等产品的使用量很大，但是这些产品在制造或乳化时都要使用 APEO 作为乳化剂。例如，乳液聚合印花黏合剂，就要求加入 APEO 和 AEO 作为乳化剂；氨基硅油制成乳液，需以氨基硅油 50% 的量加入各种不同 EO（环氧乙烷）类的 APEO 作为混合乳化剂，最终经干燥固定在织物上后，APEO 也随之沾污在织物上。净洗剂和皂洗剂是印染厂用量很大的一类助剂，这类助剂也大量使用十二烷基苯磺酸钠（LAS）和 APEO 进行复配。染色时，也会使用含有 APEO 的匀染剂作为染料分散剂。

APEO 中壬基酚聚氧乙烯醚（NPEO）占 80%～85%，辛基酚聚氧乙烯醚（OPEO）占 15% 以上，十二烷基酚聚氧乙烯醚（DPEO）和二壬基酚聚氧乙烯醚（DNPEO）各占 1%。世界烷基酚聚氧乙烯醚（APEO）年耗量为 8.8 亿磅，其中 80% 以上为壬基酚聚氧乙烯醚（NPEO）。

APEO 对生态影响主要包括四个方面：毒性、生物降解性、环境激素、在生产过程中产生有害副产物。APEO 的降解性缓慢，生物降解率仅为 0～9%。环境激素可以侵入人体，产生类似雌性激素的作用，是危害人体正常激素分泌的化学物质，APEO 能导致精子数量减少，生殖器官出现异常，已成为包括人类在内的所有生物的天敌。

APEO 的危害如此之大，世界上一些国家从 20 世纪 80 年代开始就逐渐限制或禁止使用 APEO 产品。欧盟早在 2003 年 6 月 18 日就颁布了指令 2003/53/EC，内容涉及限制 NP/NPEO 的使用、流通以及排放。2003/53/EC 中规定，如果产品中 NP 或 NPEO 含量或在排放物中的 NP 或 NPEO 含量等于或高于 0.1%（重量比），该物质就不能用于生产。目前欧美客户大多对 AP/APEO 均有限制要求，APEO 包括 NPEO/OPEO 的含量不能超过 100mg/kg，AP 包括 NP 和 OP 的含量不能超过 10mg/kg。

国际上 APEO 的检测方法是 ISO 18254-1：2016，中国有两个标准 GB/T 23322—2009《纺织品　表面活性剂的测定　烷基酚聚氧乙烯醚》和 GB/T 23972—2009《纺织染整助剂中烷基苯酚及烷基苯酚聚氧乙烯醚的测定　高效液相色谱/质谱法》。

GB/T 23322—2009 规定了纺织品中烷基酚聚氧乙烯醚（AP_nEO，$n=2\sim16$）的反相高效液相色谱（反相 HPLC）筛选方法、正相高效液相色谱（正相 HPLC）检测方法和液相色谱—串联质谱检测方法。反相 HPLC 和液相色谱—串联质谱对试样中 AP_nEO 的测定低限为 1.0mg/kg，正相 HPLC 对试样中 AP_nEO 的测定低限为 10mg/kg。

（二）检测原理

用甲醇作为提取溶剂，用索氏抽提法提取试样中的 APEO，提取液经浓缩和净化后，用配有荧光检测器的高效液相色谱仪测定，或用液相色谱—串联质谱测定，外标法定量。

（三）试样制备

测试时取代表性试样，剪成约 5mm×5mm 的碎片，混匀。称取 1g 试样（精确至 0.01g），置于索氏提取装置中，加入 150mL 甲醇到接收瓶中，抽提 3h，每秒流速 1~2 滴。用旋转蒸发器将提取液浓缩至干。准确加入 2.0mL 甲醇或异丙醇溶解残渣，用 0.45μm 滤膜将样液过滤至小样品瓶中，供仪器分析用。当试样（如蚕丝类）中杂质干扰测试结果时，可采用以下净化方法。用 10mL 甲醇—水溶液溶解上述浓缩瓶中的残渣，全部转移至固相萃取柱中，控制流速为 1~2mL/min。减压抽干 10min，用 5mL 甲醇—二氯甲烷溶液洗脱，收集洗脱液。将洗脱液用氮气吹干，准确加入 2.0mL 甲醇或异丙醇溶解残渣。用 0.45pm 滤膜将样液过滤至小样品瓶中，供仪器分析用。

（四）检测步骤

反相高效液相色谱筛选法：根据样液中 AP_nEO 含量，选择浓度相近的标准工作溶液。对标准工作溶液和样液等体积穿插进样测定。标准工作溶液和样液中 AP_nEO 的响应值均应在仪器检测的线性范围内。当样液的色谱峰保留时间与标准工作溶液一致时，待测物需要用正相 HPLC 法或 LC—MS/MS 法进一步分析确证。

（五）结果计算

$$X = \frac{A \times C_s \times V}{A_s \times m}$$

式中：X 为试样中 OP_nEO 或 NP_nEO 的含量（mg/kg）；A 为样液中 OP_nEO 或 NP_nEO 的色谱峰面积；C_s 为标准工作液中 OP_nEO 或 NP_nEO 的浓度（mg/L）；V 为样液最终定容体积（mL）；A_s 为标准工作液中 OP_nEO 或 NP_nEO 的色谱峰面积；m 为样液所代表试样的质量（g）。

八、重金属离子含量的测定

（一）概述

纺织品上可残留的重金属有镍、铬、钴、汞、砷、镉、锑、铅、铜 10 种。过量的重金属被人体吸收会累积于人体的肝、骨骼、肾及脑中，不仅会减弱人体免疫功能、诱发癌症，还可能引起慢性中毒，伤害人的中枢神经。

纺织品上的重金属主要来源于印染工艺中使用的部分染料、氧化剂和催化剂，其中大部分并不对人体造成危害，法规和标准所规定的是可萃取重金属的限量，是指在一定条件下可从纺织品中萃取出的量。

1. 镍

镍是合金材料中常使用的一种金属，通常起着增强硬度和防止腐蚀的作用。镍及镍化合物被怀疑有致癌作用，镍对部分人会引起过敏反应。1999 年，欧盟对进口纺织品进行规定：禁止在市场上销售的产品使用含镍在 $0.5mg/cm^2$ 以上与人体接触的附件，如纽扣、拉链、装饰品等金属物。镍主要存在于纺织品及服装的附件，如油漆涂料、墨水、拉链、塑料件和金属化合物中。

2. 汞

汞是一种以金属汞（液态）、气态（加热时）和固态（无机汞和有机汞）多种形态存在的化合物，汞及其化合物会造成中枢神经的损坏，有些汞化合物极可能有致癌的作用。纺织品及服装中极少有超量汞的存在。

3. 镉

镉是一种常用金属，具有不易腐蚀的特点，镉及其化合物常有致癌的作用。在纺织品和服装中，镉常会存在于塑料件、涂料（特别是红色、橙色、黄色和绿色）以及金属涂层中。

4. 铅

铅常用于电池、油漆、塑料（用作热稳定剂）、陶瓷等的生产加工中。铅及其化合物是极可能致癌的物质，并且会损坏人的中枢神经（特别是儿童）、肾及免疫系统。铅常会存在于纺织品和服装的塑料件、油漆、涂料以及金属涂层中。

5. 铬

铬通常以三种主要形态存在：铬（0）、铬（Ⅲ）和铬（Ⅵ），铬（Ⅲ）是其存在的主要形态。铬（Ⅵ）和某些化合物是已知的致癌物质，铬（Ⅵ）还会腐蚀皮肤，引起过敏反应。铬（Ⅵ）常会存在于纺织品和服装的塑料件、涂料以及经鞣制的皮革中。

6. 锑

锑对人体及环境生物具有毒性作用，可引起肺癌，对皮肤有放射性损伤，锑及其化合物已经被许多国家列为重点污染物。锑常存在于纺织品使用的阻燃剂上。

7. 砷

砷及其化合物具有毒性。一般来说，无机砷比有机砷的毒性大，三价砷比五价砷的毒性大。过量的砷会干扰细胞的正常代谢，影响呼吸和氧化过程，使细胞发生病变。砷还可直接损伤小动脉和毛细血管壁，并作用于血管舒缩中枢，导致血管渗透性增加，引起血容量降低，加重脏器损害，使肠胃功能紊乱。砷常存在于植物生长过程中。

8. 钴

钴浓度超标时会引起很多严重的健康问题，可能引起肺癌，对呼吸系统、眼、皮肤、心脏等器官造成不良影响。钴常存在于催化剂、染料、抗菌剂中。

9. 锌

锌过量时减弱人体免疫功能，影响铁的利用，并可造成胆固醇代谢紊乱，甚至诱发癌症。锌常存在于抗菌剂中。

10. 铜

铜会降低人体对铁、锌等微量元素的吸收，诱发缺铁症或缺锌症，甚至可能引起中毒，损害肝脏，导致肝损害、小脑功能失调等，过量时引发贫血。铜常存在于染料、抗菌剂、固色剂、媒染剂、服装辅料中。

英国在纺织品中重金属的测量方面起步较早。1986 年英国率先颁布了纺织品中重金属总量的湿法灰化标准方法 BS 6648，至今依然被使用。1987 年又颁布了重金属分析标准 BS 6810，该标准将可溶性重金属和重金属总量同时纳入检测范围，并于 2005 年将原标准中的两种仪器测试方法从 1987 年的原子吸收光谱法（AAS）和比色法拓展到包含等离子体原子发射光谱法（ICP—AES）在内的三种仪器测试方法。但是，英国纺织品标准中可溶性重金属前处理条件（即将试样通过盐酸浸提）的出发点与目前评价生态纺织品时所采用的重金属控制概念有较大的不同，其浸提条件更侧重于化学分析的客观性而有别于纺织品实际的衣着环境，因而在具体评价某一纺织品的品质特性时与通用的纺织品品质检验脱节。

1992 年，国际环保纺织协会发布第 1 版生态纺织品技术要求 Oeko-Tex Standard 100，并于同年发布对应的第 1 版测试程序 Oeko-Tex Standard 200。经过近 20 年的不断完善，该系列标准重金属残留越来越基于特定条件或环境要求而设计，以考核产品安全性能为宗旨。从 1992 版到 2018 年版，Oeko-Tex Standard 100 和 Oeko-Tex Standard 200，限定范围从最初的可萃取重金属拓展到包含总铅、总镉，可萃取六价铬前处理条件由 0.5%碳酸钠溶液修改为与其他重金属萃取条件一样，即采用人造酸性汗液为提取介质。

我国于 1998 年颁布第一版 GB/T 17593—1998《纺织品　重金属离子检测方法原子吸收分光光度法》，此版标准有机结合了当时 Oeko-Tex 标准的萃取条件和 BS:6810 的测定方法，对可萃取重金属和重金属总量测定都做了比较详细的规定。由于测试技术的发展进步，2006 年，我国对该标准进行了修订，根据不同金属性质以及相对应的仪器方法将标准分为 4 个部分，即第 1 部分：原子吸收分光光度法；第 2 部分：电感耦合等离子体原子发射光谱法；第 3 部分：六价铬分光光度法；第 4 部分：砷、汞原子荧光分光光度法。

（二）纺织品中重金属镉（Cd）、钴（Co）、铬（Cr）、铜（Cu）、镍（Ni）、铅（Pb）、锑（Sb）、锌（Zn）含量的检测

GB/T 17593.1—2006《纺织品 重金属的测定　第 1 部分：原子吸收分光光度法》标准规定了用石墨炉或火焰原子吸收分光光度计测定纺织品中可萃取重金属镉（Cd）、钴（Co）、铬（Cr）、铜（Cu）、镍（Ni）、铅（Pb）、锑（Sb）、锌（Zn）八种元素的方法。

1. 检测原理

试样用酸性汗液萃取，在对应的原子吸收波长下，用石墨炉原子吸收分光光度计测量萃取液中的镉、钴、铬、铜、镍、铅、锑的吸光度，用火焰原子吸收分光光度计测量萃取液中铜、锑、锌的吸光度，对照标准工作曲线确定相应重金属离子的含量，计算出纺织品中酸性汗液可萃取重金属含量。

2. 试样制备

测试时取有代表性样品，剪碎至 5mm×5mm 以下，混匀，称取 4g 试样两份（供平行试验），精确至 0.01g，置于具塞三角烧瓶中。加入 80mL 酸性汗液，将纤维充分浸湿，放入恒温水浴振荡器中振荡 60min 后取出，静置冷却至室温，过滤后作为样液供分析用。

3. 检测步骤

测定时，将标准工作溶液用水逐级稀释成适当浓度的系列工作溶液。分别在 228.8nm

（Cd）、240.7nm（Co）、357.9nm（Cr）、324.7nm（Cu）、232.0nm（Ni）、283.3nm（Pb）、217.6nm（Sb）、213.9nm（Zn）波长下，用石墨炉原子吸收分光光度计，按浓度由低至高的顺序测定系列工作溶液中镉、钴、铬、铜、镍、铅、锑的吸光度；或用火焰原子吸收分光光度计，按浓度由低至高的顺序测定系列工作溶液中铜、锑、锌的吸光度，以吸光度为纵坐标，元素浓度（μg/mL）为横坐标，绘制工作曲线。按所设定的仪器及相应波长上，测定空白溶液和样液中各待测元素的吸光度，从工作曲线上计算出各待测元素的浓度。

4. 结果计算

试样中可萃取重金属元素 i 的含量，按下式计算：

$$X_i = \frac{(C_i - C_{io}) \times V \times F}{m}$$

式中：X_i 为试样中可萃取重金属元素 i 的含量（mg/kg）；C_i 为试样中被测元素 i 的浓度（μg/mL）；C_{io} 为空白溶液中被测元素 i 的浓度（μg/mL）；V 为样液的总体积（mL）；m 为试样的质量（g）；F 为稀释因子。

（三）纺织品中六价铬含量检测

GB/T 17593.3—2006《纺织品 重金属的测定 第 3 部分：六价铬分光光度法》标准规定了采用分光光度计测定纺织品萃取溶液中可萃取六价铬含量的方法。本方法的测定低限为 0.20mg/kg。

1. 检测原理

试样用酸性汗液萃取，将萃取液在酸性条件下用二苯基碳酰二肼显色，用分光光度计测定显色后的萃取液在 540nm 波长下的吸光度，计算出纺织品中六价铬的含量。

2. 检测步骤

萃取液的制备与 GB/T 17593.1—2006 一致。测定时移取 20mL 样液，加入 1mL 磷酸溶液，再加入 1mL 显色剂混匀；另取 20mL 水，加 1mL 显色剂和 1mL 磷酸溶液，作为空白参比溶液。于室温下放置 15min，在 540nm 波长下测定显色后样液的吸光度，该吸光度记为 A_1。考虑到样品溶液的不纯和褪色，取 20mL 的样液加 2mL 水混匀，水作为空白参比溶液，在 540nm 波长下测定空白样液的吸光度，该吸光度记为 A_2。

3. 结果计算

（1）根据下式计算每个试样的校正吸光度：

$$A = A_1 - A_2$$

式中：A 为校正吸光度；A_1 为显色后样液的吸光度；A_2 为空白样液的吸光度。

用校正后的吸光度数值，通过工作曲线查出六价铬浓度。

（2）根据下式计算试样中可萃取的六价铬含量：

$$X = \frac{C \times V \times F}{m}$$

式中：X 为试样中可萃取的六价铬含量（mg/kg）；C 为样液中六价铬浓度（mg/L）；V 为样液的体积（mL）；m 为试样的质量（g）；F 为稀释因子。

以两个试样的平均值作为样品的试验结果，计算结果取小数点后两位。

（四）纺织品中砷、汞含量检测

GB/T 17593.4—2006《纺织品 重金属的测定 第 4 部分：砷、汞原子荧光分光光度法》

标准规定了采用荧光分光光度仪（AFS）测定纺织品中可萃取砷、汞含量的方法。本方法砷测定低限为 0.1mg/kg，汞测定低限为 0.005mg/kg。

1. 检测原理

用酸性汗液萃取试样后，加入硫脲—抗坏血酸将五价砷转化为三价砷，再加入硼氢化钾使其还原成砷化氢，由载气带入原子化器中并在高温下分解为原子态砷。在 193.7nm 荧光波长下，对照标准曲线确定砷含量。汞测试原理是用酸性汗液萃取试样后，加入高锰酸钾将汞转化为二价汞，再加入硼氢化钾使其还原成原子态汞，由载气带入原子化器中。在 253.7nm 荧光波长下，对照标准曲线确定汞含量。

2. 检测步骤

萃取液制备：从剪碎至 5mm×5mm 以下的混匀样品中称取 4g 试样两份（供平行试验），精确至 0.01g，置于具塞三角烧瓶中。加入 80mL 酸性汗液，盖上瓶塞，用力振摇使纤维充分浸湿，放入恒温水浴振荡器中振荡约 60min 后取出，静置，冷却至室温，用玻璃砂芯漏斗过滤。

砷测定以硼氢化钾溶液作为还原剂，同时以硝酸溶液作为洗液，进行仪器测定。在 193.7nm 处测定标准系列溶液的荧光强度，以浓度为横坐标，荧光强度为纵坐标绘制标准曲线。同样条件下测量砷试液的荧光强度，与标准工作曲线比较定量。汞测定以硼氢化钾溶液作为还原剂，同时以硝酸溶液作为洗液，进行仪器测定。在 253.7nm 处测定标准系列溶液的荧光强度，以浓度为横坐标，荧光强度为纵坐标绘制标准曲线。同样条件下测量汞试液的荧光强度，与标准工作曲线比较定量。

3. 结果计算

试样中可萃取砷或汞含量按下式计算：

$$X = \frac{2 \times (C_1 - C_0) \times V \times F}{m \times 1000}$$

式中：X 为试样中可萃取砷或汞的含量（mg/kg）；C_1 为样液中砷或汞的含量（μg/L）；C_0 为试剂空白液中砷或汞含量（μg/L）；V 为样液体积（mL）；m 为样品质量（g）；F 为稀释因子。

检测结果取两次测定的平均值，计算结果取小数点后三位。

九、金属镍释放的检测

（一）概述

镍是目前欧洲接触性过敏的最常见原因，欧洲有 10%～20% 的女性对镍过敏。某些含镍的材料经直接和长期与皮肤接触，其释放出的镍离子会被皮肤吸收，从而引起过敏反应。而进一步暴露在可溶性镍盐的环境下，则可导致过敏性接触性皮炎。

欧盟委员会发布的 2004/96/EC 指令规定把穿入或直接植入人体的金属饰品或产品的标准镍释放量限定值为 <0.2 μg/（cm²·周），对其他的物件则仍维持镍释放量 <0.5 μg/（cm²·周）的规定，方法标准使用 EN 1811。

EN 1811 规定了一种模拟从直接和长期与皮肤接触的物件中释放出镍的方法，并规定了测定的镍释放量应 <0.5 μg/（cm²·周）。将欲测定其镍释放量的物件置于人工汗液试液中一

周，随后用原子吸收分光光度计（AAS）、等离子发射光谱仪（ICP）或其他合适的分析手段，测定试液中溶解的镍的浓度，并以 μg/（cm²·周）表示镍释放量。

EN 1811 可以用于金属或金属镀层物件的镍释放量的测定，对这些物件中某些非直接与皮肤接触的区域表面可以通过涂覆蜡或清漆的办法，来防止这些区域表面的镍释放，以获得可靠和合理的测试结果。而现实生活中，有许多由金属材料制成的饰件或辅料，或由于装饰需要，或由于保护的需要，物件的表面会用各种具有遮盖功能的材料进行涂层覆盖。这种产品的测试用 EN 1811 是不可行的。欧盟于 2005 年 12 月正式发行了 EN 12472 标准。

EN 12472 规定了在对直接和长期接触皮肤的有涂层覆盖的物件的镍释放量测试中，加速磨损和腐蚀的方法。先将被测样品置于腐蚀性气氛中，然后将其与由研磨膏和细颗粒磨料组成的磨损介质一起置于翻滚的桶内。翻滚该桶，使被测物件与磨损介质发生摩擦，然后按 EN 1811 测定磨损后被测样品的镍释放量。

国标镍释放含量测试的常用标准是 GB/T 30158—2013，其规定了纺织制品中的附件，如拉链、纽扣等与皮肤频繁接触材料的镍释放量。

（二）检测原理

将用于测试镍释放量的附件样品放置于人工汗液中一周，用原子吸收光谱仪、电感耦合等离子体发射光谱仪或者其他合适的分析仪器测定释放溶液中镍的浓度，结合样品面积算出附件的镍释放量。镍的释放量用 μg/（cm²·周）表示。

测试前，首先需要选择好最有可能直接与皮肤频繁接触样品表面，然后确定采用何种镍释放的测试方法。在进行测试前，需要先测定所选定表面的表面积并选择合适的仪器设备测定测试溶液中镍的浓度。

进行测试样品的镍释放量必须具有代表性，没有直接与皮肤频繁接触的样品表面不应作为测试面积进行选取。进行镍释放测定的表面应确定是均质还是非均质材料制成，可通过视觉观察得出。对于均质物品，不用考虑表面是否直接与皮肤频繁接触，可对整个样品表面进行镍释放量的测定。对于非均质物品，镍释放量的测定需选取具有代表性的表面进行。具体可参考以下情形。

（1）情形一。直接与皮肤频繁接触的表面由不同材料组成或存在不同表面处理方式时，应进行拆卸成或剪成各自含有均质的分部分。各分部分根据均质材料样品进行测试。计算各分部分的镍释放量，进行面积加权后得到直接与皮肤频繁接触部分的平均释放量。应尽可能计算直接与皮肤频繁接触未掩盖部分的面积。

（2）情形二。当样品既不符合上述情形一，又不能被拆卸或剪切时，将整个样品按均质样品进行测试，以平均镍释放量表示其最终结果。在没有其他选择的情况下，平均镍释放量是可以得到的最佳评估。

样品测试面积应为表面直接与皮肤频繁接触的附件面积，单位为平方厘米。为达到必要的分析灵敏度，被测样品测试面积至少 0.2cm²，必要时完全相同的样品可以一起测试以达到该最小面积。当样品由均一性材料制成时，样品的整个面积都应被考虑，无论其是否频繁与人体皮肤接触。为避免从样品非测试表面上释放出镍，这类表面应除去或加以保护，使其不接触人工汗液。在去除油脂后，涂上一层或多层能防止镍释放的蜡或漆。

（三）试样制备

在室温下，将样品置于脱脂溶液中轻轻搅动 2min，以水冲洗、晾干。取出油脂后的样品，应使用塑料镊子或戴清洁的防护手套进行后续试验。

（四）检测步骤

测试前需要制备人工汗液，其主要成分包括氯化钠、乳酸、尿素、1mol/L 氢氧化钠溶液和 0.1mol/L 氢氧化钠溶液。将（1.00±0.01）g 尿素，（5±0.05）g 氯化钠和（1.00±0.01）g 乳酸置于 1000mL 烧杯中，加入水 900mL，搅拌至试剂完全溶解。用 1mol/L 的氢氧化钠溶液调节人工汗液 pH 至 5.50±0.05，然后逐滴加入 0.1mol/L 的氢氧化钠溶液，直至 pH 稳定在 6.50±0.05。10min 后再测试人工汗液的 pH，确保在 6.50±0.05 范围内。将人工汗液转移至 1000mL 容量瓶，以水稀释至刻度，人工汗液配制后应在当天内使用。

将试样采用合适的方式置于带盖的容器内，按照试样测试 1mL/cm² 的比例加入人工汗液。试样测试面积应全部浸入人工汗液中，但用蜡或漆保护的表面不必侵入。无论试样测试面积大小，人工汗液至少为 0.5mL 用密闭的盖子封盖容器，以免汗液蒸发。记录试样测试面积和使用的人工汗液体积。将容器静置于温度恒定的水浴或烘箱内，于（30±2）℃下静置一周，不要搅动。一周后，将试样缓慢地从人工汗液中取出，并适当地翻转以收集包括试样孔洞内的所有人工汗液，不要冲洗试样。将收集到的人工汗液定量转移至适当的容量瓶中。为防止释放出的镍再沉淀，向容量瓶内加入适量的稀硝酸溶液，以水稀释至刻度，使溶液中的硝酸浓度约为 1%，此溶液即为测试溶液。容量瓶大小的选定应考虑测定镍时所用仪器的灵敏度，测试溶液的最后体积至少为 2mL。

采用镍标准储备液配制成系列标准溶液，标准溶液基体应与测试溶液尽量保持一致，校准溶液的浓度范围应包括测试溶液中镍的浓度。只要可能，至少用 3 份平行样品进行测定。

（五）结果计算

按下式计算样品的镍释放量（d），以 $\mu g/(cm^2 \cdot 周)$ 表示。取测定结果的算术平均值作为试验结果。

$$d = \frac{V \times (C_1 - C_0)}{1000a}$$

式中：a 为试样测试面积（cm^2）；V 为测试溶液的体积（mL）；C_1 为一周后测试溶液中的镍浓度（$\mu g/L$）；C_0 为一周后空白试验溶液中的镍浓度（$\mu g/L$）。

十、纺织品有机锡化合物的检测

（一）概述

有机锡化合物是锡和碳元素直接结合所形成的金属有机化合物，被广泛地应用于纺织品、皮革和塑料产品中，如鞋的内底、袜子和运动衣的抗菌整理、PVC 生产过程中的稳定剂和硅橡胶生产过程中的催化剂。随着有机锡化合物用途日益广泛，造成的环境污染和对人体的危害也日趋严重。有机锡化合物是合成化合物，属环境荷尔蒙之一，毒性较大，具有干扰生物体内荷尔蒙的合成、分泌和输送等作用，进而影响生物体的发育、生长或生殖等生命活动。

自 2009 年 7 月起，欧盟执行 2009/425/EC 指令，从而正式开始限制对消费品中特定有机锡化合物的使用，指令规定：自 2010 年 7 月 1 日起，欧盟在所有消费品中限制使用三丁基锡（TBT）和三苯基锡化合物（TPT），其限量要求为商品中锡含量的质量百分比浓度小于 0.1%，如若检出超标，则该批消费品将遭到退货乃至严厉地召回处罚。因此，中国国家之间总局发布公告，从 2010 年 07 月起，我国出口欧盟的消费品中禁止含有特定有机锡化合物，提示生产企业严格遵守，避免含有有机锡化合物的产品未经过检测出口至欧盟而造成损失。对于有机锡化合物在纺织品成品和半成品中的限制使用，Oeko-Tex Standard 100 标准明确规定：婴儿用品的三丁基锡含量应小于 0.5mg/kg，二丁基锡含量小于 1.0mg/kg。

国际上有机锡化合物的测定方法是 ISO 17353《水质—选定有机锡化合物的测定—气相色谱分析法》，国标测试方法有 GB/T 20385—2006《纺织品　有机锡化合物的测定》和 GB/T 29493.3—2013《纺织染整助剂中有害物质的测定　第 3 部分：有机锡化合物的测定　气相色谱—质谱法》。

GB/T 20385—2006 标准规定了采用气相色谱—火焰光度检测器法（GC—PFD）或气相色谱—质谱检测器法（GC—MS）测定纺织品中三丁基锡（TBT）、二丁基锡（DBT）和单丁基锡（MBT）的方法。本方法中 GC—PFD 法的有机锡测定低限为 0.1mg/kg，GC—MS 法有机锡测定低限为 0.2mg/kg。

（二）检测原理

用酸性汗液萃取试样，在 pH=4.0±0.1 的酸度下，以四乙基硼化钠为衍生化试剂、正己烷为萃取剂，对萃取液中的三丁基锡、二丁基锡和单丁基锡直接萃取衍生化。用配有火焰光度检测器的气相色谱仪或气相色谱—质谱仪测定，外标法定量检测计算。

（三）试样制备

萃取液制备：测试时取有代表性的试样，剪碎至 5mm×5mm 以下，混匀后称取 4g，精确到 0.01g，置于 150mL 具塞三角瓶中。

（四）检测步骤

加入 80mL 酸性汗液，将纤维充分浸湿，放入恒温水浴振荡器中振荡 60min。用配有水系过滤膜的溶剂过滤器过滤萃取液（此过程需使用真空泵），作为样液供衍生化用。

衍生化时用移液管准确移取 20mL 上述样液于 50mL 平底烧瓶中。添加 2mL 乙酸缓冲溶液，摇匀。依次加入 2mL 四乙基硼化钠溶液、2mL 正己烷，上套球形冷凝管，通入冷水后，电磁搅拌器搅拌 30min。将反应液转移至分液漏斗中，经充分振荡后，去除水相，从分液漏斗分离出 1mL 正己烷，转移至具塞试管中，加入适量无水硫酸钠脱水。此溶液供 GC—FPD 或 GC—MS 分析。

标准添加溶液的制备：准确吸取适量的标准工作液至 50mL 平底烧瓶中，加入酸性汗液至总体积为 20mL，此溶液作为标准添加溶液，随同样液衍生化。

GC—PFD：取衍生化的样液和标准添加溶液，按规定的条件进行分析。

GC—MS：取衍生化后的样液和标准添加溶液，按规定的条件进行分析。如果样液与标准工作液的选择离子色谱图中，在相同保留时间有色谱峰出现，选择离子对其确证。同时需要对酸性汗液进行空白试验，以保证所用酸性汗液不含有可检出的有机锡化合物。

（五）结果计算

试样中有机锡化合物 i 的含量按下式计算：

$$X_i = \frac{A_i \times C_i \times V}{A_{is} \times m}$$

式中：X_i 为有机锡阳离子含量（mg/kg）；A_i 为衍生化样液中有机锡 i 衍生物的峰面积（或峰

高）；A_{is} 为衍生化标准添加溶液中有机锡 i 衍生物的峰面积（或峰高）；C_i 为标准添加溶液中相当有机锡 i 阳离子的浓度（mg/L）；V 为样液的体积（mL）；m 为样液代表的试样量（g）。

测定结果以各有机锡的检测结果分别表示，计算结果取小数点后一位。

十一、纺织品全氟辛酸类化合物（PFOA）和全氟辛基磺酸化合物（PFOS）检测

（一）概述

全氟化合物具有优良的稳定性（热稳定和化学稳定）、高表面活性、疏水和疏油性能，被广泛应用于润滑剂、表面活性剂、清洗剂、化妆品、纺织品及皮革制品等领域。其中，PFOA 和 PFOS 是目前最受关注的两种典型的全氟化合物。PFOA 代表全氟辛酸及其含铵的主盐，或称为"C_8"，作为一种人工合成的化学品，通常用于生产高效能氟聚合物时所不可或缺的加工助剂。目前市场上供应的氟碳表面活性剂和含氟拒水拒油整理剂大都是 C_8 全氟烷衍生物，原料为 PFOS/PFOA，在纺织行业的应用主要有以下几项：

（1）纺织服装防水、拒油、易去污整理剂。

（2）合成纤维织造过程中所使用的油剂中添加 0.05% 碳氟表面活性剂，可使油剂的流平性、铺展性大大增强，从而提高油剂在合纤表面的扩散性，增加合纤表面的润滑性。

（3）把具有抗静电作用的氟碳表面活性剂添加剂加到纺丝液中，或添加到纤维后续加工过程中所用的溶剂中，赋予纤维表面吸湿性和离子性，从而提高纤维的导电性，达到防止和消除静电的功效。

（4）经过整理剂处理过的纺织品，界面张力很低，如果用一般的涂料很难印染上需要的花纹，如果在涂料或染料印浆内加入比制品界面张力更低的氟碳表面活性剂来改变涂料或染料的表面性能，就可以使已整理过的制品进行印花或染色。

PFOS/PFOA 的持久性强，是目前世界上发现的最难降解的有机污染物之一，在硫酸中煮 1h 也不分解。PFOS/PFOA 可以在有机生物体内聚积，通过水生生物的富积作用和食物链向包括人类在内的高生物转移。同时 PFOS 具有肝脏毒性，影响脂肪代谢；使实验动物精子数减少、畸形精子数增加；引起机体多个脏器器官内的过氧化产物增加，造成氧化损伤，直接或间接地损害遗传物质，引发肿瘤；PFOS 破坏中枢神经系统内兴奋性和抑制性氨基酸水平的平衡，使动物更容易兴奋和激怒；延迟幼龄动物的生长发育，影响记忆和条件反射弧的建立；降低血清中甲状腺激素水平。早在 2002 年 12 月，欧盟经济合作与发展组织在其召开的第 34 次化学品委会联合会议上就将 PFOS 定义为持久存在于环境、具有生物富集性并对人类有害的物质。PFOS 具有肝脏毒性、神经毒性、心血管毒性、生殖毒性、免疫毒性、遗传毒性及致癌性等，被认为是一种具有全身多脏器毒性的环境污染物。动物实验表明，每千克体重 2mg 的 PFOS 即可导致死亡，且对生殖系统、细胞功能、激素系统均会产生影响。

基于 PFOS/PFOA 物质具有持久性、高度生物累积性、有毒以及可以远距离环境迁移的特点，符合斯德哥尔摩公约关于持久性有机污染物定义特征，被普遍认为是符合国际 PoPs 公约组织所定义的持久性有机污染物（简称 POP）、持久累积毒性物（简称 PBT）类物质，因而引起了更加广泛的关注。1999 年美国环保局就开始对 PFOS 展开调查，调查表明 PFOS 对动物有毒，广泛存在于人体和野生动物体内，不易降解。2000 年 5 月 16 日，3M 公司宣布自愿从 2001 年起逐步淘汰 PFOS 和与 PFOS 有关物质的生产，到 2003 年初生产完全停止。2001

年 PFOS 已经被列入美国环保署（USEPA）持久性污染物黑名单之列。瑞典于 2005 年 7 月 6 日发布通告，规定禁止将 PFOS 类物质禁止投放瑞典市场或供专业使用。2006 年 12 月 27 日，欧洲议会和部长理事会联合发布《关于限制全氟辛烷磺酸销售及使用的指令》，欧盟将严格限制 PFOS 的使用。2014 年 10 月 17 日，德国根据 REACH 法规提交了 PFOA 的限制使用提案。2014 年 12 月 17 日，欧盟化学品管理局（ECHA）发布提案要求对 PFOA、全氟辛酸盐及其衍生物（可能会分解为 PFOA 的物质）采取限制性措施。PFOA 将会成为 REACH 附录 17 的第 65 个受限物质。在舆论压力下，著名运动服装品牌 PUMA 承诺在 2015 年元旦前在全球范围内禁用长链 PFCs（全氟化合物），2017 年 12 月 31 日前禁用长链 PFCs 除外的其他 PFCs。阿迪达斯也承诺 2015 年 1 月 1 日前逐步淘汰长链 PFCs 的使用，并保证 2017 年 12 月 31 日前实现 99% 的产品不含 PFCs。

国际上测试 PFOA/PFOS 的标准有 BS ISO 25101：2009《水质—全氟的测定（PFOS）和全氟辛酸（PFOA）—方法采用固相萃取和液相色谱/质谱联用未经过滤的样本》和 DIN CEN/TS 15968—2010《提取 PFOS 的涂层和浸渍测定固体物品，液体和消防泡沫—取样，提取和分析 LCqMS 或 LC 串联/MS 方法》。中国标准有 GB/T 29493.2—2013《纺织染整助剂中有害物质的测定　第 2 部分：全氟辛烷磺酰基化合物（PFOS）和全氟辛酸（PFOA）的测定高效液相色谱—质谱法》。

GB/T 29493.2—2013 规定了纺织染整助剂中 PFOS 和 PFOA 的高效液相色谱—质谱检测方法，适用于各类纺织染整助剂中的 PFOS 和 PFOA 的测定。本方法的测定低限为 10mg/kg。

（二）检测原理

样品用甲醇溶剂，以超声波提取试样中 PFOS 和 PFOA，以高效液相色谱—质谱联用仪（HPLC—MS/MS）测定和确证，外标法定量检测计算。

（三）试样制备

称取 1.00g 试样（精确至 0.01g），置于提取器中，准确加入 10.0mL 甲醇加塞密闭。将提取器置于（70±5）℃可控温超声波浴中提取（30±2）min 时，冷却到室温。用一次性注射器将样品溶液通过 0.45 尼龙过滤头过滤至样品瓶中，以甲醇稀释 10 倍后，进行 HPLC—MS/MS 分析。

（四）检测步骤

HPLC—MS/MS 定性和定量分析：分别取 10μL 试样溶液和标准工作溶液进行 HPLC—MS/MS 分析。通过比较试样溶液与标准工作溶液的保留时间以及质谱中两个离子进行定性分析，通过比较试样与标样在定量离子对的色谱峰面积进行定量分析。

（五）结果计算

样品中 PFOS 和 PFOA 含量以 W 表示，数值以 mg/kg 表示，按下式计算：

$$W = \frac{\rho \times V \times A \times F}{m \times A_s \times 1000}$$

式中：W 为样品中全氟辛基磺酸钾和全氟辛酸的含量（mg/kg）；ρ 为标准溶液全氟辛基磺酸钾和全氟辛酸的质量浓度（μg/L）；V 为样品提取所用甲醇的总体积（mL）；A 为样品溶液中全氟辛基磺酸钾和全氟辛酸的峰面积；F 为稀释因子；m 为样品质量（g）；A_s 为标准溶液中全氟辛基磺酸钾和全氟辛酸的峰面积。

十二、纺织品短链氯化石蜡（SCCP）的测定

（一）概述

SCCP 是一类由正构烷烃氯化衍生而成的复杂混合物。碳原子数为 10~13，根据含氯量的不同可分为：42%、48%、50%~52%、65%~70% 四种。前三者淡黄色黏稠液体，后者为黄色黏稠液体。SCCP 是一组合成混合物，产品随着含氯量的递增，性能由增塑性逐步向阻燃性过渡，42%、48%、50%~52% 三种可代替部分主要作增塑剂，不仅降低成本，而且使制品具有阻燃性，相容性也好。65%~70% 主要用作阻燃剂，与三氧化二锑混合使用于聚乙烯、聚苯乙烯等中。因此 SCCP 主要用于金属加工液、密封剂、橡胶和纺织品的阻燃剂、皮革加工以及涂料涂层等。

短链氯化石蜡具有生物毒性，影响免疫系统和生殖系统。同时，被认为是对环境危险的物质，因为此类物质对水生物有很强的毒性。它们并不会自然分解，而且往往会在生物圈中沉积，对环境有持久性影响。据 GST 统计，2012~2016 年，RAPEX 共通报了 59 起 SCCPs 超标的案例。被通报的产品中，有 44 款产品原产国来自中国，占比达到 74.5%。

斯德哥尔摩公约委员会认为 SCCP 符合公约附件 D 中提到的有关持久性有机物的筛选标准，预示着 SCCP 将被列入限控清单，并将在全球范围内禁用或严格限用。SCCP 已被美国环境保护署 EPA 列在排放毒性化学品目录中。在加拿大环境保护法案中，SCCP 也被列为"一类"首要毒性物质。欧盟于 2002 年 7 月 6 日公布指令 2002/45/EC（76/769/EEC 指令的第 20 次修订）要求：不得将含有 SCCP 或质量百分比超过 1% 的配制品用于金属加工和皮革的脂肪浸渍处理。该指令已于 2004 年 1 月 6 日开始实施。在欧盟 REACH 法规中，SCCP 也被定义为高度关注物质即 SVHC。产品当中如果含有此类物质并达到一定程度，企业需要向欧盟化学品管理局申请授权或通报，也可能被要求将相关信息传达给下游买家或普通消费者。

国际上 SCCP 的测试方法包括 ISO 12010—2012《水质—水中短链多氯代三苯烷类（SCCPs）的测定—使用气相色谱质谱分析法（GC—MS）和否定化学电离法（NCl）》ISO 18219—2015《皮革—皮革中氯化烃的测定—用于短链氯化石蜡（SCCP）的色谱法》。国内关于 SCCP 的测定电子电气行业有国家标准 GB/T 33345—2016《电子电气产品中短链氯化石蜡的测定气相色谱—质谱法》，而纺织行业只有中华人民共和国出入境检验检疫行业标准 SN/T 4083—2014。

SN/T 4083—2014 标准规定了纺织品中短链（C_{10}~C_{13}）氯化石蜡的测定方法，适用于纺织品及其制品中短链氯化石蜡的测定。本方法对纺织品中短链氯化石蜡的测定低限为 20mg/kg。

（二）检测原理

试样经正己烷超声提取后定容，采用气相色谱—质谱（负化学源）法进行定性筛选分析，需要时进一步采用装有氯化钯催化氢化反应衬管的气相色谱—氢火焰离子化检测器测定，并结合 C_{10}~C_{13} 直链烷烃测定结果辅助定性，外标法定量。

（三）试样制备

测试时取有代表性试样，将其剪碎至 5mm×5mm 以下，混匀。称取试样 1.0g（精确至 0.01g）置于 150mL 锥形瓶中，加入 50mL 正己烷，室温下超声提取 30min，将提取液过砂芯漏斗至 100mL 鸡形瓶中，用 30mL 正己烷分 3 次清洗试样，合并洗液至鸡心瓶，于 40℃水浴

下减压浓缩至近干，用 2mL 的正己烷定容，供气相色谱—质谱仪器分析。

（四）检测步骤

气相色谱—质谱分析：对浓度为 10 μg/mL 的短链氯化石蜡标准工作溶液和待测样液进行分析。若在标准工作溶液保留时间段，样液色谱峰呈现火焰峰型，则定性筛选结果为阳性，进一步进行辅助定性和定量分析。对直链烷烃混合标准工作溶液和样液穿插进行测定。如未出现 C_{10}、C_{11}、C_{12} 和 C_{13} 直链烷烃色谱峰，则进一步定性结果为阴性；如出现各直链烷烃色谱峰，则根据样液中 C_{10}、C_{11}、C_{12} 和 C_{13} 的直链烷烃含量情况，选定峰面积相近的直链烷烃标准工作溶液，采用单点外标法定量，分别计算直链烷烃和短链氯化石蜡的含量。定量分析过程中还要穿插合适浓度的短链氯化石蜡标准溶液，以检查催化反应衬管的催化效率。本方法采用平均含氯量为 55.5% 的短链氯化石蜡计算催化效率，如果催化效率小于 70%，则需要重新填充催化反应衬管，重新进样测定。

十三、纺织品上残留杀虫剂的测定

（一）概述

在天然纤维作物（如棉、麻等）的种植过程中，由于其典型的单作物集约化生产，极易受各种病虫害的侵袭和杂草的生存竞争影响，定期使用农药已成为保证该类作物正常生长的必要手段。农药还被广泛应用于畜牧业，如羊身上，来防治寄生虫。因此，无论是天然纤维素纤维类，还是天然蛋白质纤维类纺织原料，都有残留农药存在的可能。当然，随着农作物的生长，农药会发生环境降解作用，最终在纺织纤维原料中的残留可能有限。天然植物和动物纤维上用的杀虫剂种类繁多，常见的包括多氯苯酚和有机氯农药。

含氯苯酚是指苯酚的氯化取代物，是苯酚分子中氢原子被氯原子取代的衍生物质。包括五氯苯酚、四氯苯酚、三氯苯酚、二氯苯酚、一氯苯酚和邻苯基苯酚。含氯苯酚化合物一般作为农药和杀虫剂使用，用来保护天然纤维不受损伤。酚类化学物质被用作杀虫剂，广泛用于工农业领域，适用于纺织材料和皮革制品。含氯苯酚化合物的危害性在于 PCP 和 TeCP 可能致白血病、淋巴瘤和对人体软组织肉瘤有害，被吸入或吞咽时有强烈的刺激性和毒性，包含四种重点物质：五氯苯酚、2，3，5，6-四氯苯酚、2，3，4，6-四氯苯酚和 2，3，4，5-四氯苯酚。

世界各国对含氯苯酚的限制法规，包括 1999/51/EC，REACH 附录 17 第 22 条、Oeko-Tex Standard 100 国际环保纺织协会纺织品生态标签、GB/T 18885—2009 生态纺织品技术要求、德国化学品法、法国官方公报（97/0141/F）、奥地利（Verbot PCP BGBL. Nr. 58/1991）、瑞士物质法令（Stoffverordnug anhang 3.1 PCP und TeCP）、英国环境保护条例（有害物质的控制）以及瑞典国家化学品监察范围内的化学品和生物有机体条例。

国际上测试含氯苯酚的方法是 BS EN ISO 17070：2015《皮革—化学实验——氯苯酚、二氯苯酚、三氯苯酚、四氯苯酚同分异构体和五氯苯酚的测定》。中国标准包含 GB/T 18414.1—2006《纺织品　含氯苯酚的测定　第 1 部分：气相色谱—质谱法》、GB/T 18414.2—2006《纺织品　含氯苯酚的测定　第 1 部分：气相色谱法》和 GB/T 20386—2006《纺织品　邻苯基苯酚的测定》。

（二）纺织品中含氯苯酚检测

GB/T 18414—2006 标准规定了采用气相色谱—质量选择检测器（GC—MSD）测定纺织

品中含氯苯酚（2，3，5，6-四氯苯酚和五氯苯酚）及其盐和酯的方法。本方法的测定低限均为 0.05mg/kg。

1. 检测原理

用碳酸钾溶液提取试样，提取液经乙酸酐乙酰化后以正己烷提取，用配有质量选择检测器的气相色谱仪（GC—MSD）测定，采用选择离子检测进行确证，外标法定量。

2. 试样制备

取代表性样品，将其剪碎至 5mm×5mm 以下，混匀。称取 1.0g（精确至 0.01g）试样，置于 100mL 具塞锥形瓶中，加入 80mL 碳酸钾溶液，在超声波发生器中提取 20min。将提取液抽滤，残渣再用 30mL 碳酸钾溶液超声提取 5min，合并滤液。将滤液置于 150mL 分液漏斗中，加入 2mL 乙酸酐，振摇 2min，准确加入 5.0mL 正己烷，再振摇 2min，静置 5min，弃去下层。正己烷相再加入 50mL 硫酸钠溶液洗涤，弃去下层。将正己烷相移入 10mL 离心管中，加入 5mL 硫酸钠溶液，具塞，振摇 1min，以 4000r/min 离心 3min，正己烷相供气相色谱—质谱确证和测定。

标准工作溶液的制备：准确称取一定体积的适用浓度的标准工作溶液于 150mL 分液漏斗中，用碳酸钾溶液稀释至 110mL，加入 2mL 乙酸酐。

3. 检测步骤

气相色谱—质谱测定及阳性结果确证：根据样液中被测物含量情况，选定浓度相近的标准工作液，分别对标准工作液与样液等体积参插进样测定，标准工作溶液和待测样液中 2，3，5，6-四氯苯酚乙酸酯和五氯苯酚乙酸酯的响应值均应在仪器检测的线性范围内。

4. 结果计算

试样中含氯苯酚含量按下式计算，结果取小数点后两位：

$$X_i = \frac{A_i \times C_i \times V}{A_{is} \times m}$$

式中：X_i 为试样中含氯苯酚 i 的含量（mg/kg）；A_i 为样液中含氯苯酚乙酸酯 i 的峰面积（或峰高）；A_{is} 为标准工作液中含氯苯酚乙酸酯 i 的峰面积（或峰高）；C_i 为标准工作液中含氯苯酚 i 的浓度（mg/L）；V 为样液体积（mL）；m 为最终样液代表的试样量（g）。

（三）纺织品中邻苯基苯酚 OPP 含量检测

GB/T 20386—2006 标准规定了纺织品中邻苯基苯酚 OPP 含量的气相色谱—质量选择检测器（GC—MSD）测定方法。该标准中包含了两种方法，方法 1 适用于各种纺织材料及其产品中 OPP 含量的测定和确证；方法 2 适用于各种纺织材料及其产品中 OPP 及其盐和酯类物质含量的测定和确证。方法 1 的测定低限为 0.10mg/kg，方法 2 的测定低限为 0.05mg/kg。

1. 检测原理

（1）方法一。其检测原理是试样经甲醇超声波提取，提取液浓缩定容后，用配有质量选择检测器的气相色谱仪（GC—MSD）测定，采用选择离子检测进行确证，外标法定量。

（2）方法二。其检测原理是试样用甲醇超声波提取，提取液浓缩后，在碳酸钾溶液介质下经乙酸酐乙酰化后以正己烷提取，用配有质量选择检测器的气相色谱仪（GC—MSD）测定，采用选择离子检测进行确证，外标法定量。

2. 试样制备

（1）方法一。取代表性样品，将其剪碎至 5mm×5mm 以下，混匀。称取 1.0g（精确至

0.01g）试样，置于 100mL 具塞锥形瓶中，加入 50mL 甲醇，在超声波发生器中提取 20min。将提取液抽滤，残渣再用 30mL 甲醇超声提取 5min，合并滤液。经无水硫酸钠柱脱水后，收集于 100mL 浓缩瓶中，于 40℃水浴旋转蒸发器浓缩至近干，用丙酮溶解并定容至 5.0mL，供气相色谱—质谱确证和测定。

（2）方法二。取代表性样品，将其剪碎至 5mm×5mm 以下，混匀。称取 1.0g（精确至 0.01g）试样，置于 100mL 具塞锥形瓶中，加入 50mL 甲醇，在超声波发生器中提取 20min。将提取液过滤于 100mL 浓缩瓶中。残渣再用 30mL 甲醇超声提取 5min，合并滤液，于 40℃水浴旋转蒸发器浓缩至近干，用 8mL 碳酸钾溶液将浓缩液溶解并全部转移至 15mL 离心管中。再进行乙酰化：加入 1mL 乙酸酐，振摇 2min，准确加入 5.0mL 正己烷，振摇 2min，以 4000r/min 离心 3min。用尖嘴吸管抽取下层水相。加入 10mL 硫酸钠溶液，再振摇 1min，以 4000r/min 离心 3min，正己烷相供气相色谱—质谱测定和确证。最后制备标准工作溶液：准确称取一定体积的适用浓度的标准溶液于 15mL 离心管中，用碳酸钾溶液稀释至 8mL，加入 1mL 乙酸酐。

3. 检测步骤

根据样液中被测物含量情况，选定浓度相近的标准工作溶液。标准工作溶液和待测样液中邻苯基苯酚乙酸酯的响应值均应在仪器检测的线性范围内。对标准工作溶液与样液等体积参插进样测定。

4. 结果计算

邻苯基苯酚 OPP 含量按下式计算，结果取小数点后两位：

$$X = \frac{A \times C \times V}{A_s \times m}$$

式中：X 为试样中 OPP 含量（mg/kg）；A 为样液中 OPP 的峰面积（或峰高）；A_s 为标准工作液中 OPP 的峰面积（或峰高）；C 为标准工作液中 OPP 的浓度（mg/L）；V 为样液体积（mL）；m 为最终样液代表的试样量（g）。

（四）纺织品上有机氯农药残留检测

纺织品上有机氯农药残留的国标标准是 GB/T 18412.2—2006《纺织品　农药残留量的测定　第 2 部分：有机氯农药》，该标准规定了采用气相色谱—电子俘获检测器（GC—ECD）和气相色谱—质谱（GC—MS）测定纺织品中 26 种有机氯农药残留量的方法，适用于纺织材料及其产品。

1. 检测原理

试样经丙酮—正己烷（1+8）超声波提取，提取液浓缩定容后，用配有电子俘获检测器的气相色谱仪（GC—ECD）测定，外标法定量，或用气相色谱—质谱（GC—MS）测定和确证，外标法定量。

2. 试样制备

测试取有代表性样品，将其剪碎至 5mm×5mm 以下，混匀。称取 2.0g（精确至 0.01g），置于 100mL 具塞烧瓶中，加入 50mL 丙酮—正己烷（1+8），于超声波发生器中提取 20min，将提取液过滤。残渣再用 30mL 正己烷超声提取 5min，合并滤液，经无水硫酸钠柱脱水后，收集于 100mL 浓缩瓶中，于 40℃水浴旋转蒸发器浓缩至近干，用苯溶解并定容至 5.0mL，供气相色谱测定或气相色谱—质谱确证和测定。

3. 检测步骤

气相色谱—质谱分析及阳性结果确证：根据样液中被测物含量情况，选定浓度相近的标准工作液与样液等体积参插进样测定，标准工作液和待测样液中每种有机氯农药的响应值均应在仪器检测的线性范围内。

4. 结果计算

试样中含氯苯酚含量按下式计算，结果取小数点后两位：

$$X_i = \frac{A_i \times C_i \times V}{A_{is} \times m}$$

式中：X_i 为试样中有机氯农药 i 残留量（μg/g）；A_i 为样液中有机氯农药 i 的峰面积（或峰高）；A_{is} 为标准工作液中有机氯农药 i 的峰面积（或峰高）；C_i 为标准工作液中有机氯农药 i 的质量浓度（μg/mL）；V 为样液最终定容体积（mL）；m 为最终样液代表的试样量（g）。

纺织品上生产和使用过程中存在的危害物质主要包括上述几项，这些物质的存在常是导致纺织品在国外市场产品下架、召回或销毁等情况的出现。除此之外，纺织品上使用的阻燃剂、富马酸二甲酯、有机氯载体及多环芳烃等各国法规都有要求，但现存问题不大，在此不加阐述。

在大力倡导社会可持续发展的今天，人们不仅重视消费者在穿着使用过程中的安全性，同时也在采取各种措施来保证整个产业链的绿色环保。纺织产品在前处理、染色、印花、后整理及水洗的过程中，使用的染料、涂料、前处理助剂、水洗剂等印染助剂，除了一部分存在于最终成品上，更多的是排放到环境中，尤其是水污染。废水中的各类有害化学物质同样会对环境和人类健康造成重大影响。

各国对环境的监督考核都有不同的法规标准，对生产企业造成一定的困惑和花费更多的成本来满足不同国家的要求。早期由 C&A、PUMA、G-Star 等几大品牌商联合发起有害化学物质零排放计划（ZDHC），致力于在纺织和鞋类行业价值链中消除有害化学物质。

目前，ZDHC 由更多的品牌商、价值链关联企业和合作伙伴加入，组成团体，致力于通过达到行业价值链中有害化学物质零排放来改善环境和民生，并深知实现零排放的目标需要时间、科技和创新。为了实现纺织行业的可持续发展，需要一个统一的、全球性的废水排放质量指南和相应的检测及报告平台，以促成一个更可持续的行业。于是出版了 ZDHC 计划的《废水指南》。该指南旨在为排放废水的水质提供一个单一的统一遵守的期望值，该期望高于法规要求，不仅限定了常规废水参数的限值，还包含了有害化学物质的限值。以 ZDHC 的《生产限用物质清单》（MRSL）为基础而制定的，MRSL 是一份在纺织和鞋类的纺织材料和辅料生产过程中禁止有意使用的化学物质清单。

预防废水污染的重要一步是在工厂中使用符合 ZDHC 的 MRSL 规定的化学品，避免使用限用化学物质。工厂必须确保在排放废水之前对废水进行了适当处理：通过物理去除，化学反应或生物降解等方法去除有害化学物质。为了在纺织和鞋类行业中统一方法，ZDHC 计划鼓励各组织、品牌团体和供应商采用该指南，以共同实现全行业的可持续发展。

思考题

1. 什么是生态纺织品？生态纺织品应符合哪些前提？

2. 什么是纺织品中的有害物质？常见的纺织品中的有害物质有哪些？

3. 在中国市场上销售的纺织服装产品需要满足的强制性标准是什么？包含哪些具体测试内容？

4. 简述在欧盟、美国及中国市场上销售的纺织服装产品需要满足的测试项目不同之处是什么？

5. 实例：一件用偶氮染料染色的纯棉儿童针织 T 恤出口到德国，请列出需要进行的测试项目有哪些？

6. 请描述 pH 测试常用的三种方法 ISO 3071，AATCC81，GB/T 7573—2009 的不同之处。

7. GB/T 2912.1—2009《纺织品　甲醛的测定　第 1 部分：游离水解的甲醛（水萃取法）》的测试原理是什么？

8. 纺织品禁用偶氮染料的测试原理是什么？如何取测试样品？

9. 纺织品禁用的致敏致癌染料测试步骤是什么？

10. 简述邻苯二甲酸盐通常存在于什么材料上及对人类和环境的危害？

11. 烷基苯酚聚氧乙烯醚（APEO）国际上常规测试主要包括哪几项及要求的达标标准是什么？

12. 纺织品上常规检测的重金属包括哪些？测试方法是什么？

13. 镍释放主要用来测试什么材料？测试周期最少需要几天？测试结果应如何计算？

14. 有机锡主要存在于什么材质上？测试原理是什么？

15. 纺织品全氟辛酸类化合物（PFOA）和全氟辛基磺酸化合物（PFOS）的主要用途是什么？

16. 纺织品短链氯化石蜡（SCCP）的测试原理是什么？

17. 国际上含氯苯酚杀虫剂的测试方法有哪些？

第二篇

实验篇

实验一　纤维的定性检测

一、燃烧法鉴别纤维

1. 适用范围

该法适用于各种纤维的初步鉴别，不适用经阻燃整理的纤维。

2. 实验原理

根据纤维靠近火焰、接触火焰和离开火焰时的状态、燃烧时产生的气味、燃烧后残留物的特征，鉴别纤维的类别。

3. 实验材料

多种常用的已知纤维（棉纤维，黏胶纤维，蚕丝纤维，羊毛纤维，涤纶，腈纶，锦纶，维纶）和未知纤维。

4. 实验仪器

酒精灯，火柴或打火机，剪刀，镊子，表面皿，放大镜。

5. 实验步骤

（1）将纤维捻成一束，用镊子夹住纤维束的一端，另一端缓慢靠近火焰，观察试样受热的变化情况（如熔融、收缩），并做记录。

（2）将试样移入火焰中，使其充分燃烧，观察试样在火焰中的燃烧情况（如燃烧速度、是否产生烟）、嗅闻燃烧气味，并做记录。

（3）将试样撤离火焰，观察试样离开火焰后的燃烧情况（如继续燃烧或自熄），并做记录。

（4）将试样放入表面皿中，当试样火焰熄灭时，嗅闻气味，并做记录。

（5）待试样冷却后，观察残留物的状态，可用手轻捻残留物，并做记录。

6. 实验报告

实验报告内容：试样信息，在实验各阶段的观察记录，对未知纤维种类的判断。可将实验观察的全过程记录到表 2-1-1 中。

表 2-1-1　燃烧特征记录表

燃烧现象 试样编号	燃烧特征			燃烧气味	残留物状态	结论
	靠近火焰	移入火焰	离开火焰			

二、显微镜法鉴别纤维

1. 适用范围

该法适用于各种纤维的鉴别。

2. 实验原理

用显微镜观察纤维的纵面和横截面形态，对照纤维的标准照片和形态描述，鉴别纤维的类别。

3. 实验材料

多种常用的已知纤维（棉纤维，黏胶纤维，蚕丝纤维，羊毛纤维，涤纶，腈纶，锦纶，维纶）和未知纤维。

4. 实验药品

无水乙醇，甘油，乙醚，液体石蜡，火棉胶，切片石蜡。

5. 实验仪器

光学显微镜，哈氏切片器，载玻片，盖玻片，刀片，镊子，剪刀，细玻璃棒。

6. 实验步骤

（1）纵面形态观察。

①取一小束纤维理顺后，松散、均匀地平铺在载玻片上，滴加一滴甘油，盖上盖玻片（注意不要产生气泡），放在显微镜的载物台上。

②选择适宜的放大倍数，一般在 100~500 倍的放大倍数下（目镜 10，物镜先用 10~15 倍，逐渐调到 40 倍），观察试样的纵面形态。

③拍摄试样的纵面形态，并做记录。

④与常见纤维的标准照片或标准资料对比，判断未知纤维的类别。

（2）横截面形态观察。

①将哈氏切片器的紧固螺丝逆时针方向旋转，使其下端升高离开狭缝，松开紧固螺丝，拔出定位销子，将螺座旋转 90° 后，从狭缝底座抽出金属板凸舌。

②取一小束纤维，去除短纤维后梳理整齐，把纤维束紧紧夹入狭缝底座里，用凸舌底座卡紧纤维束（松紧度以轻拉纤维能移动为宜），用锋利的刀片切去露在外面的纤维，将螺座转回最初位置，插上定位销子，旋紧紧固螺丝。

③用细玻璃棒蘸取 5% 的火棉胶溶液，在狭缝下方的纤维处涂上薄薄的一层，静置片刻，待火棉胶凝固后，以顺时针方向稍稍旋转刻度螺丝，微微露出纤维束，刀片尽可能靠近底板，小心地切下纤维切片。

④将纤维切片放在载玻片上，滴加一滴甘油，盖上盖玻片（注意不要产生气泡），放在显微镜的载物台上。

⑤选择适宜的放大倍数，观察试样的横截面形态。

⑥拍摄试样的横截面形态，并做记录。

⑦与常见纤维的标准照片或标准资料对比，判断未知纤维的类别。

7. 实验报告

实验报告内容：试样信息，纵面和横截面的观察记录，对未知纤维种类的判断。可将实验观察的全过程记录到表 2-1-2 中。

表 2-1-2　纤维形态特征记录表

试样编号	形态特征		结论
	纵面	横截面	

三、化学溶解法鉴别纤维

1. 适用范围

该法适用于各种纤维的鉴别。

2. 实验原理

根据纤维在不同温度下的不同化学试剂中的溶解特性，鉴别纤维的类别。

3. 实验材料

多种常用的已知纤维（棉纤维，黏胶纤维，蚕丝纤维，羊毛纤维，涤纶，腈纶，锦纶，维纶）和未知纤维。

4. 实验药品

盐酸，硫酸，硝酸，甲酸，冰醋酸，氢氟酸，丙酮，苯酚，环己酮，间甲酚，四氯乙烷，氢氧化钠，次氯酸钠，二甲基甲酰胺等。均为分析纯或化学纯。

5. 实验仪器

烧杯，镊子，量筒，试管，试管夹，玻璃棒，表面皿，锥形瓶，温度计，比重计，酒精灯，水浴锅，电子天平，封闭电炉。

6. 实验步骤

（1）配制实验所需的各种溶液。

（2）取约 100mg 纤维，放入试管或烧杯中，加入约 10mL 的溶液（试样和溶液的用量比至少为 1:50），在室温下用玻璃棒搅动 5~10min，边搅动边观察纤维的溶解情况，并做记录。

（3）对于室温下难溶解的纤维，进行加温沸腾实验，将装有试样和溶液的试管或烧杯加热至沸腾并保持 3min，观察纤维的溶解情况，并做记录。

（4）每种纤维取样 2 份进行实验，如果溶解结果差异明显，则需重试。

7. 实验报告

实验报告内容：试样信息，溶解情况的观察记录，对未知纤维种类的判断。可将试验观察的全过程记录到表 2-1-3 中。

表 2-1-3　纤维溶解情况记录表

试样编号	溶解情况		结论
	室温	沸腾	

四、药品着色法鉴别纤维

1. 适用范围

该法适用于各种纤维的初步鉴别。

2. 实验原理

根据纤维对不同化学试剂的着色性能不同，鉴别纤维的类别。常用纤维的着色性能见表 2-1-4。

表 2-1-4　常用纤维的着色性能

纤维种类	I—KI—ZnCl₂	HI—1	纤维种类	I—KI—ZnCl₂	HI—1
棉	不上色	灰绿	腈纶	深棕	桃红
麻	浅黄	灰绿	锦纶	黑褐	棕红
蚕丝	浅黄	深紫	维纶	浅灰蓝	玫红
羊毛	浅黄	红莲	氯纶	不上色	橙红
黏胶	深蓝	绿色	丙纶	不上色	鹅黄
涤纶	不上色	红玉偏黄	醋酯纤维	浅黄	橘红

3. 实验材料

多种常用的已知纤维（棉纤维，黏胶纤维，蚕丝纤维，羊毛纤维，涤纶，腈纶，锦纶，维纶）和未知纤维。

4. 实验药品

碘，碘化钾，无水氯化锌，HI-1 纤维着色剂（5g/L）。

5. 实验仪器

烧杯，镊子，试管，试管夹，玻璃棒，表面皿，酒精灯，铁架台，石棉网。

6. 实验步骤

（1）碘—碘化钾—氯化锌着色剂法。

①称取 50g 碘化钾，用 100mL 蒸馏水溶解。

②称取 20g 碘，加入溶解好的碘化钾溶液中，充分搅拌，避光放置 24h 以上。

③称取 50g 无水氯化锌，加入碘—碘化钾溶解中，充分搅拌，制得碘—碘化钾—氯化锌着色剂。

④取一小束纤维，置于表面皿上，滴加碘—碘化钾—氯化锌着色剂（滴加量以使纤维充分浸润为宜）。

⑤浸润约 1min，取出后立即用清水充分洗涤。

⑥晾干后，观察试样的着色情况，并做记录。

（2）HI-1 纤维着色剂法。

①取约 10mL HI-1 纤维着色剂放入烧杯中，在微火上加热至沸腾。

②用镊子夹取一小束纤维，放入烧杯中，沸染约 1min。

③取出后，立即用清水充分洗涤。

④晾干后，观察试样的着色情况，并做记录。

7. 实验报告

实验报告内容：试样信息，着色情况的观察记录，对未知纤维种类的判断。可将实验观察的全过程记录到表 2-1-5 中。

表 2-1-5　纤维着色情况记录表

试样编号	着色情况		结论
	着色后的实物试样	着色描述	

五、含氯含氮呈色反应法鉴别纤维

1. 适用范围

该法适用于含有氯、氮元素纤维的初步鉴别。

2. 实验原理

根据含有氯、氮元素的纤维，用火焰、酸碱法检测时会呈现特定的呈色反应，鉴别纤维的类别。

3. 实验材料

多种常用的已知纤维（棉纤维，黏胶纤维，蚕丝纤维，羊毛纤维，涤纶，腈纶，锦纶，维纶）和未知纤维。

4. 实验药品

碳酸钠。

5. 实验仪器

铜丝，剪刀，镊子，试管，试管夹，酒精灯，细砂纸，红色石蕊试纸。

6. 实验步骤

（1）含氯实验：

①取干净的铜丝，用细砂纸将表面的氧化层除去。

②将铜丝在火焰中烧红后，立即与试样接触。

③再将铜丝移至火焰中，观察火焰是否呈绿色（如含氯，火焰就会呈现绿色），并做记录。

（2）含氮实验：

①将少量纤维切碎后，放入试管中，并加入适量碳酸钙覆盖在试样上。

②在酒精灯上加热试管，试管口放上红色石蕊试纸。

③观察试纸是否变蓝色（如含氮，试纸就会变蓝色），并做记录。

7. 实验报告

实验报告内容：试样信息，呈色现象的观察记录，对未知纤维种类的判断。可将实验观察的全过程记录到表 2-1-6 中。

表 2-1-6　纤维呈色情况记录表

试样编号	呈色情况	结论

实验二　纤维的定量分析

一、适用范围

该法适用于两种不同类别纤维的混纺或交织的织物。

二、实验原理

根据两种纤维的化学特性，通过选择合适的溶剂，溶解其中一个组分，另一组分对该溶剂具有化学稳定性。

三、实验材料

涤棉混纺纱线或织物。

四、实验药品

75%硫酸，8%氨水。

五、实验仪器

称量瓶，锥形瓶，温度计，玻璃棒，玻璃砂芯漏斗，分析天平，烘箱，水浴锅，真空泵。

六、实验步骤

（1）将涤棉混纺织物拆成纱线，剪成约 1cm 的碎纱线，分成两份试样，每份重量不小于 1g。

（2）将试样放入已知干重的称量瓶中，在约 110℃ 的烘箱内干燥 8h 以上，取出后迅速放入干燥器中，冷却至室温，精确称量，计算纤维的干重，记为 W_1。

（3）将试样放入锥形瓶中，每克试样加入 100mL 75% 的硫酸，摇动浸湿试样后放入约 50℃ 的水浴锅中处理 1h，不断摇动锥形瓶，待棉纤维充分溶解后，用已知干重的玻璃砂芯漏斗抽滤。

（4）用少量 75% 的硫酸冲洗三次锥形瓶，倒入玻璃砂芯漏斗中放置 1min 后抽滤，再用 75% 的硫酸倒满玻璃砂芯漏斗，用玻璃棒轻轻搅动 1min 后抽滤，用蒸馏水冲洗三次，8% 氨水中和两次，再用冷水洗涤，每次中和和洗涤液都在玻璃砂芯漏斗中放置 1min 后抽滤。

（5）将玻璃砂芯漏斗及不溶性纤维放在约 110℃ 的烘箱中烘干 2h，取出后迅速放入干燥器中，冷却至室温，精确称量，计算不溶性纤维的干重，记为 W_2。

（6）纤维的净干质量百分率按下式计算：

$$p_1 = \frac{m_1 d}{m_0} \times 100$$

$$p_2 = 100 - p_1$$

$$d = \frac{m_3}{m_1}$$

式中：p_1 为不溶解纤维的净干质量百分率（%）；p_2 为溶解纤维的净干含量百分率（%）；m_0 为预处理后的试样的干重（g）；m_1 为试剂处理后剩余不溶纤维的干重（g）；m_3 为已知不溶纤维的干重（g）；d 为经试剂处理后，不溶纤维重量变化的修正系数。

七、实验报告

实验报告内容：试样信息，纤维种类，每种组分的质量分数。可将实验数据记录到表 2-2-1 中。

表 2-2-1　双组分纤维混纺质量分数记录表

组分编号	纤维种类	质量分数（%）	组分编号	纤维种类	质量分数（%）
1			4		
2			5		
3			6		

实验三　单纱的强力检测

一、适用范围

该法适用于取自卷装的纺织纱线，不适用于玻璃纱、高弹纱、高分子量聚乙烯纱、超高分子量聚乙烯纱、陶瓷纱、碳纤维纱和聚烯烃扁丝纱。

二、实验原理

使用等速伸长试验仪，采用100%（相对于试样初始长度）每分钟的恒定速度，拉伸试样直至断裂，记录断裂强力和断裂伸长率。

三、实验材料

有代表性的实验室样品，数量满足测试要求。

四、实验仪器

等速伸长试验仪，剪刀。

五、实验步骤

（1）在温度为（20±2）℃、相对湿度为65%±3%的标准大气中，绞纱调湿不少于8h，卷绕紧密的卷装纱不少于48h。

（2）隔距长度500mm采用500mm/min的拉伸速度，隔距长度250mm采用250mm/min的拉伸速度。

（3）沿轴向或者侧向，从卷装上退绕纱线。

（4）在夹持试样前，检查钳口使之准确地对正和平行，确保施加的力不产生角度偏移。

（5）在试样夹入夹持器时施加预张力，调湿试样为（0.5±0.1）cN/tex，湿态试样为（0.25±0.05）cN/tex。

（6）夹紧试样，确保试样固定在夹持器内。

（7）实验过程中，检查试样在钳口之间的滑移不能超过2mm；如果多次出现滑移现象，应更换夹持器或者钳口衬垫。

（8）舍弃出现滑移时和纱线断裂点在距钳口5mm及以内的实验数据，但需要记录舍弃数据的试样个数。

（9）记录断裂强力和断裂伸长率。

六、实验报告

实验报告内容：测试日期，仪器型号，试样信息，卷装形式（管纱、筒子纱等），整理状况（染色、漂白等），卷装纱退绕方式（轴向或者侧向），隔距长度、拉伸速度和预张力，使用的夹持器和夹钳的形式。可将试样数据记录到表 2-3-1 中。

表 2-3-1 单纱强力测试记录表

试样编号	断裂强力（cN）					平均断裂强力（cN）	断裂伸长率（%）
1							
2							
3							
4							
5							

实验四 纺织品的毛细效应检测

一、适用范围

该法适用于长丝、纱线、绳索、织物及纺织制品，不适用于短纤维。

二、实验原理

将试样垂直悬挂，一端浸在液体中，测定经过规定时间液体沿试样的上升高度，并利用时间—液体上升高度的曲线，求得某一时刻的液体芯吸速率。

三、实验材料

有代表性的实验室样品，数量满足测试要求。

四、实验药品

重铬酸钾。

五、实验仪器

剪刀，直尺，秒表，毛细效应实验装置（图2-4-1）。

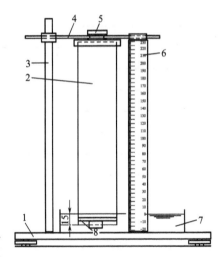

图 2-4-1 毛细效应试验装置示意图
1—底座 2—试样 3—垂直支架 4—横梁架
5—试样夹 6—标尺 7—容器 8—张力夹

六、实验步骤

1. 取样

（1）长丝和纱线试样，在保持自然伸直的状态下，紧密地缠绕在适当尺寸的矩形框上，或用其他方法形成长度不小于250mm、宽度约30mm的薄层，每个样品至少制备3份试样。

（2）织物试样，距布边1/10幅宽处，沿纵向在左、中、右部位至少各取一条试样，并沿横向剪取至少3条试样，每条试样的长度不小于250mm、有效宽度为30mm，保证沿试样长度方向的边纱为完整的纱线。

（3）绳、带等幅宽低于30mm或不适宜剪裁的样品，用自身宽度进行实验，沿长度方向在每个样品上剪取不小于250mm的3份试样。

2. 调湿

（1）将试样在温度为（20±2）℃、相对湿度为65%±3%的标准大气中进行调湿。

（2）为了便于观察和测量，在蒸馏水中加入适量红墨水或其他适宜的有色试剂。

（3）将有色蒸馏水放置在温度为（20±2)℃、相对湿度为65%±3%的标准大气中平衡1h。

（4）在（20±2)℃、相对湿度为65%±3%的标准大气中进行实验。

3. 测试

（1）旋转底座螺旋，调节实验装置的水平高度，用试样夹将试样的一端固定在横梁架上。

（2）在试样下端8~10mm处装上适当质量的张力夹，使试样保持垂直。

（3）调整试样位置，使试样靠近并平行于标尺，下端位于标尺零位以下（15±2)mm处。

（4）将有色蒸馏水倒入底座上的容器内，降低横梁架，使液面处于标尺的零位，试样下端位于液面以下（15±2）mm处，此时开始计时。

（5）分别测量经过1min、5min、10min、20min、30min或更长时间后，液体芯吸高度的最大值（或最小值），单位为mm。

（6）如果试样的吸水性较好，可以增加测量10s、30s时的数值。

七、实验报告

实验报告内容：测试日期，试样信息，各向在某时刻3个试样液体芯吸高度的最大值平均值（或最小值平均值）。可将实验数据记录到表2-4-1中。

表2-4-1　纺织品毛细效应测试记录表

时间（min）	平行试样的测试数值			平均值
	1	2	3	
1				
5				
10				
20				
30				

实验五 纺织品的断裂强力检测

一、适用范围

采用条样法测定纺织品的断裂强力和断裂伸长率，该法主要适用于机织物，也适用于其他技术生产的织物（如针织物，非织造布和涂层织物），通常不用于弹性织物、土工布、玻璃纤维织物以及碳纤维和聚烯烃扁丝织物。

二、实验原理

对规定尺寸的织物试样，以恒定的伸长速度拉伸直至断脱，记录断裂强力和断裂伸长率。

三、实验材料

有代表性的实验室样品，数量满足测试要求。

四、实验仪器

剪刀，直尺，等速伸长型（CRE）试验仪。

五、实验步骤

1. 准备试样

从每个样品中剪取两组试样，一组为经向或纵向试样，另一组为纬向或横向试样。每块试样的宽度为50mm（不包含毛边），长度至少为200mm。如需测定织物的湿强力，根据经验或估计浸水后织物的缩水率较大，测定湿强力的试样长度应比测定干强力的试样长一些。

（1）拆纱条样。用于一般机织物试样。剪取试样的长度方向应平行于织物的经向或纬向，其宽度应根据留有毛边的宽度而定。剪取条样长度方向的两侧拆去数量大致相等的纱线，直至其试样的宽度符合规定。毛边的宽度应保证在实验过程中纱线不从毛边中脱出。

（2）剪割条样。用于针织物、非织造布、涂层织物及不易拆边纱的机织物试样。剪取试样的长度方向应平行于织物的纵向或横向，其宽度符合规定的尺寸。

2. 夹持试样

在夹钳中心位置夹持试样，以保证拉力中心线通过夹钳的中点。试样可在预加张力下（表2-5-1）夹持或松式夹持。当采用预加张力夹持试样时，产生的伸长率不大于2%。如果不能保证，则采用松式夹持，即无张力夹持。

表2-5-1 预加张力的确定

单位面积质量（g/m²）	预加张力（N）
≤200	2

单位面积质量（g/m²）	预加张力（N）
200~500	5
>500	10

3. 测定

根据表 2-5-2 调整上下夹钳的间隔长度和拉伸速度，启动拉伸试验仪，拉伸试样至断脱，记录断裂强力（N），断裂伸长（mm）或断裂伸长率（%）。每个方向至少实验 5 块。

表 2-5-2　上、下夹钳隔距和拉伸速度的选择

隔距长度（mm）	织物断裂伸长率（%）	拉伸速度（mm/min）
200	<8	20
200	8~75	100
100	>75	100

4. 结果计算

分别计算经纬向或纵横向的断裂强力平均值（N）。按下式计算断裂伸长率。

$$\text{预张力夹持试样：断裂伸长率} = \Delta \frac{L}{L_0} \times 100\%$$

$$\text{松式夹持试样：断裂伸长率} = \Delta \frac{L'/L_0'}{L_0 + L_0'} \times 100\%$$

式中：L_0 为隔距长度（mm）；ΔL 为预张力夹持试样时的断裂伸长（mm）；$\Delta L'$ 为松式夹持试样时的断裂伸长（mm）；L_0' 为松式夹持试样达到规定预张力时的伸长（mm）。

六、实验报告

实验报告内容：测试日期，试样信息，隔距长度，拉伸速度，预加张力或松式夹持，试样状态（调湿或湿润），试样数量、舍弃的试样数量和原因，断裂强力平均值和断裂伸长率平均值。可将实验数据记录到表 2-5-3 中。

表 2-5-3　纺织品断裂强力测试记录表

试样编号	1	2	3
断裂强力（N）			
平均断裂强力（N）			

续表

试样编号	1	2	3
断裂伸长（mm）			
平均断裂伸长（mm）			
隔距长度（mm）			
断裂伸长率（%）			

实验六 纺织品的撕破强力检测

一、适用范围

适用于机织物，也可适用于其他技术生产的织物，但不适用于机织弹性织物、针织物以及有可能产生撕裂转移的经纬向差异大的织物和稀疏织物。

二、实验原理

将试样固定在夹钳上，将试样切开一个切口，释放处于最大势能位置的摆锤，可动夹钳离开固定夹钳时，试样沿切口方向被撕裂，把撕破织物一定长度所做的功换算成撕破力。

三、实验材料

有代表性的实验室样品，数量满足测试要求。

四、实验仪器

剪刀，尺子，摆锤型试验仪。

五、实验步骤

1. 准备试样

从每个样品中剪取两组试样，一组为经向，另一组为纬向，试样的短边应与经向或纬向平行以保证撕裂沿切口进行。试样按图 2-6-1 裁取。

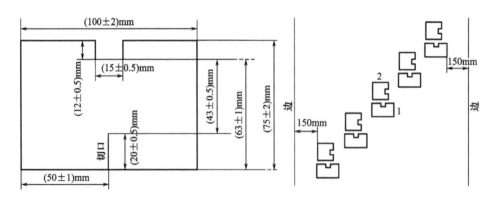

图 2-6-1 试样尺寸图

2. 安装试样

试样夹在夹钳中，使试样长边与夹钳的顶边平行。将试样夹在中心位置。轻轻将其底边放至夹钳的底部，在凹槽对边用小刀切一个（20±0.5）mm 的切口，余下的撕裂长度为

（43±0.5）mm。

3. 测定

按下摆锤停止键，放开摆锤。当摆锤回摆时握住它，以免破坏指针的位置，从测量装置标尺分度值或数字显示器读出撕破强力（单位为 N）。检查结果是否落在所用标尺的 15%～85% 范围内。每个方向至少重复实验 5 次。

4. 结果计算

计算每个实验方向的撕裂强力的算术平均值，保留一位小数点。

六、实验报告

实验报告内容：测试日期，试样信息，使用的测量范围，试样数量，剔除的试样数量和原因。可将实验数据记录到表 2-6-1 中。

表 2-6-1　纺织品撕破强力测试记录表

试样编号	1	2	3
撕破强力（N）			
平均撕破强力（N）			

实验七　纺织品的耐摩擦色牢度检测

一、适用范围

适用于由各类纤维制成的，经染色或印花的纱线、织物和纺织制品，包括纺织地毯和其他绒类织物。每种样品可做两个实验，一种使用干摩擦布，另一种使用湿摩擦布。

二、实验原理

将纺织试样分别与一块干摩擦布和一块湿摩擦布摩擦，评定摩擦布沾色程度。耐摩擦色牢度试验仪通过两个可选尺寸的摩擦头提供了两种组合实验条件：一种用于绒类织物，另一种用于单色织物或大面积印花织物。

三、实验材料

有代表性的实验室样品，数量满足测试要求。

四、实验仪器

剪刀，尺子，耐摩擦色牢度试验仪。

五、实验步骤

1. 准备试样

每组各两块试样，其中一块试样的长度方向平行于经纱（或纵向），另一块试样的长度方向平行于纬纱（或横向）。

若被测纺织品是织物或地毯，需准备两组尺寸不小于50mm×140mm的试样，分别用于干摩擦实验和湿摩擦实验。另一种剪取试样的可选方法，是使试样的长度方向与织物的经向和纬向呈一定角度。若地毯试样的绒毛层易于辨别，剪取试样时绒毛的顺向与试样长度方向一致。

若被测纺织品是纱线，将其编织成织物，试样尺寸不小于50mm×140mm。或沿纸板的长度方向将纱线平行缠绕于与试样尺寸相同的纸板上，并使纱线在纸板上均匀地铺成一层。

2. 安装试样

用夹紧装置将试样固定在试验仪平台上，使试样的长度方向与摩擦头的运行方向一致。在试验仪平台和试样之间，放置一块金属网或砂纸，以助于减小试样在摩擦过程中的移动。

3. 干摩擦测定

将摩擦布平放在摩擦头上，使摩擦布的经向与摩擦头的运行方向一致。运行速度为每秒1个往复摩擦循环，共摩擦10个循环。

4. 湿摩擦测定

称量摩擦布，将其完全浸入蒸馏水中，重新称量摩擦布以确保摩擦布的含水率达到

95%~100%。然后按上述操作进行实验。最后将湿摩擦布晾干。

5. 评定

评定时，在每个被评摩擦布的背面放置三层摩擦布，在适宜的光源下，用评定沾色用灰色样卡评定摩擦布的沾色级数。

六、实验报告

实验报告内容：测试日期，试样信息，实验所用摩擦头，实验是干摩擦还是湿摩擦（湿摩擦须注明含水率），试样和摩擦布的调湿时间，试样的长度方向（经向、纬向或斜向），每个试样的沾色级数。可将试验数据记录到表 2-7-1 中。

表 2-7-1　纺织品耐摩擦色牢度测试记录表

试样编号	沾色级数		试样编号	沾色级数	
	干摩擦	湿摩擦		干摩擦	湿摩擦
1			6		
2			7		
3			8		
4			9		
5			10		

实验八　纺织品的耐皂洗色牢度检测

一、适用范围

适用于常规家庭用所有类型的纺织品。

二、实验原理

纺织品试样与一块或两块规定的标准贴衬织物缝合在一起，置于皂液或肥皂和无水碳酸钠混合液中，在规定时间和温度条件下进行机械搅动，再经清洗和干燥。以原样作为参照样，用灰色样卡或仪器评定试样变色和贴衬织物沾色。

三、实验材料

肥皂，无水碳酸钠，贴衬织物，有代表性的实验室样品，数量满足测试要求。

四、实验仪器

天平，机械搅拌器，耐腐蚀的不锈钢珠，合适的机械洗涤装置，加热器。

五、实验步骤

1. 准备试样

（1）若试样为织物，按以下方法之一制备组合试样：

①取 100mm×40mm 试样一块，正面与一块 100mm×40mm 的多纤维贴衬织物相接触，沿一短边缝合。含羊毛和醋纤的多纤维贴衬织物（用于40℃和50℃的实验，某些情况下也可用于60℃的实验，需在实验报告中注明），不含羊毛和醋纤的多纤维贴衬织物（用于某些60℃的实验和所有95℃的实验）。

②取 100mm×40mm 的试样一块，夹于两块 100mm×40mm 的单纤维贴衬织物之间，沿一短边缝合。第一块贴衬织物由与试样的同类纤维制成，第二块由表 2-8-1 规定的纤维制成。如试样为混纺或交织品，则第一块贴衬由主要含量的纤维制成，第二块贴衬由次要含量的纤维制成。

表 2-8-1　单纤维贴衬织物

第一块贴衬织物	第二块贴衬织物	
	40℃和50℃的实验	60℃和95℃的实验
棉	羊毛	黏纤
羊毛	棉	—
丝	棉	—

续表

第一块贴衬织物	第二块贴衬织物	
	40℃和50℃的实验	60℃和95℃的实验
麻	羊毛	黏纤
黏纤	羊毛	棉
醋纤	黏纤	黏纤
聚酰胺	羊毛或棉	棉
聚酯	羊毛或棉	棉
聚丙烯腈	羊毛或棉	棉

（2）若试样为纱线，可以将纱线编织成织物，按照织物的编织方式进行试验。当试样为纱线或散纤维时，取纱线或散纤维的质量约等于贴衬织物总质量的一半，并按以下方法之一制备组合试样：

①夹于一块 100mm×40mm 的多纤维贴衬织物及一块 100mm×40mm 的染不上色的织物之间，沿四边缝合。

②夹于两块 100mm×40mm 规定的单纤维贴衬织物之间，沿四边缝合。

2. 配制皂液

按表 2-8-2 选定合适的试验条件，配制浴比为 50∶1 的皂液。

表 2-8-2　实验条件

实验方法编号	温度（℃）	时间	钢珠数量	碳酸钠（g/L）	肥皂（g/L）
A（1）	40	30min	0	—	5
B（2）	50	45min	0	—	5
C（3）	60	30min	0	2	5
D（4）	95	30min	10	2	5
E（5）	95	4 h	10	2	5

3. 测定

启动机器，依据表 2-8-2 中规定的温度和时间进行操作。洗涤结束后取出组合试样，分别放在三级水中清洗两次，然后在流动水中冲洗至干净。用手挤去组合试样上过量的水分。将试样放在两张滤纸之间并挤压除去多余水分，再将其悬挂在不超过 60℃的空气中干燥，试样与贴衬仅由一条缝线连接。

4. 评级

用灰色样卡或仪器，对比原始试样，评定试样的变色和贴衬织物的沾色。

六、实验报告

实验报告内容：测试日期，试样信息，实验方法，变色级数，沾色级数。可将实验数据记录到表 2-8-3 中。

表 2-8-3　纺织品耐皂洗色牢度测试记录表

试样编号	实验条件	变色级数	沾色级数
1			
2			
3			
4			
5			

实验九 纺织品的耐汗渍色牢度检测

一、适用范围

适用于各类纺织产品。

二、实验原理

将纺织品试样与标准贴衬织物缝合在一起，置于含有组氨酸的酸性、碱性两种试液中分别处理，去除试液后，放在实验装置中的两块平板间，使之受到规定的压强。再分别干燥试样和贴衬织物。用灰色样卡或仪器评定试样的变色和贴衬织物的沾色情况。

三、实验材料

碱性试液，酸性试液，贴衬织物，有代表性的实验室样品，数量满足测试要求。

四、实验仪器

两块玻璃板或丙烯酸树脂板，恒温箱，天平，pH计，分光光度测色仪，标准比色卡，合适的实验装置。

五、实验步骤

1. 准备试样

（1）对于织物，按以下方法之一制备组合试样：

①取（40±2）mm×（100±2）mm的试样一块，正面与一块（40±2）mm×（100±2）mm的多纤维贴衬织物相接触，沿一短边缝合。

②取（40±2）mm×（100±2）mm的试样一块，夹于两块（40±2）mm×（100±2）mm的单纤维贴衬织物之间，沿一短边缝合。第一块贴衬应由试样的同类纤维制成，第二块贴衬由表2-9-1规定的纤维制成。如试样为混纺或交织品，则第一块贴衬由主要含量的纤维制成，第二块贴衬由次要含量的纤维制成。对印花织物实验时，正面与两贴衬织物每块的一半相接触，剪下其余一半，交叉覆于背面，缝合两短边。

表2-9-1 单纤维贴衬织物

第一块贴衬织物	第二块贴衬织物
棉	羊毛
羊毛	棉
丝	棉
麻	羊毛

续表

第一块贴衬织物	第二块贴衬织物
黏胶纤维	羊毛
聚酰胺纤维	羊毛或棉
聚酯纤维	羊毛或棉
聚丙烯腈纤维	羊毛或棉

（2）对于纱线或散纤维，取纱线或散纤维的质量约等于贴衬织物总质量的一半，并按下述方法之一制备组合试样：

①夹于一块（40±2）mm×（100±2）mm 的多纤维贴衬织物及一块（40±2）mm×（100±2）mm 的染不上色的织物之间，沿四边缝合。

②夹于两块（40±2）mm×（100±2）mm 的单纤维贴衬织物之间，沿四边缝合。

2. 浸泡溶液

将一块组合试样平放在平底容器内，注入碱性试液使之完全润湿，试液 pH 为 8.0±0.2（或 pH 为 5.5±0.2 的酸性试液），浴比为 50∶1。在室温下放置 30min，不时揿压和拨动，以保证试液充分且均匀地渗透到试样中。

3. 压平放置

倒去残液，用两根玻璃棒夹去组合试样上过多的试液。将组合试样放在两块玻璃板或丙烯酸树脂板之间，然后放入已预热到实验温度的实验装置中，使其所受名义压强为（12.5±0.9）kPa。把带有组合试样的实验装置放入恒温箱内，在（37±2）℃下保持 4h。根据所用实验装置类型，将组合试样呈水平状态或垂直状态放置。

4. 干燥

取出带有组合试样的实验装置，展开每个组合试样，使试样和贴衬间仅由一条缝线连接（需要时，拆去除一短边外的所有缝线），悬挂在不超过 60℃ 的空气中干燥。

5. 评级

用灰色样卡或仪器评定每块试样的变色和贴衬织物的沾色情况。

六、实验报告

实验报告内容：测试日期，试样信息，试样在恒温箱中的放置状态（水平或垂直），变色级数，沾色级数。可将实验数据记录到表 2-9-2 中。

表 2-9-2 纺织品耐汗渍色牢度测试记录表

试样编号	碱性		酸性	
	变色级数	沾色级数	变色级数	沾色级数
1				
2				
3				
4				
5				

实验十　纺织品的耐光色牢度检测

一、适用范围

适用于各类纺织品，也可用于白色（漂白或荧光增白）纺织品。

二、实验原理

将纺织品试样与一组蓝色羊毛标样一起在人造光源下按照规定条件暴晒，然后将试样与蓝色羊毛标样进行变色对比，评定色牢度。对于白色（漂白或荧光增白）纺织品，是将试样的白色变化与蓝色羊毛标样对比，评定色牢度。

三、实验材料

蓝色羊毛标样，有代表性的实验室样品，数量满足测试要求。

四、实验仪器

尺子，剪刀，氙弧灯，耐耐日晒色牢度测试仪，评级灯。

五、实验步骤

1. 准备试样

剪取试样面积不小于 45mm×10mm。若试样是织物，应紧附于硬卡上；若是纱线，则紧密卷绕于硬卡上，或平行排列固定于硬卡上；若试样是散纤维，则梳压整理成均匀薄层固定于硬卡上。

2. 实验方法

在预定的条件下，对试样（或一组试样）和蓝色羊毛标样同时进行暴晒。其方法和时间要以能否对照蓝色羊毛标样完全评出每块试样的色牢度为准。

（1）方法一：本方法被认为是最精确的，在评级有争议时应予采用。其基本特点是通过检查试样来控制暴晒周期，故每块试样需配备一套蓝色羊毛标样。

①将试样和蓝色羊毛标样按图 2-10-1 所示排列，将遮盖物 AB 放在试样和蓝色羊毛标样的中段 1/3 处。按规定的条件，在氙灯下暴晒。不时提起遮盖物 AB，检查试样的光照效果，直至试样的暴晒和未暴晒部分间的色差达到灰色样卡 4 级。用另一个遮盖物（图 2-10-1 中的 CD）遮盖试

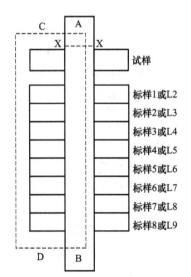

图 2-10-1　方法一装样图

AB—第一遮盖物，在 X—X 处可成折叶使它能在原处从试样和蓝色羊毛标样上提起和复位　CD—第二遮盖物

样和蓝色羊毛标样的左侧 1/3 处,在此阶段,注意光致变色的可能性。继续暴晒,直至试样的暴晒和未暴晒部分的色差等于灰色样卡 3 级。

②如果蓝色羊毛标样 7 或 L7 的褪色比试样先达到灰色样卡 4 级,此时暴晒即可终止。这是因为如当试样具有等于或高于 7 级或 L7 级耐光色牢度时,则需要很长的时间暴晒才能达到灰色样卡 3 级的色差。再者,当耐光色牢度为 8 级或 L9 级时,这样的色差就不可能测得。所以,当蓝色羊毛标样 7 或 L7 以上产生的色差等于灰色样卡 4 级时,即可在蓝色羊毛标样 7~8 或蓝色羊毛标样 L7~L8 的范围内进行评级。

(2)方法二此方法适用于大量试样同时测试。其基本特点是通过检查蓝色羊毛标样来控制暴晒周期,只需用一套蓝色羊毛标样对一批具有不同耐光色牢度的试样实验,从而节省蓝色羊毛标样的用料。

①试样和蓝色羊毛标样按图 2-10-2 所示排列。用遮盖物 AB 遮盖试样和蓝色羊毛标样总长的 1/5~1/4。按条件进行暴晒。不时提起遮盖物检查蓝色羊毛标样的光照效果。当能观察出蓝色羊毛标样 2 的变色达到灰色样卡 3 级或 L2 的变色等于灰色样卡 4 级,并对照在蓝色羊毛标样 1、2、3 或 L2 上所呈现的变色情况,评定试样的耐光色牢度(这是耐光色牢度的初评)。在此阶段应注意光致变色的可能性。

②将遮盖物 AB 重新准确地放在原先位置,继续暴晒,直至蓝色羊毛标样 4 或 L3 的变色与灰色样卡 4 级相同。这时再按图 2-10-2 所示位置放上另一遮盖物 CD,重叠盖在第一个遮盖物 AB 上。

③继续暴晒,直到蓝色羊毛标样 6 或 L4 的变色等于灰色样卡 4 级。然后,按图 2-10-2 所示的位置放上最后一个遮盖物 EF,其他遮盖物仍保留原处。

④继续暴晒,直到下列任一种情况出现为止:

a. 在蓝色羊毛标样 7 或 L7 上产生的色差等于灰色样卡 4 级。

b. 在最耐光的试样上产生的色差等于灰色样卡 3 级。

c. 白色纺织品(漂白或荧光增白),在最耐光的试样上产生的色差等于灰色样卡 4 级。

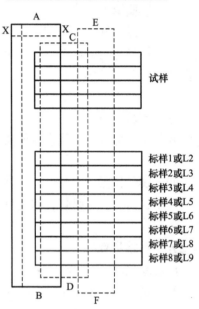

图 2-10-2 方法二装样图

AB—第一遮盖物,在 X—X 处可成折叶使它能在原处从试样和蓝色羊毛标样上提起和复位 CD—第二遮盖物 EF—第三遮盖物

3. 测定

开启氙灯,根据所选的检测方法,在预定的条件下,对试样进行暴晒。在试样的暴晒和未暴晒部分之间的色差达到灰色卡样 3 级后,停止实验。

4. 评定

移开所有遮盖物,试样和蓝色羊毛标样露出实验后的两个或三个分段面,其中有的已暴晒过多次,连同至少一处未受到暴晒的,在合适的照明下比较试样和蓝色羊毛标样的相应变色,进行耐光色牢度的评定。

六、实验报告

实验报告内容：测试日期，试样信息，实验方法，变色级数。可将实验数据记录到表 2-10-1 中。

表 2-10-1　纺织品耐光色牢度测试记录表

试样编号	实验方法	变色级数	试样编号	实验方法	变色级数
1			4		
2			5		
3			6		

实验十一　纺织品的白度检测

一、适用范围
该法适用于同类纺织品试样进行对比。

二、实验原理
用测色仪测定试样的 CIE 三刺激值，白度和淡色调指数以 CIE 三刺激值和色品坐标为基准，用公式进行计算。

三、实验材料
有代表性的实验室样品，数量满足测试要求。

四、实验仪器
剪刀，测色仪。

五、实验步骤

1. 调湿
将试样放在温度和湿度恒定的室内或橱内 24h 以上，使试样有足够的时间达到含水量恒定。

2. 取样
试样应无尘杂和污物，试样大小取决于所用测色仪的孔径和纺织品的半透明程度。对于半透明试样，应多层折叠，折叠层数以折叠后不透光（测试结果不会随着层数的增加而变化）为宜。

3. 测试
（1）按照使用说明，校准测色仪。

（2）将试样放置在测色仪上，使用 CIE D_{65} 照明体和 1964 $10°$ 观察者，测定试样的 CIE 三刺激值 X_{10}、Y_{10} 和 Z_{10}，记录测量结果。

（3）每个试样，取 3 个不同的位置测量，结果取平均值。

4. 计算
（1）试样的白度指数（W_{10}）用下式计算。试样的白度指数，仅限于 $40 < W_{10} < 5Y_{10} - 280$ 和 $-3 < T_{W, 10} < +3$。

$$W_{10} = Y_{10} + 800(0.3138 - x_{10}) + 1700(0.3310 - y_{10})$$

式中：W_{10} 为白度指数或白度值；Y_{10} 为试样的三刺激值；x_{10} 和 y_{10} 为试样的色品坐标；0.3138 和 0.3310 分别为完全反射漫射体的 x_{10} 和 y_{10} 的色品坐标。

（2）淡色调指数（$T_{W,10}$）用下式计算。$T_{W,10}$值正数表示偏绿色调，负数表示偏红色调。

$$T_{W,10} = 900 \times (0.3138 - x_{10}) - 650 \times (0.3310 - y_{10})$$

式中：$T_{W,10}$为淡色调指数；x_{10}和y_{10}为试样的色品坐标；0.3138 和 0.3310 分别为完全反射漫射体的 x_{10} 和 y_{10} 的色品坐标。

六、实验报告

实验报告内容：测试日期，试样信息，仪器型号，标准照明体类型，照明观测几何条件，试样的白度值和淡色调指数（精确到 0.01）。可将实验数据记录到表 2-11-1 中。

表 2-11-1　纺织品白度测定记录表

试样编号	试样的三刺激值			白度值	淡色调指数
	X_{10}	Y_{10}	Z_{10}		
1					
2					
3					

实验十二 纺织品的 pH 检测

一、适用范围
该法适用于各种纺织品。

二、实验原理
室温下，用带有玻璃电极的 pH 计测定纺织品水萃取液的 pH。

三、实验材料
有代表性的实验室样品，数量满足测试要求。

四、实验药品
氯化钾。

五、实验仪器
烧杯，量筒，玻璃棒，容量瓶，具塞玻璃烧瓶，pH 计，电子天平，机械振荡器。

六、实验步骤

1. 水萃取液的制备

（1）在具塞玻璃烧瓶中加入一份试样 5mm×5mm、100mL 蒸馏水或 0.1mol/L 氯化钾溶液，盖紧瓶塞，充分摇动使试样完全湿润。

（2）将烧瓶置于机械振荡器上，振荡 2h ±5min。

（3）在室温下，制备三个平行试样的水萃取液，并记录萃取液的温度。

2. pH 的测量

（1）在萃取液温度下，用两种或三种缓冲溶液校准 pH 计。

（2）把玻璃电极浸没到同一萃取液中数次，直到 pH 计的指示值稳定。

（3）将第一份萃取液倒入烧杯，迅速把电极浸没到液面下至少 10mm 的深度，用玻璃棒轻轻地搅拌溶液直到 pH 计的指示值稳定，本次的测定值可不记录。

（4）将第二份萃取液倒入另一个烧杯，迅速把电极（不清洗）浸没到液面下至少 10mm 的深度，静置直到 pH 计的指示值稳定，并做记录（精确到 0.1）。

（5）将第三份萃取液倒入另一个烧杯，迅速把电极（不清洗）浸没到液面下至少 10mm 的深度，静置直到 pH 计的指示值稳定，并做记录（精确到 0.1）。

（6）记录的第二份萃取液和第三份萃取液的 pH 作为测量值，计算两者的平均值，结果保留一位小数（如果两个测量值之间的差异大于 0.2，则需要另取其他试样重新测试，直到得到两个有效的测量值）。

七、实验报告

实验报告内容：测试日期，试样信息，pH 平均值（精确到 0.1），使用的萃取介质（水或氯化钾溶液），萃取介质的 pH，萃取液的温度。可将实验数据记录到表 2-12-1 中。

表 2-12-1　纺织品 pH 测定记录表

试验编号	平行试样的 pH			平均值
	1	2	3	

实验十三　纺织品的甲醛含量检测

一、适用范围
该法适用于游离甲醛含量为 20~3500mg/kg 的任何状态的纺织品。

二、实验原理
将精确称量的试样在 40℃的水浴中萃取一定时间，从试样上萃取的甲醛被水吸收，萃取液用乙酰丙酮显色，显色液用分光光度计比色测定其甲醛含量。

三、实验材料
有代表性的实验室样品，数量满足测试要求。

四、实验药品
标准甲醛溶液，乙酸铵，冰乙酸，乙酰丙酮，双甲酮（二甲基二羟基间苯二酚或 5，5-二甲基环己二酮），乙醇。所有试剂均为分析纯，实验用水为三级水。

五、实验仪器
50mL、250mL、500mL 和 1000mL 的容量瓶，250mL 具塞碘量瓶或三角烧瓶，5mL 刻度移液管，1mL、5mL、10mL 和 25mL 的单标移液管，10mL 和 50mL 的量筒，试管，试管架，电子天平，恒温水浴锅，分光光度计，2 号玻璃漏斗式滤器。

六、实验步骤

1. 乙酰丙酮试剂（纳氏试剂）的配制
（1）向 1000mL 的容量瓶中加入 150g 乙酸铵，再加入 800mL 的蒸馏水溶解。
（2）加入 3mL 冰乙酸和 2mL 乙酰丙酮，用蒸馏水稀释至刻度。
（3）摇匀后，倒入棕色瓶中，储存 12h 后使用。
注：①储存开始的 12h 内，溶液的颜色逐渐变深，故用前必须储存 12h。
②经长时间储存后的试剂，其灵敏度会稍有变化，故每周应与标准曲线校对，且配好后的试剂在 6 周内有效。

2. 双甲酮乙醇溶液的配制
向 100mL 的容量瓶中加入 1g 双甲酮，再加入 50mL 乙醇溶解，并用乙醇稀释至刻度，现用现配。

3. 试样的准备
试样无须调湿，剪碎后精确称量 3 份约 1g（精确至第二位小数）的试样，分别放入

250mL 具塞碘量瓶或三角烧瓶中，加入 100mL 蒸馏水，盖紧盖子，放入（40±2）℃的水浴中（60±5）min，每 5min 摇瓶一次，用过滤器过滤至另一碘量瓶中。如果甲醛含量太低，可增加试样重量至 2.5g。

4. 测试

（1）用单标移液管吸取 5mL 过滤后的试样溶液和 5mL 标准甲醛溶液，放入不同的试管中，分别加入 5mL 乙酰丙酮溶液，摇动。

（2）把试管放入（40±2）℃的水浴中显色（30±5）min；取出后，室温下放置（30±5）min，用 5mL 蒸馏水加等体积的乙酰丙酮作为空白对照样，用 10mm 的吸收池在分光光度计 412nm 波长处，测定吸光度。

（3）如果试样溶液不纯或褪色，则取 5mL 试样溶液放入另一试管中，加 5mL 蒸馏水（代替乙酰丙酮），用 5mL 蒸馏水加等体积的乙酰丙酮作为空白对照样，用 10mm 的吸收池在分光光度计 412nm 波长处，测定吸光度。

（4）做 3 个平行试验，去平均值。

5. 计算

用下式来校正试样的吸光度：

$$A = A_s - A_b(-A_d)$$

式中：A 为校正吸光度；A_s 为试样溶液测得的吸光度；A_b 为空白试剂测得的吸光度；A_d 为空白试样测得的吸光度（仅用于变色或沾色情况）。

用校正后的吸光度数值，通过工作曲线查出甲醛含量，用 μg/mL 表示。

用下式计算从每一样品中萃取的甲醛量：

$$F = \frac{c \times 100}{m}$$

式中：F 为从织物样品中萃取的甲醛含量（mg/L）；c 为读自工作曲线上的萃取液中的甲醛浓度（mg/L）；m 为试样的质量（g）。

计算 3 次结果的平均值。

七、实验报告

实验报告内容：测试日期，试样信息，3 个试样的甲醛含量测试结果及平均值。可将数据记录到表 2-13-1 中。

表 2-13-1　纺织品甲醛含量测试记录表

试样编号	平行试样的测试数值			平均值
	1	2	3	
1				
2				
3				

实验十四　纺织品的水洗后尺寸变化检测

一、适用范围

适用于纺织织物、服装及其他纺织制品。

二、实验原理

试样在洗涤和干燥前，在规定的标准大气中调湿并测量尺寸，试样经洗涤和干燥后，再次调湿、测量其尺寸，并计算试样的尺寸变化率。

三、实验材料

标准洗涤剂，陪洗物，有代表性的实验室样品，数量满足测试要求。

四、实验仪器

尺子，剪刀，标准洗衣机。

五、实验步骤

1. 准备试样

（1）选样。对于织物类产品，试样应具有代表性，在距布匹端1m以上取样；每块试样包含不同长度和宽度上的纱线。

（2）尺寸。剪裁试样，每块至少500mm×500mm，各边分别与织物长度和宽度方向相平行。

（3）调湿。将试样放置在调湿大气中，在自然松弛状态下，调湿至少4h或达到恒重。

（4）标记。将试样放在平滑的测量台上，在试样的长度和宽度方向上，至少各做三对标记。每对标记点之间的距离至少350mm，标记距离试样边缘应不小于50mm，标记在试样上的分布应均匀（图2-14-1）。

2. 洗涤

将待洗试样放入洗衣机，选择洗涤程序，加足量的陪洗物和洗涤剂（表2-14-1），使总洗涤载荷为（2.0±0.1）kg，混合均匀，进行实验。在完成洗涤程序后小心取

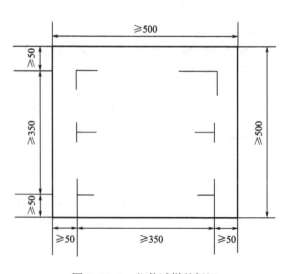

图2-14-1　织物试样的标记

出试样，注意不要拉伸或绞拧。

表 2-14-1　标准洗涤剂用量

标准洗涤剂	标准洗衣机		
	A 型	B 型	C 型
1	（20±1）g	（66±1）g	—
2	（20±1）g	适量	—
3	—	适量	—
4	—	—	1.33g/L
5	—	（100±1）g	—
6	（20±1）g	—	—

3. 空气干燥

从 A~E 中选择干燥程序进行干燥。若选择滴干，洗涤程序应在进行脱水之前停止，即试样要在最后一次脱水前从洗衣机中取出。

（1）程序 A。悬挂晾干。从洗衣机中取出试样，将每个脱水后的试样展平悬挂，长度方向为垂直方向，以免扭曲变形。试样悬挂在绳、杆上，在自然环境的静态空气中晾干。

（2）程序 B。悬挂清干。试样不经脱水，按程序 A 晾干。

（3）程序 C。平摊晾干。从洗衣机中取出试样，将每个脱水后的试样平铺在水平筛网干燥架或多孔面板上，用手抚平褶皱，注意不要拉伸或绞拧，在自然环境的静态空气中晾干。

（4）程序 D。平摊滴干。试样不经脱水，按程序 C 晾干。

（5）程序 E。平板压烫。从洗衣机中取出试样，将试样放在平板压烫仪上。用手抚平重褶皱，根据试样需要，放下压头对试样压烫一个或多个短周期，直至烫干。

4. 测量计算

试样经洗涤和干燥后，调湿试样，分别记录每对标记点的测量值，并按下式分别计算试样长度方向和宽度方向上的尺寸变化率：

$$D = \frac{x_t - x_0}{x_0} \times 100\%$$

式中：D 为水洗尺寸变化率；x_0 为试样的初始尺寸（mm）；x_t 为试样处理后的尺寸（mm）。

六、实验报告

实验报告内容：测试日期，试样信息，洗涤和干燥的试样数量，织物试样报告长度方向的平均尺寸变化率和宽度方向的平均尺寸变化率，服装报告每件服装的每个测量部位及其平均尺寸变化率。可将实验数据记录到表 2-14-2 中。

表 2-14-2　纺织品水洗后尺寸变化测试记录表

试样编号	洗涤方法	烘干方法	长度方向的平均尺寸变化率（%）	宽度方向的平均尺寸变化率（%）
1				
2				
3				

实验十五　纺织品的干洗后尺寸变化检测

一、适用范围

适用于正常材料和敏感材料干洗后尺寸变化的测定。不适用于非常敏感材料干洗后尺寸变化的测定。

二、实验原理

标记并测量经过调湿处理的织物或服装，然后进行干洗和整理，再进行调湿和测量。以原有尺寸的百分率来表示其尺寸变化。

三、实验材料

过氯乙烯（四氯乙烯），山梨糖醇酐单油酸酯，有代表性的实验室样品，数量满足测试要求。

四、实验仪器

尺子，剪刀，干洗试验机，增重陪试物。

五、实验步骤

1. 试样准备

织物试样尺寸应不小于 500mm×500mm，用涤纶线将四边缝好，以免散脱。试样及增重陪试物按规定进行调湿处理，调湿时间至少为 24h。

2. 实验方法

（1）A 法（正常材料试验法）。

①内笼总装料量按每立方米内笼容积中的装载物有（50±2）kg 计算。每次试样重量不足部分，由增重陪试物补充。

②把 1 份（以容积计）山梨糖醇酐单油酸酯与 3 份过氯乙烯混合，然后加入 2 份水进行搅拌制成乳液。

③将准备好的试样和增重陪试物放入干洗机内笼，其浴比为每千克装料量加入（6.5±0.5）L 含有 1g/L 山梨糖醇酐单油酸酯的过氯乙烯溶剂（相当于溶剂液面在内笼直径约 30%处）。

④关掉过滤器通路，启动干洗机，缓慢地（在 2~12min 内）将一定量（相当于按装料重计算的 2%的水）的乳液加至干洗机的内、外笼之间的溶剂液面之下。

⑤启动机器后，保持机器转动 15min，在整个实验期间，不使用过滤器回路。

⑥排出溶剂，并离心脱液 2min，除去装料中的溶剂（其中满速离心脱液至少 1min）。

⑦以同样的浴比，注入纯过氯乙烯溶剂漂洗装料 5min；排出溶剂，并再次离心脱液 3min，除去装料中的溶剂（其中满速离心脱液至少 2min）。整个干洗过程的溶剂温度保持在

（30±3）℃。

⑧在机器中，装料在循环热空气中翻滚适当时间使之烘干，烘干时热空气出口温度不超过60℃，进口温度不超过80℃。

⑨烘干后，以周围温度的空气对转动着的装料继续循环喷射3～5min。立刻从机器中取出试样。将服装试样挂在衣架上，织物试样置于平台上。进行整理之前的放置时间不得少于30min。

⑩用适当方法对织物试样或服装试样进行整理。大多数情况下，整理包括熨烫（汽蒸）服装，熨烫蒸气压力为370～490kPa（3.8～5kgf/cm²）（超压）；或者在一个蒸气/空气服装模型上汽蒸5～20s，随后用热空气干燥5～20s。

（2）B法（敏感材料试验法）。

①按照A法中步骤①进行，但每立方米内笼容积中的装载物按（33±2）kg计算。

②按照A法中步骤③进行，但每公斤装料所用溶剂量增至（10±1）L。

③按照A法中步骤④进行，但应在溶剂相对湿度为63%±2%中运行，即不需再加乳液。

④按照A法中步骤⑤进行，但运转时间减为10min。

⑤按照A法中步骤⑥～⑩进行，但漂洗时间减至3min，并且满速离心脱液时间减至1min。

（3）C法（一般干洗实验法）。

①按A法中步骤①进行，但不考虑试样占总装料量的比例。

②试样连同增重陪试物放入干洗机内笼，加入纯过氯乙烯溶剂25～30L，清洗5～10min，排出溶剂，离心脱液1min。

③加入纯过氯乙烯溶剂30～35L，接通过滤器回路，漂洗装料10～15min，排出溶剂，离心脱液2min。

④烘干试样，从机器中取出试样，进行再测量。

3. 结果计算

按下式分别计算织物试样的长度方向和宽度方向的尺寸变化，以尺寸变化百分率表示，计算至小数点后两位。用负号表示尺寸收缩，用正号表示尺寸伸长。

$$尺寸变化率 = \frac{最终尺寸 - 原始尺寸}{原始尺寸} \times 100\%$$

六、实验报告

实验报告内容：测试日期，试样信息，洗涤方法，洗涤和整理的次数，织物试样报告长度方向的平均尺寸变化率和宽度方向的平均尺寸变化率，服装报告每件服装的每个测量部位及其平均尺寸变化率。可将实验数据记录到表2-15-1中。

表2-15-1 纺织品干洗后尺寸变化测试记录表

试样编号	洗涤方法	洗涤次数	长度方向的平均尺寸变化率（%）	宽度方向的平均尺寸变化率（%）
1				
2				
3				

参考文献

[1] 赵涛.染整工艺与原理 [M].北京：中国纺织出版社，2009.

[2] 林细姣.染整试化验 [M].北京：中国纺织出版社，2005.

[3] 蒋耀兴.纺织品检验学 [M].北京：中国纺织出版社，2008.

[4] 商成杰.功能纺织品 [M].北京：中国纺织出版社，2006.

[5] 陈英.染整工艺实验教程 [M].北京：中国纺织出版社，2016.

[6] 中国纺织工业协会产业部组织编写.生态纺织品标准 [M].北京：中国纺织出版社，2003.

[7] 李南.纺织品检测实训 [M].北京：中国纺织出版社，2010.

[8] 翁毅.纺织品检测实务 [M].北京：中国纺织出版社，2012.

[9] 李汝勤，宋钧才.纤维和纺织品测试技术（第三版）[M].上海：东华大学出版社，2009.

[10] 田恬.纺织品检验 [M].北京：中国纺织出版社，2006.

[11] 翟亚丽.纺织品检验学 [M].北京：化学工业出版社，2008.

[12] 吴卫刚，周蓉.纺织品标准应用 [M].北京：中国纺织出版社，2003.

[13] 纺织工业标准化研究生.中国纺织标准汇编基础标准与方法标准卷（一）[M].2版.北京：中国标准出版社，2007.

[14] 纺织工业标准化研究生.中国纺织标准汇编基础标准与方法标准卷（二）[M].2版.北京：中国标准出版社，2007.

[15] 纺织工业标准化研究生.中国纺织标准汇编基础标准与方法标准卷（三）[M].2版.北京：中国标准出版社，2007.

[16] 纺织工业标准化研究生.中国纺织标准汇编基础标准与方法标准卷（四）[M].2版.北京：中国标准出版社，2007.

[17] 纺织工业标准化研究生.中国纺织标准汇编基础标准与方法标准卷（五）[M].2版.北京：中国标准出版社，2007.